全国高等院校计算机职业技能应用规划教材

计算机应用技术基础（Office 2010）

主　编　应红霞　郑山红
副主编　孙慧然　刘艳秋　索东梅　涂　豫

U0305900

中国人民大学出版社
·北京·

图书在版编目（CIP）数据

计算机应用技术基础（Office 2010）/应红霞等主编．—北京：中国人民大学出版社，2012.9
全国高等院校计算机职业技能应用规划教材
ISBN 978-7-300-16447-2

Ⅰ．①计…　Ⅱ．①应…　Ⅲ．①电子计算机-高等职业教育-教材　Ⅳ．①TP3

中国版本图书馆 CIP 数据核字（2012）第 223283 号

全国高等院校计算机职业技能应用规划教材
计算机应用技术基础（Office 2010）
主　编　应红霞　郑山红
副主编　孙慧然　刘艳秋　索东梅　涂　豫

出版发行	中国人民大学出版社				
社　　址	北京中关村大街 31 号		**邮政编码**	100080	
电　　话	010 - 62511242（总编室）		010 - 62511398（质管部）		
	010 - 82501766（邮购部）		010 - 62514148（门市部）		
	010 - 62515195（发行公司）		010 - 62515275（盗版举报）		
网　　址	http://www.crup.com.cn				
	http://www.ttrnet.com(人大教研网)				
经　　销	新华书店				
印　　刷	北京昌联印刷有限公司				
规　　格	185 mm×260 mm　16 开本		**版　次**	2012 年 10 月第 1 版	
印　　张	17.75		**印　次**	2012 年 10 月第 1 次印刷	
字　　数	432 000		**定　价**	32.00 元	

前　言

随着信息化技术的迅速发展和计算机的全面普及，计算机技术的应用已经渗透到社会各个领域，计算机已经成为当代文化的一个重要组成部分，掌握计算机的基本知识、基本操作和应用，已经成为当代社会必不可少的技能。为了适应社会的需要，培养学生具备一定的计算机文化素质，目前高校各专业普遍设置了计算机应用技术相关的课程，为培养具有计算机基础知识、掌握一定的计算机应用技能的高素质信息化人才打下坚实的基础。为此，我们组织专家、教授和富有丰富教学经验的教师编写了"计算机应用技术基础"这本书。

在编写本书的过程中，坚持以"案例驱动、轻松学习、掌握全貌"为宗旨，以"由浅入深、循序渐进、举一反三"为原则，力求做到可读性好，适用范围广，层次性强。书中还将学习内容中出现的多种操作方式、非常规的简易操作方法以及知识扩展分别以"提示"、"小知识"和"小妙招"呈现给读者，并在其中融合了多年学习和使用办公自动化软件的经验，增强学习兴趣和知识的层次性，开阔读者的视野。

本书主要讲述了计算机的发展历史、Windows XP，以及 Office 2010 中常用的办公自动化软件 Word 2010、Excel 2010、Powerpoint 2010 和 Access 2010 的使用，内容充实，叙述简洁，以知识及知识结构为核心精心设计了多个案例，并以这些案例为主线逐层深入地展开相关内容的讲解，使读者通过案例的学习轻松掌握办公自动化软件的应用技术。

全书共分 6 章，由应红霞、郑山红、孙慧然、刘艳秋、索东梅和涂豫编写。在本书的编写过程中，李万龙老师提出了宝贵的意见，在此表示衷心的感谢！

由于编者水平有限，加之编写时间仓促，书中难免有不当之处，敬请读者批评指正。

编　者
2012 年 6 月

目　录

第1章　计算机基础知识

教学重点

- 操作系统的概念；
- 操作系统的发展历史。

教学目标

- 了解计算机的发展历程以及操作系统的发展历史；
- 了解常用的操作系统及其特点。

1.1　计算机的发展历史

随着信息时代的到来，计算机已经成为社会生活各个领域不可缺少的重要工具。计算机是一种按程序自动高速地进行信息处理的电子设备，利用计算机可以解决科学计算、工程设计、经营管理、过程控制或人工智能等多种问题。计算机产业已经成为信息产业的基础和支柱，成为推动社会向现代化迈进的活跃因素。

计算机的发展经历了机械式计算机、机电式计算机和电子计算机三个时期。

1. 机械式计算机时期

早在 17 世纪，欧洲的数学家们就开始设计和制造以数字形式进行基本运算的数字计算机。1642 年，法国数学家 B. 帕斯卡采用与钟表类似的齿轮传动装置，制成了最早的十进制加法器，这是基于齿轮技术制造的第一台机械计算器。1673 年，德国数学家 G. W. 莱布尼兹制成的计算机，进一步解决了十进制数的乘、除运算。1822 年，英国数学家 C. 巴贝奇在制作差分机模型时提出一个设想，将每次完成一次算术运算发展为自动完成某个特定的完整运算过程。1834 年，巴贝奇设计了一种程序控制的通用分析机。这台分析机虽然已经描绘出有关程序控制计算机的雏形，但限于当时的技术条件而未能实现。

2. 机电式计算机时期

到了 20 世纪 30 年代，物理学的各个领域经历着定量化的阶段，把计算过程归结为巨量的基本运算，从而奠定了现代计算机的数值算法基础。1941 年，德国 K. 朱赛最先采用电气元件制造计算机。1940—1947 年，美国也相继制成了继电器计算机 MARK Ⅰ、MARK Ⅱ、Model Ⅰ 和 Model Ⅴ 等。但是，继电器的开关速度大约为百分之一秒，使计算机的运算速度受到很大限制。

3. 电子计算机时期

电子计算机的发展经历了从制作部件到整机、从专用机到通用机、从"外加式程序"到"存储程序"的演变，可划分成电子计算机初期和现代计算机时期。

(1) 电子计算机初期。

1938 年，美籍保加利亚学者 J. 阿塔纳索夫首先制成了电子计算机的运算部件。1943 年，英国外交部通信处制成了"巨人"电子计算机。这是一种专用的密码分析机，在第二次世界大战中得到了应用。1945 年 3 月，数学家 J. 诺伊曼领导的设计小组发表了一个全新的存储程序式通用电子计算机方案——电子离散变量自动计算机（EDVAC，Electronic Discrete Variable Automatic Computer）。

20 世纪中期以来，电子计算机技术得到了高速发展，逐步分化成微型计算机、小型计算机、通用计算机（包括巨型、大型和中型计算机）以及各种专用机（如各种控制计算机、模拟-数字混合计算机）等。计算机器件从电子管到晶体管，再从分立元件→集成电路→微处理器，促使现代计算机的发展出现了三次飞跃。

1946—1958 年期间为电子管计算机时期，这一时期计算机的基本逻辑元件采用电子管，内存储器相继采用延迟线、磁鼓或磁芯，外存储器采用磁带，运算速度一般为几千次/秒至几万次/秒，计算机主要用于科学计算。1946 年 2 月，美国宾夕法尼亚大学莫尔学院制成了大型电子数字积分计算机（ENIAC，Electronic Numerical Integrator And Computer），这台计算机完全采用电子线路执行算术运算、逻辑运算和信息存储，运算速度比继电器计算机快1 000 倍。这就是通常人们所说的世界上第一台电子计算机。该机重达 30 吨，用了18 000 个电子管，功率 25 千瓦。1949 年，英国剑桥大学数学实验室率先制成电子离散时序自动计算机，1950 年，美国制成了东部标准自动计算机。1953 年，IBM650 发布，它是一种以磁鼓作为内存储器的小型数字计算机。1955 年 8 月，两台 IBM650 安装在哥伦比亚大学的 IBM Watson 科学计算实验室。

1958—1964 年期间为晶体管计算机时期，这一时期计算机的基本逻辑元件采用晶体管分立元件，内存储器采用磁芯，外存储器使用磁盘，运算速度可达十万次/秒至数百万次/秒。1958 年 9 月 12 日，在 Intel 公司创始人 Robert Noyce 的领导下，集成电路诞生。1959 年，得克萨斯仪器公司首先宣布建成世界上第一条集成电路生产线。1962 年，世界上出现了第一块集成电路正式商品，为微处理器的发明以及集成电路计算机的产生奠定了物质基础。1963 年 8 月，控制数据公司的 CDC6600 公布于世，它是真正意义上的超级计算机，共安装了 35 万个晶体管，运算速度为一百万次/秒。之后，改进型 CDC7600 巨型机问世。IBM 公司在原有工作的基础上，进一步研制出 IBM7094 计算机，是一种 36 位机器。

1964—1975 年期间为中小规模集成电路计算机时期。集成电路（IC）的诞生，使电子技术出现了划时代的革命，成为现代电子技术和计算机发展的基础。这一时期计算机的基本逻辑元件采用中小规模集成电路，内存储器采用半导体存储器，运算速度得到进一步提高，从数百万次/秒高达数千万次/秒。1964 年 4 月 7 日，IBM 公司推出了划时代的 System/360 大型计算机，这一系列是世界上首套指令集可兼容计算机。从前，计算机厂商要针对每种主机量身定做操作系统，System/360 的问世让单一操作系统适用于整系列的计算机成为可能。随着计算机通用集成电路的发展，微处理器和微型计算机应运而生，各类计算机的性能迅速提高。1971 年 11 月 15 日，Intel 公司开发成功第一块微处理器 4004，含 2 300 个晶体管，字长为 4 位，时钟频率为 108kHz，每秒执行 6 万条指令，并成功研制出第一台微型计算机 MCS-4，为现代计算机的产生奠定了基础。

（2）现代计算机时期。

随着超大规模集成电路和微处理器技术的进步，特别是 Intel 公司于 1974 年 4 月 1 日发布了面向个人用户的 8 位微处理器 8080，互联网技术和多媒体技术得到了空前的应用与发展，标志着现代计算机时代的到来。1978 年 6 月，Intel 公司推出 16 位微处理器 8086，后来又发布了准 16 位微处理器 8088 以及 80186 和 80286。1981 年，IBM 公司推出个人计算机 IBM-PC，1983 年，又推出了 IBM-PC/XT，其中 CPU 为 Intel 8088。1984 年，IBM 公司推出 IBM-PC/AT，使用 Intel 80286 芯片作为 CPU，时钟频率为 8～16MHz，是完全 16 位微处理器。1985 年，Motorola 公司率先推出 32 位微处理器 68020，同年，Intel 公司推出了 80386。1989 年，Motorola 公司又发布了一种新的 32 位处理器 68040，几乎同时 Intel 公司推出 80486，这些微处理器的迅速发展为微型计算机的开发奠定了基础。1986 年，Compaq 公司首先发布了 386 AT，开辟了 386 微型机新时代。1987 年，IBM 公司推出 PS/2-50 型，CPU 采用了 Intel 80386 芯片。1989 年，随着 Intel 80486 芯片的问世，以它为 CPU 的微型计算机出现了。1993 年 3 月 22 日，Intel 公司发布了 Pentium 芯片，各微型机厂家纷纷推出以它为 CPU 的微型计算机，该处理器集成了 300 多万个晶体管，每秒钟执行 1 亿条指令，而后又推出了 Pentium Ⅱ、Pentium Ⅲ 微处理器芯片，时钟频率可高达 233～600MHz。2000 年 7 月，Intel 公司发布了 Pentium Ⅳ 微处理器，时钟频率从 1.4GHz 起步。目前，Pentium Ⅳ 微处理器的时钟频率高达 4GHz，IBM、Motorola 和 Apple 公司联合开发了 Power PC 芯片，DEC 公司也推出了 Alpha 芯片，均为 64 位或准 64 位微处理器芯片。微型计算机的出现与发展成为这一时期的重要特征。目前，美国、日本等国家正在研究制造以人工智能为基础的智能型计算机，使计算机能够模拟人的某些思维过程和智能行为，完成更加复杂的任务。

随着计算机技术的飞速发展，计算机的类型越来越多样化，其性能不断增强，应用越来越广泛。微型计算机的广泛应用，促进了互联网的快速兴起，目前，人类社会已进入 Internet 互联网时代，进一步推动了计算机应用系统的普及与发展。

1.2 操作系统的发展历史

计算机硬件是计算机系统的物质基础，计算机软件是计算机发挥作用的逻辑资源，因此，一个完整的计算机系统通常是指计算机硬件和软件的总称。操作系统是计算机的核心管理软件，是控制和维护计算机软硬件资源的一种特殊的计算机系统软件，是各种应用软件得以运行的基础，同时也是用户与计算机的接口，没有操作系统，计算机就不能解释和执行用户输入的命令或运行应用程序。随着计算机硬件的发展以及应用领域的不断扩大，操作系统的发展经历了大型机操作系统、小型机和 UNIX 操作系统、微型机操作系统三个时代。

1. 大型机操作系统时代

在计算机发展的早期阶段，各生产商针对各自硬件开发自己的操作系统，每生产一台新的计算机都要配备一套新的操作系统，因此，即使是同一个生产商开发的操作系统，其命令模式、操作过程和调试工具差别也很大。直到 20 世纪 60 年代，IBM 公司开发了 System/360 系列机器，尽管这些计算机在性能上有明显的差异，但都装配了统一的操作系统 OS/360。OS/360 操作系统开发的成功，陆续催化出 MFT、MVT、SVS、MVS、MVS/XA、MVS/ESA、OS/390 和 z/OS。

2. 小型机和 UNIX 操作系统时代

小型机操作系统的开发起源于 UNIX 操作系统。1969 年，AT&T 贝尔实验室开发出第一个 UNIX 操作系统，它是一种分时操作系统，能同时运行多进程，支持用户之间数据共享。由于当初的 UNIX 操作系统是完全免费的，并可以随意修改，因此得到了广泛的应用。同时，由于 UNIX 操作系统早期的广泛应用，目前已经成为操作系统的典范。然而，由于 UNIX 始终属于 AT&T 公司，使用 UNIX 必须要负担许可费，限制了 UNIX 的应用范围。20 世纪 60 年代末至 70 年代初，几种硬件支持相似的或提供端口的软件可在多种系统上运行。事实上，除了 360/165 和 360/168 外，360/40 之后的大部分 360 系列的机器都实行微程序设计。

3. 微型机操作系统时代

随着计算机软硬件技术的不断发展，计算机的应用得到了迅速普及，中小型企业及家庭开始拥有自己的计算机，应用的普及使硬件组件公共接口得到了飞速的发展，出现了 S-100、SS-50、Apple II、ISA 和 PCI 总线，同时对"标准"的操作系统的要求与日俱增，从而推动了微型机操作系统的发展。早期的微型机操作系统主要是 8080/8085/Z-80 CPU 用的 Digital Research's CP/M-80，它建立在数码设备公司几个操作系统的基础上，主要针对 PDP-11 架构。在此基础上又产生了 MS-DOS（或 IBM 公司的 PC-DOS）。这些计算机在 ROM 中都有一个小小的启动程序，可以把操作系统从磁盘装载到内存。随着显示设备和处理器成本的降低，很多操作系统都开始提供图形用户界面，如最具影响的 Windows 操作系统。下面介绍几种得到广泛应用的微型机操作系统。

（1）DOS 操作系统。

1981 年，Microsoft 公司为 IBM 公司的 PC 机开发了 DOS（Disk Operating System）操作系统，它是一种单用户、单任务的操作系统，对内存的管理局限在 640KB 以内，在 20 世纪 80 年代普遍使用，是微型机历史上一种非常重要的操作系统，迄今为止，DOS 操作系统已经历了 7 次大的版本升级，从 1.0 版到 7.0 版。

（2）Windows 操作系统。

1985 年 11 月，Microsoft 公司推出了第一代窗口式多任务操作系统 Windows，发布了 Microsoft Windows 1.0，是 Windows 系列的第一个产品，它在本质上宣告了 MS-DOS 操作系统的终结。然而，当时被人所青睐的 GUI 电脑平台是 GEM 及 Desqview/X，因此用户对 Windows 1.0 的评价并不高。1987 年 12 月 9 日，Windows 2.0 发布，之后又推出了 Windows 286 和 Windows 386 版本，为 Windows 3.0 的成功做好了技术铺垫。

1990 年 5 月 22 日，Microsoft 公司推出了 Windows 3.0，由于在界面、人性化、内存管理等方面进行了巨大改进，终于得到了用户的认可。1991 年 10 月，又发布了 Windows 3.0 的多语种版本，为 Windows 在非英语母语国家的推广起到了重大作用。1992 年 4 月，Windows 3.1 发布，这个系统既包含了对用户界面的重要改善也包含了 80286 和 80386 对内存管理技术的改进，其功能得到了进一步增强。

1995 年 8 月 24 日，Windows 95 发布，出色的多媒体特性、人性化的操作以及美观的界面令 Windows 95 获得了空前成功。Windows 95 是一个混合的 16 位/32 位 Windows 系统，它以对 GUI 的重要的改进和底层工作（underlying workings）为特征。

1996 年 8 月，Windows NT 4.0 发布，它增加了许多管理方面的特性，是真正的 32 位操作系统。1998 年，Microsoft 公司推出了 Windows 98 操作系统，将 Internet 浏览器整合到了 Windows 系统中，方便用户访问 Internet 资源。2000 年，Microsoft 公司推出了 Windows 2000，其中包括 Professional、Server、Advanced Server 和 Data Center Server 四个版本。同年，发布了面向家庭和个人娱乐、侧重于多媒体和网络的 Windows Me 操作系统。

2001 年 10 月 25 日，Microsoft 公司发布了功能强大的 Windows XP 操作系统，它有 4 个版本：Windows XP Home、Windows XP Professional、Windows XP Media Center 和 Windows XP Tablet PC。该系统采用了 Windows 2000/NT 内核，运行稳定可靠，用户界面焕然一新，优化了与多媒体应用有关的功能，内建了极其严格的安全机制，成为一种得到广泛使用的微型机操作系统。

目前，Microsoft 公司已发布了 Windows 2003 和 Vista 操作系统。

（3）Linux 操作系统。

最初，Linux 操作系统由芬兰人 Linux Torvalds 开发，1991 年，在 Internet 上公开发布了该系统的源程序代码。Linux 在源码上兼容绝大部分 UNIX 标准，是一个支持多用户、多进程、多线程的操作系统，同时该系统实时性好，运行稳定，由于 Linux 操作系统的这些优良特性，使它获得了越来越多的关注。目前，Linux 已成为全球最大的一个自由免费软件。

（4）MacOS 操作系统。

1994 年，美国苹果计算机公司为它的 Macintosh 计算机设计了 MacOS 操作系统，率先采用 GUI 图形用户界面、多媒体和鼠标等技术。Macintosh 计算机在出版、印刷、影视制作和教育等领域有着广泛的应用。

（5）OS/2 操作系统。

1987 年，IBM 公司推出了 Personal System/2 个人计算机，OS/2 是为这一系列机开发的操作系统，它是一个 32 位的多任务操作系统，采用图形界面，可以处理 32 位的 OS/2 系统的应用软件，也可以运行 16 位的 DOS 和 Windows 软件。

习　　题

1. 计算机的发展经历了哪些阶段？
2. 简要叙述现代计算机的主要特征。
3. 什么是操作系统？
4. 简要叙述操作系统的发展历史。
5. 简要说明常用的操作系统，以及它们各自的特点。
6. 简要叙述 Windows 操作系统的发展。

第2章 Windows XP 操作系统

教学重点

● Windows XP 操作系统的文件管理、系统管理的具体方法。

教学难点

● 根据具体需求实现系统管理的方法。

教学目标

● 了解 Windows XP 操作系统的基本构成和特点。
● 掌握在 Windows XP 操作系统环境下进行文件管理、系统管理、应用程序管理、用户管理和磁盘管理的具体方法。
● 初步学会 Windows XP 的几种常用附件的使用。

2.1 Windows XP 概述

Windows XP 是美国 Microsoft 公司于 2001 年 10 月 25 日发布的基于图形界面的操作系统，是继 Windows 9x 系列和 Windows NT 系列之后推出的新一代产品。本节简要介绍 Windows XP 的主要特点以及如何启动和关闭 Windows XP。

2.1.1 Windows XP 的特点

Windows XP 采用 Windows 2000/NT 内核，继承了 Windows Me 的特性，设计了全新的用户界面，大幅度提高了系统的性能，具有界面美观、使用方便、运行稳定、通信安全等许多优良特性。从用户使用操作系统的角度来看，其特点具体体现在以下几个方面。

1. 全新的用户界面

Windows XP 在前一版本的基础上对用户界面做了进一步的改进，"开始"菜单、任务栏以及控制面板等的表现形式有了较大的更新，具有界面新颖、立体感强等特点。

（1）Windows XP 设计了更加美观的登录界面，称为"Luna"。登录界面是完全动态的，只要单击登录界面上的用户名，系统便自动展开密码输入栏。另外，不同的用户可以通过选择不同的用户账户进入自己的系统，具有较强的个性化特点。

（2）Windows XP 的"开始"菜单更加智能化。它可以显示登录的用户，并自动地将使用最频繁的程序添加到菜单顶层，可以将所需的任何程序移动到"开始"菜单中。

（3）Windows XP 改进了系统的桌面结构，使用了和以往完全不同的、立体化的桌面图标，并且支持淡入/淡出。

（4）Windows XP 提供了更加新颖的"我的电脑"窗口，在左侧提供了个性化工具栏，工具栏内提供了各种常用的文件操作，如文件查找、查看系统属性、增加或删除程序、修改设置等；而且还提供了一些其他的常用文件目录，如网络邻居、我的文档、共享文档和控制面板。不但界面更加美观，而且也增强了实用性。

（5）Windows XP 设计了智能组合的任务栏，即每打开一个窗口时，在任务栏上就会出现一个对应的按钮。当打开的窗口太多时，Windows XP 会根据窗口的类别自动将任务栏中代表同类窗口的按钮合并，以工作组的方式在任务栏上显示，使任务栏保持清晰整齐。

（6）Windows XP 提供了两种视图的控制面板：分类视图与经典视图。分类视图将功能相近的模块组合成一类，并更新了相应的图标。

2. 多用户的简单切换

Windows XP 是一种多用户多任务操作系统，它提供了非常方便的用户切换方式。每个使用该计算机的用户都可以通过个性化设置创建独立的密码保护账户，多个账户可以在不重新启动计算机的情况下进行用户之间的切换，而且不需要关闭相应的程序。

3. 实用的网络功能及内外部数据保护

Windows XP 内部集成了 Internet Explorer 6.0，联网速度快，对脱机浏览有较好的支持。与以前的版本相比，Windows XP 的网络设置更加容易，而且在系统内部还建立了防火墙，保护整个网络免受黑客和通过 Internet 传播的病毒的袭击，在上网浏览时自动保护系统的安全。

4. 系统的自动恢复

自动系统恢复功能可以在磁盘失败时恢复操作系统，将计算机还原到过去的状态，并且不丢失个人数据文件。

5. 强大的多媒体环境

Windows XP 包含了所有的多媒体技术，可以方便地播放音乐、视频和 CD，查看图片，刻录 CD，进行视频编辑。

6. 具有多语言支持

Windows XP Professional 可以在 24 种语言中选择，使用不同语言的多语言用户可以共享相同的计算机。

7. 在全球任何位置操作

利用 Windows XP，可以在全球的任何角落，通过自己的办公计算机阅读电子邮件、查看文件和运行程序。Windows XP Professional 的高级通信功能使用户可以使用最新的移动计算和前沿无线技术。例如，可以使用"远程桌面"，通过 Internet 从其他运行 Windows XP 计算机上查看运行 Windows XP Professional 计算机的屏幕。使用声音、视频和邮件即时传送，Windows XP 中的安全无线连接可以使用户进行实时通信和合作。

2.1.2　Windows XP 的启动和退出

1. Windows XP 的启动

Windows XP 成功安装后，可以通过冷启动、热启动和复位启动三种方式完成系统的启动过程。

（1）冷启动。

在系统没有加电的情况下进行的启动称为冷启动。冷启动时，计算机首先执行 ROM 中的一段程序，然后对键盘、外部设备接口和内存进行检测，再将启动盘上的系统文件依次读入内存。冷启动的步骤如下：

①打开电源开关，如插线板上的开关。

②打开外设电源开关，如显示器开关。

③打开主机上的电源开关，即主机箱上标有"Power"字样的开关按钮。

（2）热启动。

在不关闭电源的情况下使计算机重新启动的过程称为热启动。热启动是在主机电源已经开始工作的情况下进行的系统启动，热启动时不对键盘、外部设备接口和内存进行检测。有两种热启动的方法：

①同时按下 Ctrl＋Alt＋Del 快捷键，弹出任务管理器。

②在关机菜单中选择重新启动。

（3）复位启动。

通常，在计算机的主机箱上有一个"Reset"按钮，即复位按钮，若热启动失败，可通过按下该按钮重新启动计算机，称为复位启动。

2. Windows XP 的退出

Windows XP 提供了两种退出本次操作的方式，即注销和关闭计算机。

（1）注销。

执行"开始→注销"命令，弹出如图 2—1 所示的"注销 Windows"对话框，其中有两个选项：注销和切换用户。执行"注销"命令，计算机进入"注销 Windows"界面，可以退出当前用户运行的程序，并准备由其他用户使用该计算机。执行"切换用户"命令，可以切换到其他用户，系统保留所有登录账户的使用环境，当需要时，可以切换到原来的使用环境。

（2）关闭计算机。

执行"开始→关闭计算机"命令，弹出如图 2—2 所示的"关闭计算机"对话框，其中有三个选项：待机、关闭和重新启动。执行"关闭"命令，计算机在完成一系列关闭前的数据保护工作后，退出 Windows XP 系统，并关闭电源。也可以在系统的应用程序都关闭之后，通过按下 Alt＋F4 快捷键弹出图 2—2 所示的"关闭计算机"对话框。

图 2—1　"注销 Windows"对话框

图 2—2　"关闭计算机"对话框

通常，用户在执行关闭计算机操作之前，应关闭已启动的各种应用程序。

2.2　Windows XP 界面及基本操作

2.2.1　鼠标与键盘的操作

1. 鼠标

鼠标是一种标准的计算机输入设备，熟练使用鼠标是学习和掌握 Windows XP 操作步骤的基础。

（1）鼠标的形状。

鼠标的形状如图 2—3 所示。通常有左右两个按钮，分别称为鼠标左键和鼠标右键，通过单击或双击鼠标按钮可以完成多种操作。

（2）鼠标的基本操作。

鼠标有移动、指向、单击、双击、右键单击、拖动六种基本操作。

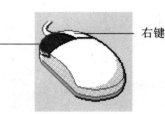

图 2—3　鼠标的形状

移动：在鼠标垫上来回推拉鼠标的操作，此时在显示器上会看到鼠标指针位置的变化。注意，移动鼠标时不能按下鼠标按钮。

指向：移动鼠标，将鼠标的指针移动到某一对象上的操作。

单击：快速按下鼠标左键后立即释放的操作。

双击：快速、连续地单击鼠标两次的操作。

右键单击：快速按下鼠标右键后立即释放的操作。

拖动：按住鼠标左键不放，将鼠标从一个位置移动到另一个位置后释放左键的操作。

（3）光标的形状。

在 Windows XP 中，鼠标的光标会随着所执行任务的不同而发生变化，表 2—1 是 Windows XP 标准方案中常见的几种光标的形状。

表 2—1　　　　　　　　　　　　　　　　光标的形状

指针	特定含义	指针	特定含义	指针	特定含义
⌖	常规操作	I	选定文本	⤡ ⤢	调整窗口的对角线
⌖?	帮助选择	＋	精度选择	↕ ↔	调整窗口水平垂直大小
⌖⧗	后台操作	⊘	操作非法，不可用	✛	可以移动
⧗	忙，请等待	☝	超级链接选择	↑	其他选择

2. 键盘

键盘是另一种标准的计算机输入设备，利用键盘可以进行中英文文本的数据输入。利用 Windows XP 为键盘定义的快捷键，还可以完成窗口的切换、菜单以及对话框的操作。总之，利用键盘可以完成 Windows XP 提供的所有操作。

2.2.2　Windows XP 的桌面

1. 桌面

桌面是指 Windows XP 所占据的屏幕空间，是 Windows XP 提供给用户操作计算机的主平台。图 2—4 是一个典型的 Windows XP 的桌面。

图 2—4　Windows XP 的桌面

Windows XP 的桌面由桌面背景、桌面图标、任务栏和"开始"按钮四部分组成。桌面左侧摆放着桌面图标，底部的蓝色长条是任务栏，任务栏左侧是"开始"按钮。

（1）桌面背景。

桌面背景是指衬在桌面图标后面的背景画面，可以通过桌面背景设置的改变使桌面呈现不同的外观。

（2）桌面图标。

图标是 Windows 中资源的一种重要表示方式，根据性质的不同，图标分为系统图标和其他图标，系统图标是指系统自带的图标，其他图标是指由用户自己创建的或安装应用程序时建立的快捷方式图标。与系统图标不同的是，其他图标在图形的左下角有一个符号。

Windows XP 安装完成后，在桌面上仅有"回收站"图标，通过"自定义桌面"设置，可以使桌面上的主要图标显示出来。其中包括：

"我的电脑"：主要对计算机的资源进行管理，包括磁盘管理、文件管理、配置计算机软硬件环境等。

"我的文档"：是计算机默认的存取文档的桌面文件夹，其中保存的文档、图形或其他文件可以得到快速访问。

"网上邻居"：当用户的计算机连接到网络时，通过它与局域网内的其他计算机进行信息交换。

"回收站"：暂存用户从硬盘上删除的文件、文件夹、快捷方式等对象，需要时可以把这些对象还原到原来的位置。

"Internet Explorer"：用于启动 Internet Explorer 浏览器，浏览 Internet 的信息。

用户还可以根据自己的需要，在桌面上为一些常用的应用程序、文档和文件夹创建图标，以提供快速访问这些应用程序、文档和文件夹的方式。有些应用程序在安装时会自动在

10

桌面上创建它的快捷方式图标。

（3）任务栏。

在屏幕底部有一条狭窄条带称为任务栏，如图 2—5 所示。一般情况下，任务栏分为三部分，左侧是"开始"按钮，右侧是通知区域，中间部分是空白区，当前正在运行的程序的标题以及打开的窗口的名称都可以以最小化按钮的方式显示在该区域。当按钮太多而堆积时，Windows XP 可以根据类别合并最小化按钮使任务栏更加清晰。例如，当前系统有多个已打开的电子邮件时，这些表示电子邮件的最小化按钮将自动组合成一个电子邮件按钮显示在任务栏上。单击该按钮可以从弹出的菜单中选择具体的邮件。可以通过单击任务栏上的最小化按钮，在各窗口或程序之间进行切换。关闭窗口或程序后，对应的最小化按钮将消失。

图 2—5　Windows XP 的任务栏

系统提示区会出现不同的图标，表示任务的不同状态，一般有系统时钟、音量、网络连接等，也有一些其他图标可能临时出现，显示正在进行的活动的状态。例如，当将文件发送到打印机时打印机图标将出现，打印结束时该图标消失。当可以从 Microsoft 站点下载新的"Windows 更新"时，通知区域中也会提示。

（4）"开始"按钮。

"开始"按钮位于任务栏的最左侧，单击"开始"按钮可以弹出"开始"菜单。"开始"菜单分为三个区域，顶部为用户区，显示用户名和标识图片，底部为系统关闭和注销区，有"注销"和"关闭计算机"两个按钮，中间分为左右两部分，左侧为程序列表分区，该区的最后一项为"所有程序"，单击它可以打开一个程序列表，列出计算机上当前安装的程序，右侧是一些选项，包括"我的文档"、"我最近的文档"、"图片收藏"等。总之，"开始"菜单包含使用 Windows 时需要的所有操作。例如，启动程序、打开文件、使用"控制面板"自定义系统、单击"帮助和支持"获得帮助、单击"搜索"可搜索计算机或 Internet 上的项目等。

"开始"菜单上的一些菜单项带有向右箭头，这意味着该菜单项还有下一级菜单。鼠标指针指向该菜单项时，下一级菜单将出现。

2. 桌面图标的操作

Windows XP 桌面图标的基本操作有：图标的创建与删除、图标的移动与排列、图标的重命名、图标的显示和隐藏。

（1）图标的创建与删除。在桌面上创建图标的方法通常有以下三种：

①鼠标右键单击桌面空白处，在弹出的快捷菜单中执行"新建→快捷方式"命令，弹出"新建快捷方式"对话框，在"请输入项目的位置"文本框中，输入想要创建图标的文件的路径和名称，或单击"浏览"按钮来查找文件名，单击"下一步"按钮，在文本框中键入该快捷方式的名称，单击"完成"按钮。

②找到要创建图标对应的文件，将其复制到剪贴板，在桌面上右键单击鼠标，在快捷菜单中执行"粘贴快捷方式"命令。

③单击"开始"按钮，弹出"开始"菜单，鼠标指向"开始"菜单中要创建快捷方式的程序右键单击，在快捷菜单中执行"发送到→桌面快捷方式"命令。例如，鼠标指向"Microsoft Office Word 2003"右键单击，然后执行"发送到→桌面快捷方式"命令，就可以在

11

桌面上创建 Word 2003 的桌面快捷方式图标。

删除桌面上图标的方法通常有以下三种：

①单击要删除的图标，使之处于选中状态，然后按 Delete 键。如果选中的图标是快捷方式图标，则弹出"确认快捷方式删除"对话框，单击"删除快捷方式"按钮；如果选中的图标是应用程序或其他文件图标，则弹出"确认文件删除"对话框，单击"是"按钮。

②用鼠标指向桌面上要删除的图标右键单击，在弹出的快捷菜单中执行"删除"命令，其余同上。

③用鼠标指向要删除的图标，将其直接拖动到回收站中。

（2）图标的移动与排列。移动鼠标指向要移动的图标后拖动，将其拖到指定的位置，便完成了移动桌面图标的操作。

在桌面的空白处右键单击鼠标，在快捷菜单中，用鼠标指向"排列图标"菜单项，在弹出的级联菜单中有"名称"、"大小"、"类型"、"修改时间"、"按组排列"、"自动排列"和"对齐到网格"七种不同的排列方式。根据用户的需要，单击其中某一个菜单项，系统自动根据该方式完成图标的排列。对于前四种方式，选中的菜单项前面会出现一个符号"●"，表示系统当前使用的图标排列方式。对于后三种方式，选中的菜单项前面会出现一个"√"，此时无法完成移动图标的操作，即使移动图标，图标也会立即回到队列中整齐排列。

（3）图标的重命名。重命名桌面图标的方法通常有两种。

①鼠标指向桌面上要进行重命名的图标右键单击，在快捷菜单中执行"重命名"命令，此时图标的名称会变成蓝底白字，图标名称的文本框中出现闪烁的编辑光标，输入新的名称后按回车键。

②鼠标指向该图标单击，间隔一小段时间后再单击该图标的名称（注意间隔时间的长短，要与双击时击键速度区分开），使名称变成蓝底白字，其余同上。

（4）图标的显示和隐藏。在桌面的空白处右键单击鼠标，在快捷菜单中执行"排列图标"命令，鼠标指向该选项时，会出现下一级菜单，单击该菜单中的"显示桌面图标"菜单项，使其前面出现一个"√"，桌面图标在桌面上显示出来，反之，桌面图标隐藏。

3. 任务栏的操作

用户可以锁定任务栏，锁定任务栏的方法：在任务栏的空白处右键单击鼠标，在快捷菜单中，单击"锁定任务栏"菜单项，在该菜单项的前面出现一个"√"，此时任务栏处于锁定状态，反之该符号会消失，此时任务栏处于非锁定状态。当任务栏处于非锁定状态时，可以改变任务栏的高度和位置，用户也可以根据自己的需要和爱好自行设置任务栏的属性。

（1）任务栏高度的改变。移动鼠标指向任务栏的上边缘，当光标变成双向箭头时，向上拖动鼠标，可以使任务栏变宽；向下拖动鼠标，可以使任务栏变窄。如果将整个屏幕的空间都留给应用程序使用，则可以向下拖动鼠标，直到任务栏变成一个很窄的蓝条，此时任务栏处于最小化状态，需要时，可以通过向上拖动再把它拉出来。

（2）任务栏位置的改变。在系统默认设置下，任务栏处于桌面的最底部，可以移动任务栏将其放置在桌面的顶部、左侧和右侧。具体方法是：移动鼠标指向任务栏的空白处，单击并拖动，直到要放置的桌面边缘处，此时任务栏会自动停靠在相应的边缘处。

（3）任务栏属性的设置。在任务栏的空白处右键单击鼠标，在快捷菜单中，执行"属性"命令，此时弹出"任务栏和［开始］菜单属性"对话框，如图 2—6 所示。该对话框有两个选项卡:"任务栏"和"[开始]菜单",系统默认为显示"任务栏"选项卡,在该选项卡中可以进行"任务栏外观"、"通知区域"的设置。在"[开始]菜单"选项卡中可以设置"开始"菜单的样式。

4."开始"菜单的操作

(1)"开始"菜单的模式切换。

在"任务栏和[开始]菜单属性"对话框中选择"[开始]菜单"选择卡,如图2—7所示。在该选项卡中有两个单选按钮:"[开始]菜单"和"经典[开始]菜单",通过单击其中的一个单选按钮可实现"开始"菜单的模式切换。如果单击"[开始]菜单",则在该单选按钮中会出现一个小黑点,表示当前的"开始"菜单模式为Windows XP的新模式;如果单击"经典[开始]菜单",则在该单选按钮中会现一个小黑点,表示当前的"开始"菜单模式为经典的Windows模式。在该页面上部的预览区域可以看到模式切换后的效果图。

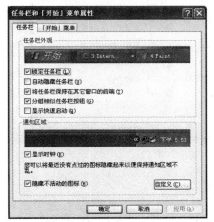

图2—6 "任务栏和[开始]菜单属性"对话框

图2—7 "[开始]菜单"选项卡

(2)"开始"菜单的设置。

在"任务栏和[开始]菜单属性"对话框中选择"[开始]菜单"选择卡,单击该选项卡中的"自定义"按钮,弹出"自定义[开始]菜单"对话框,如图2—8所示。通过该对话框的"常规"选项卡,可以进行图标大小、"开始"菜单上的程序数目以及是否在"开始"菜单上显示Internet和电子邮件等的设置;通过"高级"选项卡,可以完成"[开始]菜单设置"、"[开始]菜单项目"以及"最近使用的文档"等设置工作。

(3)"开始"菜单中快捷方式的操作。

大多数应用软件安装完成后,都会自动在"开始"菜单中为该程序创建快捷方式,除此之外,用户也可以根据自己的需要在"开始"菜单中自行为应用程序创建或删除对应的快捷方式。

在"开始"菜单中创建快捷方式有三种方法。第一种方法:用鼠标指向"开始"按钮右键单击,在快捷菜单中选择"打开所有用户",弹出如图2—9所示的"[开

图2—8 "自定义[开始]菜单"对话框

13

始］菜单"窗口，可以看到其内容位于"C：\ Documents and Settings \ All users \ ［开始］菜单"文件夹下。在该窗口中，可以利用复制文件的方法把需要建立快捷方式的应用程序或它们的快捷方式复制到该窗口，这样在"开始"菜单的"所有程序"中就建立了快捷方式。

第二种方法：用鼠标指向"开始"按钮右键单击，在快捷菜单中选择"浏览所有用户"，弹出"资源管理器"窗口，显示"开始"菜单中的内容，其余同上。

第三种方法：通过"我的电脑"打开"开始"菜单所在的文件夹，在该窗口使用同样的复制文件的方法创建快捷方式。

图 2—9　"［开始］菜单"窗口

删除"开始"菜单中的快捷方式有两种方法。

第一种方法：在图 2—9 所示的窗口中，选中要删除快捷方式图标右键单击，在快捷菜单中执行"删除"命令，弹出"确认快捷方式删除"对话框，单击"删除快捷方式"按钮。

第二种方法：打开"开始"菜单，在"所用程序"菜单中，用鼠标指向要删除的快捷方式右键单击，在快捷菜单中执行"删除"命令，其余同上。

2.2.3　Windows XP 的窗口、对话框和菜单

1. 窗口的组成及操作

窗口是 Windows XP 的基本组成部分，随着程序的启动或文件的打开，桌面上会出现相应的一系列窗口。

窗口是显示文件和程序内容的框架，是用户与应用程序交换信息的界面。通常，几乎所有的 Windows 窗口都具有共同的特点，即由标题栏、菜单栏、工具栏、地址栏、信息区、工作区和状态栏等部分组成。Windows XP 窗口的组成如图 2—10 所示。

标题栏：位于窗口顶部的蓝色长条。标题栏的最左侧是控制图标，单击该图标，弹出下拉式菜单，其中有还原、移动、大小、最小化、最大化和关闭等菜单项；控制图标的右侧是该窗口的名称；标题栏的最右侧是控制按钮，包括最小化、最大化和关闭按钮。移动鼠标指向标题栏，然后拖动鼠标，可以改变窗口的位置。可以通过单击位于标题栏右侧的最小化按钮收缩窗口，此操作将窗口缩小成任务栏上的按钮。单击最大化按钮，将窗口最大化到整个屏幕的大小，再次单击可使窗口恢复到原始大小。要改变窗口大小，还可以用鼠标指向窗口的边缘，当鼠标指针变成"↕"、"↔"、"↖"或"↗"样式时拖动鼠标到所需要的大小。单

标题栏
菜单栏
工具栏
地址栏
信息区
工作区
状态栏

图2—10　Windows XP 窗口的组成

击关闭按钮，将窗口关闭。

菜单栏：位于标题栏下面，在一个窗口中能够完成的所有操作根据操作的性质以菜单项的形式出现在菜单栏中。

工具栏：位于菜单栏下面，主要包括一些常用的命令，以小图标的形式出现。可以通过"视图→工具栏"的级联菜单进行工具栏的设置。

地址栏：位于工具栏下面，可以通过在该栏中输入逻辑磁盘名称以及路径进入相应的盘区以及路径所对应的文件夹。

信息区：在地址栏下面的左侧区域，显示"系统任务"、"文件和文件夹任务"、"其他位置"和"详细信息"等内容，方便用户完成一些基本的常规操作。

工作区：在地址栏下面的右侧区域，显示当前窗口中的全部信息。

状态栏：位于窗口的底部，显示该窗口所处的状态。

 小妙招：多窗口间切换的方法

方法一：使用 Alt＋Esc 快捷键在窗口间进行切换。

方法二：使用 Alt＋Tab 键选择相应的应用程序窗口。

2. 对话框的组成及操作

对话框的组成如图2—11所示。通常，对话框包含标题栏、选项卡、文本框、列表框、下拉式列表框、复选框、单选按钮、微调按钮、滑块和命令按钮等。

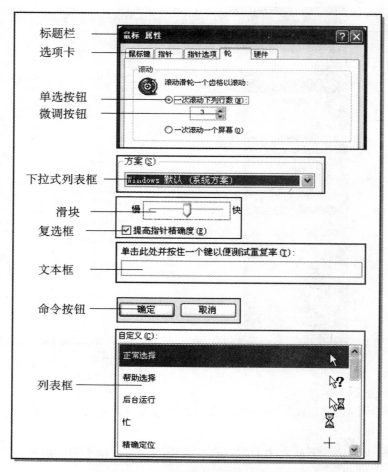

图 2—11 对话框的组成

标题栏：位于对话框最上方的蓝色长条，上面标记该对话框的名称。

选项卡：位于标题栏的下方，每个选项卡对应一页选项卡页面。

文本框：用于输入文本信息的矩形框。

列表框：用于显示需用户选择的多个选项，只允许用户选择其中的一项。

下拉式列表框：是一个右侧带有向下箭头的按钮的矩形框，用户单击该按钮可以打开一个选择列表，选择其中一项后，该项信息会在矩形框中显示。

复选框：由两部分组成，左侧是一个用户可操作的方框，右侧给出相应的描述，以说明用户选中该项后表示的含义。当用户单击左侧的方框时，在方框中会出现一个"√"，表示选中该项，反之，表示未选中该项。通常，复选框成组出现，用户可以一次选中其中的一项或多项。

单选按钮：由两部分组成，左侧是一个用户可操作的圆形区域，右侧给出相应的描述，用以说明用户选中该项后表示的含义。当用户单击左侧的圆形区域时，其中会出现一个小圆点，表示选中该项，反之，表示未选中该项。与复选框不同，用户只能在一组单选按钮中选中其中一项。

微调按钮：是一对用于增减数值的箭头按钮。

滑块：是一个用于增减数值的滑动按钮，拖动它左右移动可进行数量的增减。

命令按钮：是一个可执行命令的按钮，单击它可启动一个动作。"确定"和"取消"是对话框中最常用的两个命令按钮。

3. 菜单的种类与操作

Windows XP 中的菜单有两种：下拉式菜单和快捷菜单。

当用户单击 Windows 窗口的菜单栏中的某一个菜单项时，通常在该菜单项的下方会出现一个菜单，称为下拉式菜单，如图 2—12 所示。为了用户使用和记忆的方便，系统对下拉式菜单中的命令按功能进行分组，命令组之间用一条灰色直线分隔。如果下拉式菜单的命令呈灰色，表示该命令当前不可用；呈黑色，表示该命令当前可用。

任何情况下，当用户右键单击鼠标时，在光标右下方通常都会弹出一个菜单，称为快捷菜单，如图 2—13 所示。由于快捷菜单中的命令与正在执行的操作相关，因此，在不同的位置、不同的时间单击鼠标右键，快捷菜单的内容是不同的。在快捷菜单出现后，如果不想执行任何命令，用鼠标单击快捷菜单以外的任何地方都可以使该菜单消失。

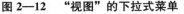

图 2—12 "视图"的下拉式菜单　　　图 2—13 快捷菜单

下拉式菜单或快捷菜单中的命令，都有命令名和快捷键，用户可以通过单击该菜单项完成相应的动作，当用户在不打开菜单的情况下，也可以通过按下快捷键执行该命令。除此之外，菜单中的有些命令中还会出现以下几种符号：

右边有"…"的命令：表示单击此菜单项将打开一个对话框。

右边有"▶"的命令：表示该菜单项有下一级级联菜单。

左边有"√"的命令：用户可以在两种情况之间进行选择。

左边有"●"的命令：一般成组出现，一组中只有一个菜单项且一定有一个被选中。当选中另一个菜单项时，原来被选中的菜单项自动失效。

2.2.4 Windows XP 的帮助系统

Windows XP 的帮助系统代替了书面手册，提供了一个强大的面向任务的信息查询环境，通过它可以在使用计算机的同时随时查询有关信息，为用户学习和使用 Windows XP 系统提供了方便。

1. 在桌面上获得帮助

执行"开始→帮助和支持"命令，弹出"帮助和支持中心"窗口，如图 2—14 所示。

在该窗口中，可以通过"目录"、"索引"和"搜索"三种方式获得帮助信息。

方式一：在该窗口中的"选择一个帮助主题"下面，单击需要的帮助主题。例如，选择"定义自己的计算机"，弹出一个窗口，显示下一级目录，如图 2—15 所示。逐级进行选择，直到需要的帮助内容出现。

图 2—14　"帮助和支持中心"窗口　　　　图 2—15　"自定义自己的计算机"选项

方式二：在该窗口中单击"工具栏"中的"索引"按钮，出现如图 2—16 所示的窗口。

图 2—16　"索引"选项

在该窗口中的"键入要查找的关键字"下面的文本框中输入关键字，下面的列表框中会

18

出现与该关键字有关的帮助主题信息，选择需要的选项，单击"显示"按钮，或直接双击需要的主题选项，在工作区的右窗格里会显示与之相关的内容，如图 2—17 所示。

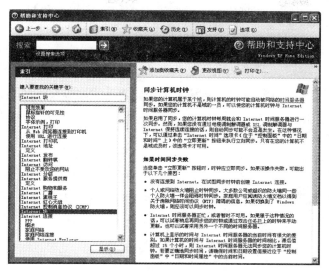

图 2—17 "显示主题相关内容"选项

方式三：在该窗口中的"搜索"文本框中输入搜索选项，如"文件"，单击"开始搜索"按钮。

2. 在窗口中获得帮助

在窗口中要获得帮助信息时，可以利用窗口的"帮助"菜单。例如，在"我的电脑"窗口中，执行"帮助→帮助和支持中心"选项，系统会弹出"帮助和支持中心"窗口，其他操作同上。

3. 在对话框中获得帮助

在对话框中要获得帮助信息时，可以单击对话框右上角的"?"，此时鼠标的指针变为"⥀?"，然后用鼠标指向需要提供帮助的项目单击，系统显示相应的帮助信息。也可以在对话框中右键单击需要提供帮助的项目，此时会出现"这是什么"按钮，单击此按钮即可。

2.3 Windows XP 文件管理

2.3.1 资源管理器

Windows XP 利用"我的电脑"和"资源管理器"对系统资源进行管理。这两个实用程序的功能和使用方法基本相同，本书主要介绍"资源管理器"的使用。

1. "资源管理器"的启动

可以采用以下方法启动"资源管理器"：

方法一：利用"开始"菜单启动"资源管理器"。

方法二：右键单击桌面上的"我的电脑"图标，在快捷菜单中选择"资源管理器"菜单项。

方法三：右键单击"我的电脑"中的驱动器图标或文件夹图标，在快捷菜单中选择"资源管理器"菜单项。

方法四：在"我的电脑"中选中驱动器图标或文件夹图标，执行"文件→资源管理器"命令。

2．"资源管理器"的组成

资源管理器窗口如图 2—18 所示。

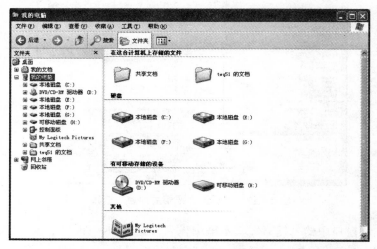

图 2—18　Windows XP "资源管理器"窗口的组成

"资源管理器"的窗口和"我的电脑"窗口不完全相同，它除了具有一般 Windows 窗口的元素外，将工作区分成左右两个窗格。左窗格是"文件夹"窗口，以树形结构显示整个计算机系统中的资源，当某一图标前面有符号"＋"时，表示它有下一级文件夹，单击"＋"号，可以展开它的下一级文件夹，这时，"＋"号变成"－"号。单击"－"号，下一级文件夹折叠，"－"号又变成"＋"号。右窗格是"内容"窗口，显示被选中的当前盘或文件夹中的详细内容。

3．"资源管理器"的使用

（1）工具栏的显示和隐藏。

若资源管理器窗口没有显示工具栏，单击"查看→工具栏→标准按钮"命令可以显示工具栏，此时在"标准按钮"选项前面会出现一个"√"。再次单击该选项将关闭工具栏，如图 2—19 所示。

利用"查看→工具栏"的级联菜单，还可以设置是否显示"地址栏"和"链接栏"，还可以利用该级联菜单中的"自定义"命令，添加或删除工具栏中的工具按钮。

（2）状态栏的显示和隐藏。

执行"查看→状态栏"命令，可以设置是否显示状态栏，操作步骤与工具栏的显示和隐藏类似。

（3）"资源管理器"窗口的改变。

用鼠标指向"资源管理器"窗口边界，当指针呈现双向箭头光标时拖动，可以改变"资源管理器"窗口的大小。同样，用鼠标指向左右窗格的分隔条，当指针呈现双向箭头光标时拖动，还可以改变左右窗口的大小。

（4）计算机资源的浏览。

利用"资源管理器"可以浏览计算机中的资源，例如：在左窗格中单击某一个文件夹的图标，在右窗格中就会显示出其中的内容，并且利用"查看"菜单，还可以改变图标的显示方式。图2—20给出了以"缩略图"方式显示"我的电脑"窗口中的内容。

①查看图标。在"资源管理器"的"查看"菜单中有五种不同的显示资源的方式，即：缩略图、平铺、小图标、列表和详细信息。选择其中某一选项时，在"资源管理器"工作区的右窗格中就会以当前选中的方式显示资源，此时在该选项前出现一个"●"。

②排列图标。利用"查看→排列图标"的级联菜单，可以按名称、类型、大小、可用空间、备注、按组排列、自动排列和对齐到网格8种方式排列图标。操作步骤与排列桌面图标类似。

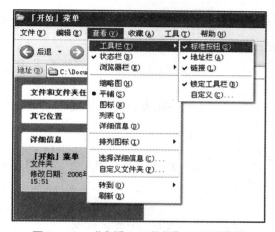

图2—19　"查看→工具栏"的级联菜单

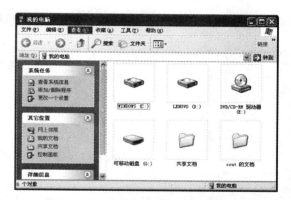

图2—20　以"缩略图"方式显示示例

2.3.2　文件和文件夹

1. 文件

计算机系统中的所有数据都是以文件的形式存储在磁盘上的，文件是最小的数据组织单位。因此，所谓文件是指存储在计算机外部介质中的相关信息的集合。根据记录信息的不同，可以将文件分为多种类型。例如，记录文字信息的文本文件、记录图像信息的图像文件、记录声音的音频文件和可以运行的可执行文件等。

为了便于管理和操作，每个文件都有一个文件名，典型的文件名由主文件名（简称文件名）和文件扩展名组成，中间以标号"."作为间隔。

一般形式为：文件名. 扩展名。

例如，"我爱祖国. mp3"文件，文件名为"我爱祖国"，扩展名为"mp3"，表示该文件为MP3文件，是音频文件的一种。

Windows XP允许使用长文件名，文件名（即主文件名加上文件扩展名）最多可使用255个有效字符。有效字符包括：26个英文字母、10个数字0～9、汉字和一些特定符号。英文字母不区分大小写，特定符号不包括：

　　"　｜　\　＜　＞　＊　/　：　?

文件扩展名由 1～4 个有效字符组成，表示文件的类型，扩展名可以省略。常用的文件扩展名及其所代表的类型如表 2—2 所示。

表 2—2 　　　　　　　　　　　常用的文件扩展名及含义

文件扩展名	文件类型	文件扩展名	文件类型
EXE	可执行文件	BAT	批处理文件
BMP、JPG	图像（位图）文件	HLP	帮助文件
TXT	文本文件	PPT	演示文稿文件
WAV	声音文件	XLS	Excel 电子表格文件
HTM	网页文件	DOC	Word 文档文件
RAR	压缩文件	DLL	动态链接库文件
LIB	库文件	INI	Windows 系统配置文件
SYS	系统文件		

Windows XP 文件名与 MS-DOS 文件名转换规则如下：

（1）如果主文件名不多于 8 个字符时，就直接将其转换为 DOS 文件名；否则取其前 6 个字符，加字符"～"，再加一个数字。

（2）如果长文件名中包含 MS-DOS 文件名规定的非法字符，如多个间隔符"."和空格等，转换后这些非法字符将被去掉。

2. 通配符

在 Windows XP 中，可以使用"＊"和"？"表示具有某些共性的一系列文件，"＊"和"？"称为通配符。

（1）"＊"通配符。

"＊"通配符代表任意位置的任意多个字符。例如："＊.TXT"代表扩展名为 TXT 的所有文件，"MyTest.＊"代表文件名为 MyTest 的任意类型的文件。

（2）"？"通配符。

"？"通配符代表任意位置的任意一个字符。例如："A？B.TXT"代表以 A 开头、以 B 结尾的文件名为三个字符、扩展名为 TXT 的所有文件。

3. 文件夹

（1）文件夹的概念。

在计算机磁盘，尤其是硬盘上，可以存储很多文件，这就需要将文件进行分类组织和管理。Windows XP 采用文件夹的组织方式来管理文件。所谓文件夹是指用来组织和管理磁盘文件的一种数据结构。系统建立一个根文件夹，用"\"表示。根文件夹隐藏在一个磁盘或一个硬盘分区中，是最高一级的文件夹，一张磁盘或一个硬盘分区只能有一个根文件夹。为了便于管理，在根文件夹下可以直接存储文件，也可以建立子文件夹，每个子文件夹下又可以建立下一级子文件夹。这种文件夹组织结构就像一棵倒立的树，因此称为文件夹树（或目录树）。在 Windows XP 中，文件夹树如图 2—21 所示。

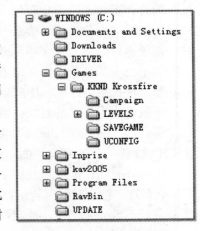

图 2—21　文件夹树结构

通常情况下，文件夹的图标为。对于安装了 Windows XP 操作系统的计算机来说，还可以自行在操作系统中设置文件夹的图标样式，使文件夹更具有个性。

（2）路径。

路径用来说明一个文件或者一个子文件夹在文件夹树中的位置，是用户在磁盘上寻找文件时所历经的文件夹路线。路径有两种表示方式：绝对路径和相对路径。

绝对路径是指从根文件夹开始的路径，以"\"作为开始。例如：E:\WordDocuments\MyTest1.DOC 是一种绝对路径的表示方式。相对路径是指从当前文件夹开始的路径，以"."作为开始。例如：当前文件夹是 E:\WordDocuments，E:\MyTest.DOC 就是一种相对路径的表示方式，与上面的绝对路径表示的是同一个文件。

通过以上概念可以看出，要完整地标识一个文件应包括三个部分：驱动器名、路径和文件名，即：

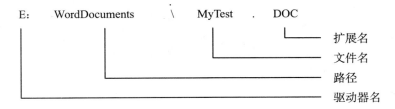

2.3.3 文件和文件夹的基本操作

1. 创建新文件夹

在资源管理器的左窗格中，选定要创建的新文件夹所在的父文件夹，执行"文件→新建→文件夹"命令，右窗格中出现带临时名称的文件夹，输入新文件夹名后按回车键，或用鼠标单击其他任何地方。

2. 文件和文件夹的选定

选定单个文件或文件夹：单击要选定的文件或文件夹的图标。

选定多个连续的文件或文件夹方法：单击要选定的第一个文件，移动鼠标指向要选定的最后一个文件，按住 Shift 键后单击。

选定多个不连续的文件或文件夹：单击要选定的第一个文件，按住 Ctrl 键，用鼠标指向要选定的其他文件或文件夹后单击。

选定全部文件：按 Ctrl＋A 快捷键。

3. 文件或文件夹的复制与移动

文件或文件夹的复制与移动的常用方法如下：

鼠标拖放法：选定文件，如果要复制文件，则按住 Ctrl 键，拖动选定的文件或文件夹到目的地址；如果是移动文件，则按住 Shift 键，拖动选定的文件或文件夹到目的地址。

粘贴法：选定文件或文件夹，执行"编辑→复制"或"剪切"命令，再进入要放置该文件或文件夹的目的文件夹，执行"编辑→粘贴"命令。

发送法：选定文件后右键单击鼠标，在快捷菜单中，用鼠标指向"发送到"菜单项，在出现的级联子菜单中，用鼠标指向要选定发送的目的地选项后单击。

4. 文件或文件夹的删除

先选定要删除的文件或文件夹，执行"文件→删除"命令，或直接按 Delete 键，出现如图 2—22 所示的"确认文件删除"对话框，单击"是"按钮。也可以直接用鼠标将选定的文件或文件夹拖到"回收站"窗口进行删除操作。

图 2—22　"确认文件夹删除"对话框

 小妙招：彻底删除文件

如果想不经过"回收站"直接删除文件或文件夹，需在执行删除命令时按下 Shift 键。

5. 文件或文件夹的重命名

先选定需重命名的文件或文件夹，执行"文件→重命名"命令，此时选定的文件或文件夹的文件名被加上了方框，原文件名呈反像显示，键入新的文件名后按回车键。

6. 文件及文件夹的查找

当要查找某个文件或文件夹时，可利用"开始→搜索"命令，或者利用"资源管理器"或"我的计算机"中文档的查找功能，设置搜索条件，进行查找操作。

在资源管理器中，鼠标指向待查找的驱动器或文件夹右键单击，在快捷菜单中执行"搜索"命令，或在"资源管理器"中，执行工具栏中的"搜索"命令。也可以单击"开始"菜单，执行"搜索→文件或文件夹"命令。

2.4　Windows XP 系统管理

2.4.1　控制面板

控制面板提供了丰富的用于更改 Windows 外观和行为方式的工具，使用控制面板可以完成对设备进行设置与管理、设置系统环境参数的默认值和属性、添加新的硬件和软件等操作。Windows XP 系统安装时，一般都给出了系统环境的默认设置，但用户可以根据自己的需要对系统环境进行调整，实现对系统环境的个性设置。例如，可以通过"鼠标设置"将标准鼠标指针替换为可以在屏幕上移动的动画图标，或通过"声音和音频设备设置"将标准的系统声音替换为自己选择的声音。

1. 控制面板的启动

启动控制面板的方法通常有以下三种。

方法一：单击"开始"按钮，在"开始"菜单中选择"控制面板"菜单项。如果计算机设置为使用更熟悉的"开始"菜单的经典显示方式，则单击"开始"按钮，在指向"开始"菜单中选择"设置"菜单项，在弹出的级联菜单中单击"控制面板"菜单项。

方法二：双击"我的电脑"，打开"我的电脑"窗口，再单击信息区中的"控制面板"。如果信息区中未出现"控制面板"图标，则在"我的电脑"窗口执行"工具→文件夹"命令，打开"文件夹选项"对话框后，选择"查看"选项卡进行设置。

方法三：在"资源管理器"中双击"控制面板"图标。"控制面板"窗口如图 2—23 所示。

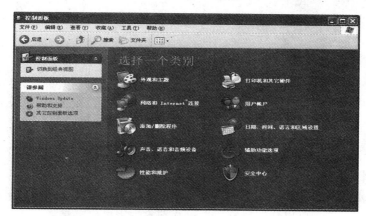

图 2—23　　"控制面板"窗口的分类视图

2. 控制面板的显示方式

首次打开"控制面板"时，可以看到"控制面板"中最常用的工具选项按照分类进行组织，即分类视图。要在分类视图下查看"控制面板"中某一项目的详细信息，可以用鼠标指向该图标或类别名称，系统在下方显示该项目的一般性描述文本。要打开某个项目，可以单击该项目图标或类别名。某些项目会打开可执行的任务列表和选择的单个控制面板项目。例如，单击"外观和主题"时，将与单个控制面板项目一起显示一个任务列表，如"选择屏幕保护程序"。

单击信息区中的"切换到经典视图"，可以切换到 Widows 2000 及以前版本的控制面板模式，即经典视图，如图 2—24 所示。要打开某个项目，可以双击它的图标。

2.4.2　桌面与外观设置

可以根据用户的喜好来改变 Windows XP 操作系统桌面的外观，桌面与外观的设置通过"显示属性"对话框中提供的一些操作来进行。

打开"显示属性"对话框的方法有以下三种：

方法一：在"控制面板"的分类视图下，单击"外观与主题"分类项。

方法二：在"控制面板"的经典视图下，双击"显示"图标。

方法三：在桌面空白处右键单击鼠标，在快捷菜单中选择"属性"菜单项。

在"显示属性"对话框中，有五个选项卡："主题"、"桌面"、"屏幕保护程序"、"外观"和"设置"，通过这些选项卡可以进行桌面背景设置、屏幕保护程序设置、屏幕分辨率设置、计算机主题和外观设置等。

图 2—24　"控制面板"窗口的经典视图

1. 桌面背景设置

在"显示属性"对话框中，选择"桌面"选项卡，如图 2—25 所示。

可以在"背景"列表框中选择一项来改变当前桌面的背景。显示器背景的显示方式有三种：居中、拉伸和平铺，可以在"位置"下拉式列表框中进行选择。

还可以通过单击"浏览"按钮，在打开的"浏览"对话框中选择自己喜欢的背景图片，此时该图片文件会加入到"背景"列表框中供用户选择使用，可以使用带有以下扩展名的文件：.bmp、.gif、.jpg、.dib、.png 或 .htm。也可以通过将该图片文件存储到"图片收藏"文件夹中来完成上述操作。如果想使用网站上的图片，则用鼠标指向该图片右键单击，在快捷菜单中选择"设为桌面背景"。

改变桌面背景的颜色，可以单击"颜色"下拉式列表框右侧的小箭头，在出现的颜色调色板上选择自己喜欢的颜色。

2. 屏幕保护程序设置

在"显示属性"对话框中，选择"屏幕保护程序"选项卡，如图 2—26 所示。

可以在"屏幕保护程序"下拉式列表框中选择一项来设置或更改当前的屏幕保护程序，此时在当前选项卡上部的显示器模型中会出现对应的图片或图案，通过单击"预览"按钮查看所选屏幕保护程序在显示器上的显示方式，移动鼠标或者按任一键可以结束预览，单击"设置"按钮完成设置操作。

对于有些屏幕保护程序，用户还可以进一步进行其他选项的设置。例如，选择屏幕保护程序为"三维飞行物"时，单击"设置"按钮后，会出现如图 2—27 所示的"三维飞行物设置"对话框，在该对话框中可以进行飞行物对象的样式、颜色和分辨率的设置。

如果用户希望使用自己喜欢的图片作为屏幕保护程序，可以将该图片保存到某一文件夹中，然后在"屏幕保护程序"下拉式列表框中选择"图片收藏幻灯片"选项，单击"设置"按钮，在弹出的"图片收藏屏幕保护程序选项"对话框中单击"浏览"按钮，指定包含图片的文件夹。

图2—25 "桌面"选项卡

图2—26 "屏幕保护程序"选项卡

此外，用户还可以设置屏幕保护程序出现前等待的时间，也就是当系统没有任何操作多长时间后启动屏幕保护程序。这一操作利用"等待（W）:"后面的数字微调按钮或直接输入数字的方式来完成。

在"屏幕保护程序"选项卡中单击"电源"按钮，弹出"电源选项"对话框，通过"高级"选项卡可以完成密码的设置。设置屏幕保护密码，可以防止本人暂时离开时，其他人进入到你的计算机系统中。

3. 屏幕分辨率设置

在"显示属性"对话框中，选择"设置"选项卡，如图2—28所示。

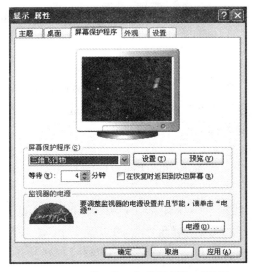

图2—27 "三维飞行物设置"对话框

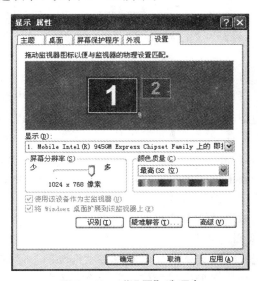

图2—28 "设置"选项卡

用鼠标指向该页面中部的"屏幕分辨率"下面的滑块，可以改变当前显示器的屏幕分辨

27

率，在滑块的下面会出现表示当前分辨率的数值，如 800×600 像素。

4．主题设置

在"显示属性"对话框中，选择"主题"选项卡，如图 2—29 所示。

主题是对计算机桌面提供统一外观的一组可视化元素，决定了桌面上的图形元素的外观，如窗口、图标、字体、颜色及背景等。在"主题"下拉式列表框中有两个选项：Windows 经典和 Windows XP，选择"Windows 经典"选项，单击"确定"按钮后可以将桌面主题切换到 Windows 2000 的主题画面；选择"Windows XP"，可以将桌面主题切换到 Windows XP 的主题画面。

5．外观设置

在"显示属性"对话框中，单击"外观"选项卡，如图 2—30 所示。

屏幕外观设置包括显示桌面、窗口、对话框以及图标所使用的颜色和字体大小等，主要包括标准外观设置、效果设置和高级设置。

图 2—29　"主题"选项卡

图 2—30　"外观"选项卡

（1）标准外观设置。

可以在"窗口和按钮"下拉式列表框中选择"Windows XP 样式"和"Windows 经典样式"中的任一项来设置窗口和按钮的外观；在"色彩方案"下拉式列表框中选择喜欢的色彩方案；在"字体大小"下拉式列表框中选择需要的字体大小。随着"窗口和按钮"样式的不同，"色彩方案"和"字体大小"可供用户选择的选项也不同。无论完成哪一项选择，位于该页面上方的窗口和对话框模型都会随之发生变化，以便用户确定想要的外观效果。

（2）效果设置。

单击"效果"按钮，弹出"效果"对话框，如图 2—31 所示。利用该对话框可以完成"为菜单和工具提示使用下列过渡效果"、"使用下列方式使屏幕字体的边缘平滑"、"使用大图标"、"在菜单下显示阴影"、"拖动时显示窗口内容"和"直到我按 Alt 键之前，请隐藏有下划线的字母供键盘使用"六个方面的视觉效果的设置。

（3）高级设置。

单击"高级"按钮，弹出"高级外观"对话框，如图 2—32 所示。利用该对话框可以对

28

窗口的外观进行重新设置。

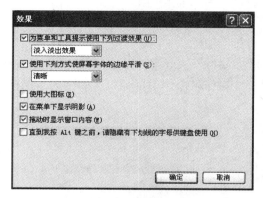

图 2—31　"效果"对话框

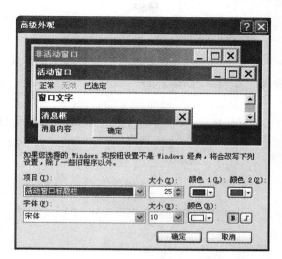

图 2—32　"高级外观"对话框

在该对话框上部的预览区域中，有"非活动窗口"、"活动窗口"和"消息框"三种样式，鼠标指向要进行窗口外观设置的样式窗口中的某一位置单击，对话框下部的"项目"下拉式列表框中显示待设置的项目名称（例如，指向活动窗口的标题栏单击，在"项目"下拉式列表框中显示"活动窗口标题栏"），也可以直接在"项目"下拉式列表框中选择要设置字体、大小和颜色的项目。然后通过"字体"、"大小"、"颜色"下拉式列表框的选择对窗口的外观和字体进行相应的设置。

2.4.3　日期与时间设置

在 Windows XP 系统中，正确地设置系统的日期与时间是非常必要的，通过查看日期，可以了解文件生成的日期、修改的日期和访问的日期，还可以通过日期的设置，避开病毒发作的时间，避免不必要的损失。

通常，在任务栏右侧的系统提示区会出现数字时钟，双击该数字时钟弹出"日期和时间属性"对话框，如图 2—33 所示。还可以通过双击"控制面板"经典视图中的"日期和时间"图标、单击"控制面板"分类视图中的"日期、时间、语言和区域设置"分类项中的"日期和时间"图标或"更改日期和时间"选项来打开"日期和时间属性"对话框。在该对话框中有三个选项卡：时间和日期、时区和 Internet 时间。在"时间和日期"选项卡中，可以修改年份、月份、日期和时间。在"时区"选项卡中，可以通过其中的"时区"下拉式列表框选择所在的时区。

在"Internet 时间"选项卡在，可以通过选择"自动与 Internet 时间服务器同步"复选框，在"服务器"下拉式列表框中选择时间服务器，单击"立即更新"按钮来完成与 Internet 时间服务器同步的操作。

2.4.4　鼠标与键盘设置

1. 鼠标的设置

一般情况下，人们在使用鼠标时，用右手来控制鼠标的移动并进行"单击"、"双击"等各种操作，鼠标的指针是一个箭头样式的图标。通过使用"鼠标属性"对话框中的一些操作可以改变这些设置。

打开"鼠标属性"对话框的方法有两种。

方法一：在"控制面板"分类视图中单击"打印机和其他硬件"，弹出"打印机和其他硬件"窗口，在该窗口中，单击"鼠标"图标。

方法二：在控制面板"经典视图"中双击"鼠标"图标。

"鼠标属性"对话框如图2—34所示。在"鼠标属性"对话框中有六个选项卡：按钮、指针、指针选项、轮、硬件和装置设定值，通过一些操作可以修改鼠标指针的图标、鼠标的双击速度以及鼠标的左右手使用习惯等。

图2—33 "日期和时间属性"对话框

图2—34 "鼠标属性"对话框

（1）更改左右手习惯。"按钮"选项卡如图2—34所示。在该选项卡中，"鼠标键配置"下面有两个单选按钮："习惯右手"和"习惯左手"，系统默认是"习惯右手"方式，可以通过单击"习惯左手"单选按钮，交换鼠标左右键的功能（即原来的左键变成右键，右键变成左键），使其适宜于左手使用鼠标。

（2）调节双击速度。在"按钮"选项卡中，用鼠标左右调节"双击速度"下面的滑块，可以改变鼠标双击速度，使其适宜个人的习惯。

（3）单击锁定功能。在"按钮"选项卡中，选中"启动单击锁定"复选框，用拖动的方式移动对象时，不用一直按住鼠标按钮，只要到目的地后，单击鼠标就可以完成移动操作。

（4）改变鼠标指针图标。"指针"选项卡如图2—35所示。在该选项卡中，通过"方案"下面的下拉式列表框可以选择一种指针形状方案，如"恐龙（系统方案）"，单击"应用"按钮完成修改操作。

通过"指针"选项卡中的"自定义"功能还可以更改某一种指针的样式。在"自定义"的列表框中选择一种指针，单击"浏览"按钮，在"浏览"对话框中选择一种自己喜欢的样式，单击"打开"按钮即可。在"指针"选项卡中可以看到新的鼠标指针图标，单击"应用"按钮完成修改操作。

（5）改变鼠标的移动速度。"指针选项"选项卡如图2—36所示。在该选项卡中，用鼠标左右调节"移动"下面的滑块，可以改变鼠标移动的速度。将滑块左拉，指针移动变慢；

将滑块右拉，指针移动变快。如果选择了较快的速度，要确保选中了"提高指针精确度"复选框（这将在短距离移动指针时提供更好的控制）。

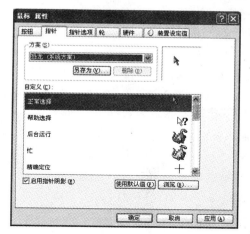

图 2—35　"指针"选项卡

图 2—36　"指针选项"选项卡

有时鼠标移动时光标不易被发现，此时可以通过选中"可见性"下面的"显示指针踪迹"复选框，使鼠标指针移动时的轨迹可见。选择了该复选框后，下面的滑块便可以移动，通过左右调节该滑块可以改变轨迹的长短。

2. 键盘的设置

打开"键盘属性"对话框的方法有两种：

方法一：在"控制面板"分类视图中单击"打印机和其他硬件"，弹出"打印机和其他硬件"窗口，在该窗口中，单击"键盘"图标。

方法二：在"控制面板"经典视图中双击"键盘"图标。

"键盘属性"对话框如图 2—37 所示。在该对话框中包括三个选项卡："速度"、"硬件"和"Quick-on Button"，通过一些操作可以设置字符重复的延迟时间、字符重复率以及光标闪烁的频率等属性。

图 2—37　"键盘属性"对话框

（1）更改字符重复的延迟时间。"速度"选项卡中，左右调节"字符重复"下面的滑块，改变按下某一键不放时字符重复出现的延迟时间。将滑块左拉，前一个字符出现后下一个字符出现前的间隔时间变长；将滑块右拉，该间隔变短。

（2）更改字符重复率。在"速度"选项卡中，左右调节"重复率"下面的滑块，改变按下某一键不放时字符重复出现的频率。将滑块左拉，字符重复出现的频率变慢；将滑块右拉，频率变快。

（3）更改光标闪烁频率。在"速度"选项卡中，左右调节"光标闪烁频率"下面的滑块，可以改变光标的闪烁频率。

2.4.5 输入法设置

目前，输入汉字的方法很多，如"微软拼音输入法"、"王码五笔输入法"等，用户可以通过一些操作来设置自己喜欢的输入法。

在"控制面板"分类视图中单击"日期、时间、语言和区域设置"，弹出"日期、时间、语言和区域设置"窗口，在该窗口中单击"区域和语言选项"图标，弹出"区域和语言选项"对话框，选择该对话框中的"语言"选项卡，如图2—38所示。单击"文字服务和输入语言"下面的"详细信息"按钮，弹出"文字服务和输入语言"对话框，如图2—39所示。在该对话框中可以完成默认输入语言的设置、输入法的添加和删除等操作。

（1）设置默认输入语言。在"默认输入语言"下面的下拉式列表框中选择一种，如选择"中文（中国）-简体中文-美式键盘"作为系统默认的输入语言。

（2）添加输入法。单击"已安装的服务"下面的"添加"按钮，弹出"添加输入语言"对话框，利用该对话框可以选择输入语言和添加输入法。

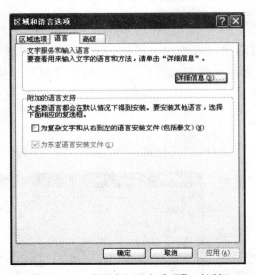

图2—38 "区域和语言选项"对话框

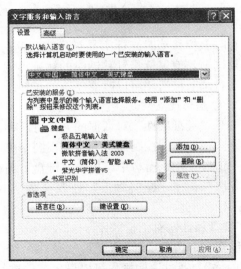

图2—39 "文字服务和输入语言"对话框

（3）删除输入法。在"已安装的服务"下面的列表框中选择一种要删除的输入法，然后单击"删除"按钮。

（4）设置输入法属性。在"已安装的服务"下拉式列表框中选择一种输入法，然后单击"属性"按钮，弹出相应的输入法设置对话框，如"微软拼音输入法3.0"对话框，利用该对话框可以进行输入法相关属性的设置。

（5）设置在桌面上显示语言栏。单击"首选项"下面的"语言栏"按钮，系统会弹出"语言栏设置"对话框，如图2—40所示。利用选中该对话框中的复选框，可以设置"在桌面上显示语言栏"和"在任务栏中显示其他语言栏图标"。

（6）设置切换输入法快捷键。单击"首选项"下面的"键设置"按钮，弹出"高级键设置"对话框，如图2—41所示。利用该对话框可以设置中英文输入法切换、各种输入法切换、中/英标点切换以及全/半角切换等快捷键。

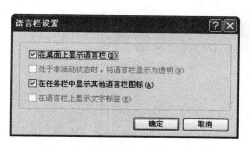

图 2—40 "语言栏设置"对话框

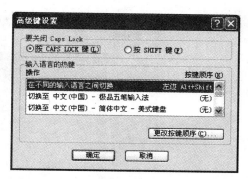

图 2—41 "高级键设置"对话框

2.5 应用程序管理

2.5.1 应用程序的安装与卸载

通常，一个应用程序需要经过安装才能在计算机上使用，经过卸载从计算机中删除。完成应用程序的安装与卸载有两种方法。

方法一：直接运行安装程序与卸载程序。

一个新的应用程序通常存储在光盘中，将该光盘放入光驱，如果该光盘上制作有自动运行程序，则等待一段时间后，系统会进入应用程序的安装界面，然后按照系统的提示进行操作就可以完成应用程序的安装。如果没有自动运行程序，则利用"我的电脑"进入光盘所在的磁盘分区，双击其中的安装程序（通常为 setup. exe），系统会进入安装界面，用户根据提示进行安装。

一个应用程序安装完成后，如果用户不再需要该应用程序，可以通过卸载程序从计算机中将该应用程序删除，系统释放它所占用的磁盘空间，为用户安装其他应用程序提供空间保证。如果该应用程序有相应的卸载程序（通常为 uninstall. exe），则可以通过运行该程序完成应用程序的卸载。通常做法是：单击"开始"按钮，在"开始"菜单中找到要卸载的应用程序对应的选项，用鼠标指向该选项，在它的级联菜单中执行卸载命令。

方法二：利用 Windows XP 提供的"添加/删除程序"功能。

在"控制面板"分类视图中单击"添加/删除程序"，弹出"添加或删除程序"窗口，如图 2—42 所示。

单击左窗格中的"添加新程序"按钮，则"添加或删除程序"窗口切换到"添加新程序"状态，根据提示进行操作就可以完成应用程序的安装。

如果要卸载应用程序，则单击左窗格中的"更改或删除程序"按钮，在右窗格中会列出目前系统中已安装的应用程序的列表，选中要卸载的应用程序，单击右侧的"更改/删除"按钮，在弹出的对话框中单击"是"按钮，系统将自动卸载对应的应用程序。

利用"添加或删除程序"，还可以完成 Windows 组件的安装与卸载，此时，只要单击左窗格中的"添加/删除 Windows 组件"按钮，其余同上。

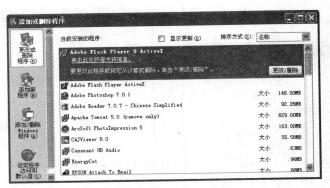

图 2—42 "添加或删除程序"窗口

2.5.2 应用程序的运行

在 Windows XP 操作系统环境中，运行应用程序的方法通常有以下四种：

方法一：双击桌面或文件夹中应用程序的快捷方式图标。

方法二：在"我的电脑"或"资源管理器"窗口中双击应用程序的图标。

方法三：将应用程序的快捷方式放入"启动"文件夹中，这样系统每次启动时都会自动运行该应用程序。

可以通过在"开始"菜单中用鼠标指向"所有程序"选项，弹出下一级级联菜单，指向该菜单中的"启动"菜单项右键单击，弹出"启动"窗口，在该窗口中创建应用程序的快捷方式。

方法四：对于某些字处理软件，双击已存储在计算机中的某个具体的文档，系统自动将编辑该文档的应用程序启动，同时打开该文档。

2.5.3 应用程序间的切换

在 Windows XP 环境中，可以同时运行多个应用程序。完成在多个应用程序间切换的方法通常有以下三种：

方法一：单击任务栏上要切换到的应用程序对应的最小化按钮。

方法二：按下 Alt＋Tab 快捷键，系统会弹出一个显示当前打开的应用程序图标的对话框，此时 Alt 键按住不动，按 Tab 键，每按一次便改变一次选择，直到选中要使用的程序再释放 Alt 键，这时选中的应用程序将被激活。

方法三：应用程序窗口同时在桌面上出现时，单击要切换到的应用程序窗口。

2.6 Windows XP 用户管理

用户管理是计算机安全管理的重要内容，计算机通过设置用户的账户和密码，限制登录到计算机上的用户，从而保证计算机的安全。

为了计算机的安全以及用户对计算机的安全使用，Windows XP 把使用计算机的人分成不同级别，通过用户账户类型来加以区分。独立计算机上的用户账户有两种类型：计算机管理员账户和受限账户。还有一种来宾账户，供在计算机上没有账户的用户使用。

（1）计算机管理员账户。

计算机管理员账户可以对计算机进行系统范围的更改、安装程序和访问计算机上所有文件，拥有对计算机上其他用户账户的完全访问权。

（2）受限账户。

如果禁止某些人更改计算机的大多数设置和删除重要文件，可以将它们设置为受限账户。受限账户无法安装软件和硬件，无法更改自己的账户名或账户类型，但可以更改或删除自己的密码，可以查看自己创建的文件以及共享文档文件夹中的文件，可以更改自己的图片、主题和桌面设置。

下面主要介绍用户账户的建立与管理。

2.6.1　创建新用户账户

计算机管理员有权在计算机上创建新的用户账户，创建新账户的方法如下：

（1）在"控制面板"分类视图中单击"用户账户"图标，弹出"用户账户"窗口，如图2—43所示。

（2）在"用户账户"窗口中单击"创建一个新账户"命令，然后在弹出的窗口中输入用户名，如图2—44所示。

（3）单击"下一步"按钮，弹出如图2—45所示的窗口，在该窗口中选择一个账户类型："计算机管理员"或"受限"，单击"创建账户"按钮。

图2—43　"用户账户"窗口

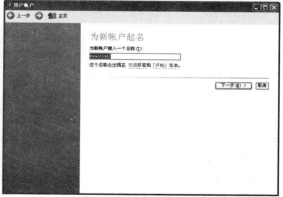

图2—44　"创建新用户"页面

2.6.2　管理用户账户

除了可以创建一个新的用户账户外，还可以对已有的用户账户进行管理，包括更改账户名称和类型，创建、更改和删除密码，更改图片，删除账户等。管理员账户拥有进行以上操作的全部权限，受限账户只能创建、更改和删除自己的密码和更改自己的图片，来宾用户只能更改自己的图片。

在"用户账户"窗口中单击要进行管理的用户账户图标，弹出该用户账户对应的用户账户窗口，如图2—46所示。利用该窗口，可以完成"更改名称"、"更改密码"、"删除密码"、"更改图片"、"更改账户类型"、"删除账户"等操作。

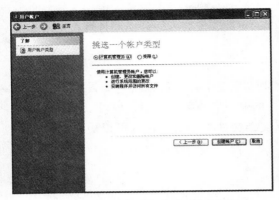
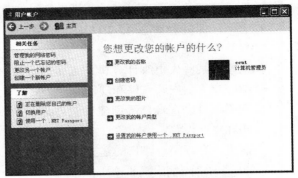

图 2—45 "选择账户类型"页面   图 2—46 "管理已有账户"页面

2.7 Windows XP 磁盘管理

目前，磁盘通常分为硬盘、软盘、光盘和 U 盘四种，是计算机的主要存储设备，对磁盘进行管理是计算机用户的一项常规任务。由于软盘的访问速度以及存储容量的限制，已很少使用，而光盘是一种只读存储设备，因此磁盘管理主要是指硬盘和 U 盘的管理，包括磁盘的格式化、磁盘的检查、磁盘的清理及磁盘的碎片整理。

2.7.1 磁盘格式化

一张新的磁盘通常需要经过格式化才能使用，磁盘格式化就是在磁盘上建立可以存放数据的磁道和扇区，建立根文件夹。

利用"我的电脑"和"资源管理器"都可以格式化磁盘，具体方法有两种：

方法一：在"我的电脑"或"资源管理器"窗口中选中需要格式化的磁盘，执行"文件→格式化"命令。

方法二：在"我的电脑"或"资源管理器"窗口中，用鼠标指向需要格式化的磁盘右键单击，在快捷菜单中执行"格式化"命令。

弹出"格式化"对话框，如图 2—47 所示。在该对话框中有多个选项，其含义如下：

容量：利用该下拉式列表框，可以选择要格式化的磁盘的容量。

文件系统：包括 FAT 系统和 NTFS 系统两种，对于软盘只有 FAT 系统一个选项。

分配单元大小：利用下拉式列表框可以选择系统对磁盘进行管理时的最小分配单元，通常选择"默认配置大小"。

卷标：可以在文本框中为磁盘加卷标。

格式化选项：选择"快速格式化"复选框，则快速完成格式化工作，即快速删除磁盘上的所有文件，但不检查磁盘。这种格式化只能用于已经格式化且未被破坏的磁盘。选择"创建一个 MS-DOS 启动盘"复选框，则完成磁盘格式化后，将 MS-DOS 系统文件复制到磁盘上，该磁盘可以用来启动计算机进入 MS-DOS 状态。另外，如果在"文件系统"下拉式列表框中选择了"NTFS"文件系统，则可以选择"启动压缩"复选框，这样存入磁盘中的文件会被压缩。

2.7.2 查看磁盘信息

一个硬盘可以有多个分区，每个分区单独形成一个逻辑磁盘。计算机用户可以在需要的时候查看磁盘的分区信息和每个逻辑磁盘的基本信息。

1. 查看磁盘分区信息

在"控制面板"分类视图中单击"性能与维护"，在弹出的窗口中单击"管理工具"，或在"控制面板"经典视图中双击"管理工具"图标，都可以打开"管理工具"窗口。在该窗口中双击"计算机管理"图标，弹出"计算机管理"窗口，如图2—48所示。

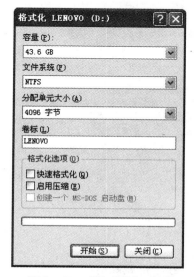

图2—47 "格式化"对话框

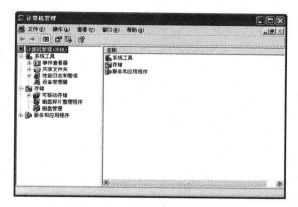

图2—48 "计算机管理"窗口

在该窗口中，双击左窗格中的"磁盘管理"选项，则在右窗格中显示出磁盘分区的相应信息。以图2—49为例，该系统共有三个磁盘分区：C、D和F，逻辑分区C为基本磁盘分区，总容量为9.76GB，文件系统为FAT32，状态良好，是系统启动磁盘分区。

2. 查看磁盘基本信息

要查看某一逻辑磁盘分区的详细信息，如最大容量、已用空间和可用空间等，可以通过以下四种方法打开"磁盘属性"对话框。

方法一：在"我的电脑"窗口中，选中需要查看的磁盘分区，执行"文件→属性"命令。

方法二：在"我的电脑"窗口中，用鼠标指向需要查看的磁盘分区右键单击。

方法三：在"资源管理器"窗口中，选中需要查看的磁盘分区，执行"文件→属性"命令。

方法四：在"资源管理器"窗口中，用鼠标指向需要查看的磁盘分区右键单击。

弹出"磁盘属性"对话框，如图2—50所示。

在该对话框中，利用"常规"选项卡，可以了解磁盘的类型、文件系统的类型、查看磁盘的容量、已用空间的字节数和可用空间的字节数，还可以设置或修改磁盘的卷标。以图

2—50 为例，磁盘的类型为"本地磁盘"，文件系统为"NTFS"系统，磁盘的总容量为"43.6G"，已用空间为"22.8G"，可用空间为"20.7G"，磁盘卷标为"LENOVO"。

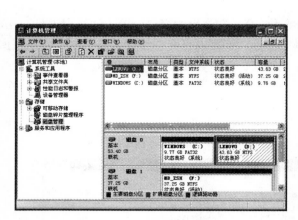

图 2—49　"磁盘管理"选项

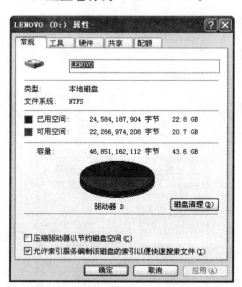

图 2—50　"磁盘属性"对话框

2.7.3　磁盘清理

利用磁盘清理程序可以清理磁盘上的一些"垃圾"数据，从而释放它们占用的磁盘空间。磁盘清理程序搜索用户的驱动器，然后列出临时文件、Internet 缓存文件和可以安全删除的不需要的程序文件，可以使用磁盘清理程序部分删除或全部删除这些文件。

可以在"磁盘属性"对话框中，单击"常规"选项卡中的"磁盘清理"按钮，弹出"磁盘清理"对话框，如图 2—51 所示。此时系统会计算磁盘可以释放的空间，然后出现如图 2—52 所示的对话框，该对话框的"磁盘清理"选项卡中列出了用户可以清除的文件类型：已下载的程序文件、Internet 临时文件、回收站、临时文件、安装日志文件等，以及清理后可以释放的空间。用户在"要删除的文件"下面的列表框中进行选择，单击"确定"按钮，系统开始磁盘清理。

也可以在"开始"菜单中执行"所有程序→附件→系统工具→磁盘清理"命令，弹出"选择驱动器"对话框，如图 2—53 所示。在该对话框中，选择需要进行清理的驱动器，单击"确定"按钮，弹出如图 2—51 所示的"磁盘清理"对话框，其余同上。

2.7.4　磁盘碎片整理

在磁盘的使用过程中，用户经常要进行建立新文件夹、删除文件以及修改文件等操作，这样就会使同一文件在磁盘上被分成一些不连续的部分，同时随着添加、删除操作的不断执行，磁盘上也会出现一些物理位置不连续的磁盘空间，即磁盘碎片，碎片多了，既影响系统的读写速度，又会降低磁盘的利用率，使系统的整体性能下降。磁盘碎片整理程序可以将计算机硬盘上一个文件的各个部分合并在一起，以便每一项在磁盘上占据单个或连续的空间。

通过合并文件和文件夹，磁盘碎片整理程序将合并磁盘上的碎片以形成一片较大的磁盘空间，减少新文件出现碎片的可能性。

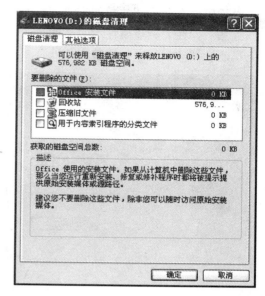

图 2—51 "磁盘清理"对话框　　　　　　　　　　图 2—52 扫描结果显示

在"开始"菜单中执行"所有程序→附件→系统工具→磁盘碎片整理"命令，弹出"磁盘碎片整理程序"窗口，如图 2—54 所示。

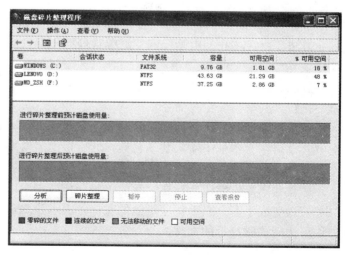

图 2—53 "选择驱动器"对话框　　　　　　图 2—54 "磁盘碎片整理程序"对话框

在该窗口中，选择需要进行碎片整理的驱动器，单击"碎片整理"按钮，或执行"操作→碎片整理"命令，系统便开始进行相应磁盘的碎片整理工作。

也可以在"磁盘属性"对话框中，单击"工具"选项卡中的"开始整理"按钮，如图 2—55 所示。

2.7.5　磁盘共享设置

设置磁盘在网络上共享的方法有三种：

方法一：在"磁盘属性"对话框中选择"共享"选项卡，单击"如果您知道风险，但还要共享驱动器的根目录，请单击此处"，系统显示出如图 2—56 所示的选项卡内容。

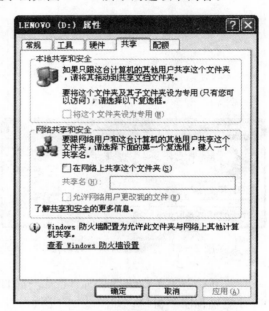

图 2—55　"工具"选项卡　　　　　　　　　图 2—56　"共享"选项卡

方法二：在"我的电脑"或"资源管理器"窗口中，选中要共享的磁盘，然后执行"文件→共享与安全"命令。

方法三：在"我的电脑"或"资源管理器"窗口中，右键单击要共享的磁盘，在快捷菜单中执行"共享与安全"命令。

在该对话框中，选择"网络共享和安全"下面的"在网络上共享这个文件夹"复选框，在"共享名"文本框中输入共享名称，然后根据需要决定是否选择"允许网络用户更改我的文件"复选框，单击"确定"按钮。

磁盘共享操作完成后，在"我的电脑"窗口中可以看到，相应的驱动器图标上多出一个"小手"，变成了有一只手托住磁盘的图标，表示该磁盘已在网络上共享，该网络上的其他用户均可访问该磁盘上的文件。

2.8　Windows XP 常用附件

Windows XP 除了具有强大的系统管理功能外，还在"附件"中附带了许多小型的应用程序，帮助用户快速方便地完成一些日常工作。例如，"写字板"可以帮助用户处理日常的公文；"记事本"可以用作备忘录；"画图"可以帮助用户进行简单的图像处理；"计算器"可以进行简单的计算。

2.8.1 写字板

"写字板"是 Windows XP 操作系统提供的一个小型的字处理软件，能够对文章进行一般的编辑和排版处理，还可进行简单的图文混排。

1. 写字板的启动

在"开始"菜单中执行"所有程序→附件→写字板"命令，启动"写字板"程序，进入写字板主窗口，如图 2—57 所示。

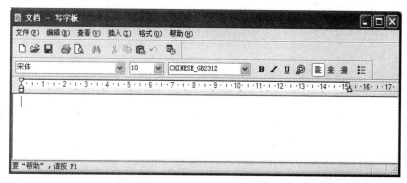

图 2—57　"写字板"窗口的组成

"写字板"窗口通常由标题栏、菜单栏、常用工具栏、格式工具栏、标尺、工作区和状态栏组成。在工作区中，光标为闪烁的"I"字形，用户可以进行文本的录入和编辑工作。

标题栏：位于窗口顶部，左边显示文件名，右边是"最小化"、"最大化/向下还原"和"关闭"按钮。

菜单栏：位于标题栏下面，包括所有对文件和文件内容的操作命令。

常用工具栏：位于菜单栏下面，包括对文件进行编辑操作的快捷按钮，例如，新建文档、打开文档、保存文档等。

格式工具栏：位于常用工具栏下面，包括对文件内容操作的命令快捷按钮。

标尺：位于格式工具栏下面，用于对文件内容版面宽度的调整。

工作区：位于标尺下面，用于输入文件内容。

状态栏：位于窗口底部，用于显示提示信息。

2. 写字板的使用

（1）新建文档。

执行"文件→新建"命令，或单击常用工具栏中的"新建"按钮，弹出"新建"对话框，如图 2—58 所示。在该对话框中选择要创建文档的文件类型：RFT 文档、文本文档和 Unicode 文本文档，单击"确定"按钮。

（2）录入文本。

在写字板的工作区内可以进行中文和英文的录入，但在录入文本前，应进行一定的设置。执行"查看→选项"命令，弹出"选项"对话框，如图 2—59 所示。单击该对话框中的"多信息文本"选项卡，可以进行"不自动换行"、"按窗口大小自动换行"和"按标尺自动换行"的选择，还可以设置是否显示"工具栏"、"格式栏"、"标尺"和"状态栏"。

图 2—58 "新建"对话框

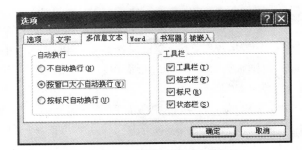

图 2—59 "选项"对话框

（3）编辑文本。

编辑文本包括字符的插入和删除、字符的查找和替换、字符的复制和移动等。

插入：把插入点移动到要插入字符的位置，再录入要插入的字符。

删除：把光标移动到待删除字符的后面，按 Backspace 键，或把光标移动到待删除字符的前面，按 Delete 键。

修改：按 Insert 键，将写字板窗口变为"改写"模式，此时状态栏中的"改写"变成黑色，新录入的字符会覆盖插入点右边的字符。再次按 Insert 键，将恢复到"插入"模式，此时状态栏中的"改写"又变成灰色。

查找：执行"编辑→查找"命令，弹出"查找"对话框，如图 2—60 所示。

在"查找内容"文本框中输入要查找的字符串，单击"查找下一个"按钮，将从插入点位置向后搜索，如果到了文件结束位置，则自动返回文件头继续搜索；如果找到了符合条件的字符串就停止搜索，并把该字符串反像显示。

替换：执行"编辑→替换"命令，弹出"替换"对话框，如图 2—61 所示。

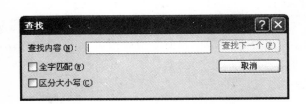

图 2—60 "查找"对话框

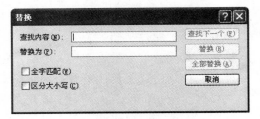

图 2—61 "替换"对话框

在"查找内容"文本框中输入要查找的字符串，在"替换为"文本框中输入用来替换的字符串，然后单击"查找下一个"按钮，将从插入点位置向后搜索，找到了符合条件的字符串就停止搜索，并把该字符串反像显示，此时用户执行"替换"才进行替换，否则接着执行"查找下一个"操作。如果用户输入完用来替换的字符串后单击"全部替换"按钮，则一次完成所有的替换工作。

复制：选定要复制的文本，执行"编辑→复制"命令，或指向该文本右键单击，在快捷菜单中执行"复制"命令，或单击工具栏中的"复制"按钮。然后，将插入点移动到要复制的位置，执行"编辑→粘贴"命令，或单击工具栏中的"粘贴"按钮，该文本内容就复制到了新的位置。

移动：选定要移动的文本，执行"编辑→剪切"命令，其余同上。

（4）保存文档。

完成了文本的编辑工作后，要将该文本全部保存到磁盘中。执行"文件→保存"或"另存为"命令，也可以单击常用工具栏中的"保存"按钮，弹出"保存为"对话框，如图2—62所示。

在"保存在"下拉式列表框中选择驱动器和文件夹，在"文件名"文本框中输入文件名，在"保存类型"下拉式列表框中选择文件类型，单击"保存"按钮，该文档便会保存到相应的位置。

（5）打开文档。

一个文档保存起来后，如果要对其进行进一步的修改，则需要打开该文档。执行"文件→打开"命令，或单击常用工具栏中的"打开"按钮，弹出"打开"对话框，如图2—63所示。

图 2—62   "保存为"对话框   图 2—63   "打开"对话框

在"查找范围"中选择包含要打开文档的驱动器及文件夹，选中要打开的文件名，单击"打开"按钮，或直接双击要打开的文件名，此时该文档内容就会在写字板的工作区中显示出来。

（6）在文档中插入对象。

在写字板中可以插入图片、表格、音频剪辑、视频剪辑等对象。将插入点移动到要插入对象的位置，然后执行"插入→对象"命令，弹出"插入对象"对话框，如图2—64所示。在"对象类型"下面的列表框中选择要插入的对象的类型，然后单击"确定"按钮。

（7）字符格式化。

在写字板中，可以利用"格式"菜单或格式工具栏进行字符的字体、字形、字号以及颜色等的设置，从而制作出更加美观的文档。

选定要格式化的文本，执行"格式→字体"命令，弹出"字体"对话框，如图2—65所示。在该对话框中，在"字体"下面的列表框中选择需要的字体，在"字形"下面的列表框中选择"常规"、"斜体"、"粗体"或"粗斜体"，在"大小"下面的列表框中选择需要的字号等，单击"确定"按钮。

图 2—64   "插入对象"对话框

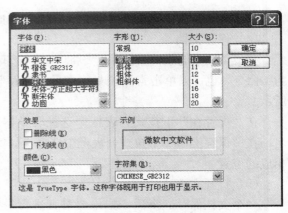

图 2—65   "字体"对话框

2.8.2   记事本

记事本是一个简易的纯文本文件编辑器，主要用于存储纯文本文件，用作备忘录或一些重要的提示信息。

在"开始"菜单中执行"所有程序→附件→记事本"命令，启动"记事本"程序，进入记事本的主窗口，如图 2—66 所示。

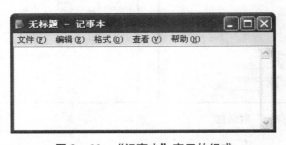

图 2—66   "记事本"窗口的组成

该窗口由标题栏、菜单栏和工作区组成。主要完成文本的录入、编辑、保存与打印等操作。基本操作方法与写字板类似。

2.8.3   计算器

Windows XP 的计算器有两种类型：标准型和科学型。利用标准型计算器可以进行简单的算术运算，利用科学型计算器可以进行复杂的函数运算和统计计算。计算结果可以通过执行"编辑→复制"命令，放入剪贴板，再通过执行"粘贴"命令，将计算结果粘贴到其他应用程序中。

执行"开始"菜单中的"所有程序→附件→计算器"命令，启动"计算器"程序，进入计算器的主窗口，如图 2—67 所示。

该计算器为标准型计算器，可以利用键盘上的数字键和功能键，也可以利用鼠标单击计算器上的数字和功能按钮来完成简单的运算。在该窗口中，执行"查看→科学型"命令，可以切换成科学型计算器，如图 2—68 计算器进行二进制、八进制、十进制和十六进制数字之间的转换及计算，可以进行角度和弧度之间的转换；也可以进行三角函数、指数、对数以及阶乘等运算。

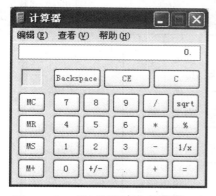

图 2—67　"计算器"的标准型窗口

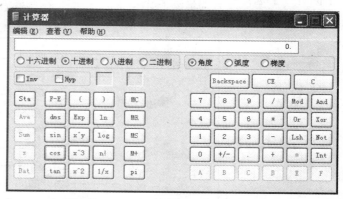

图 2—68　"计算器"的科学型窗口

2.8.4　画图

"画图"是 Windows XP 提供的一个简易的位图绘制应用程序，利用它可以绘制多种图形。这些图形可以是黑白或彩色的，并可以保存为位图文件；可以把绘制出来的位图文件作为桌面背景，或者粘贴到另一个文档中；也可以利用"画图"查看和编辑扫描好的图片以及照片。

在"开始"菜单中执行"所有程序→附件→画图"命令，启动"画图"程序，进入画图的主窗口，如图 2—69 所示。

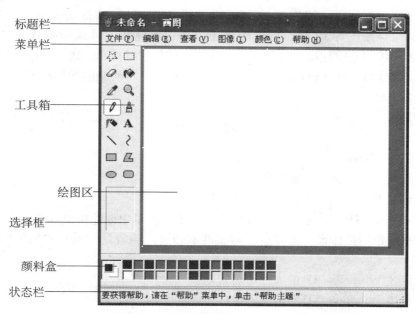

图 2—69　"画图"窗口的组成

该窗口主要由标题栏、菜单栏、工具箱、绘图区、选择框、颜料盒和状态栏组成。利用工具箱里面的绘图工具，可以在绘图区中绘制图形、涂色、写字和对图形进行编辑。工具箱下面有一个选择框，当选择了某一工具后，可以在选择框中选择工具的线条宽度、刷子的形状等。工具箱中的工具如图 2—70 所示。

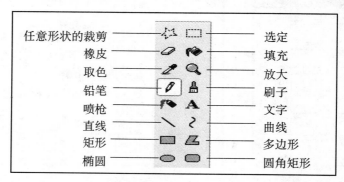

图 2—70　"画图"工具箱

下面简要介绍画图的基本过程。

（1）选择画图工具。画图默认的工具是铅笔，如果需要使用另一种工具，则单击工具箱中要使用的工具的图标即可。

（2）选择线条宽度。选择了画图工具后，在工具箱下面的选择框中会出现线条尺寸和形状，单击待选择的线条宽度以及形状的图标即可。

（3）选择颜色。单击颜料盒中需要的颜色，用以选择前景颜色；右键单击颜料盒中需要的颜色，用以选择背景颜色。

（4）画图。画图主要用鼠标来操作，通过左右键的配合来完成，有时需配合键盘使用。例如，用直线工具画图时，按住 Shift 键，可以画出水平线、垂直线或 45°角的斜线；用矩形工具画矩形时，按住 Shift 键，可以画出正方形；用椭圆工具画椭圆时，按住 Shift 键，可以画出圆形；按住左键拖动，线条显示前景色，按住右键拖动，线条显示背景色。

（5）存盘。执行"文件→保存"或"另存为"命令，将所画的图片存盘。系统默认的文件扩展名为".BMP"。

习　题

1. 简要叙述 Windows XP 操作系统的基本特点。

2. 简要叙述 Windows XP 桌面的基本组成。

3. 如何启动 Windows XP 操作系统？

4. 在 Windows XP 操作系统中，如何在"开始"菜单中创建快捷方式？

5. 回收站的作用是什么？要使删除的文件不经过"回收站"而直接彻底删除，应如何操作？

6. 简要叙述 Windows XP 的文件命名规则。

7. 简要叙述 Windows XP 对话框的组成。

8. 简要叙述查看文件或文件夹属性的方法。

9. 简要说明调整鼠标双击速度的方法。

10. 在 Windows XP 操作系统中，如何完成文件的复制操作？

11. 在 Windows XP 操作系统中，资源管理器的作用是什么？启动资源管理器的方法有哪些？

12. 如何使用 Windows XP 的帮助系统？

13. 简要叙述在桌面创建快捷方式的方法。

14. 如何实现窗口间的切换？

15. 如何实现应用程序的安装和卸载？

16. 在 Windows XP 操作系统中，说明用户账户的类型。

17. 简要叙述创建用户账户的方法。

18. 简要说明如何使用 Windows XP 提供的"搜索"功能进行相关内容的搜索？

第3章　文字处理系统 Word 2010

教学重点

- 编辑文档的技巧及文档的格式化；
- 图形与文字混合排版、公式编辑、长篇文档的排版；
- 设置页眉、页脚和页码；
- 表格的制作；
- 灵活运用 Word 软件，根据实际需要解决问题。

教学难点

- 查找、替换；
- 图形的绘制，文本框的格式设置，多个图形对象间的格式设置；
- 表格边框、底纹设置，奇偶页不同的页眉页脚设置；
- 图形与文字混合排版、公式编辑、长篇文档的排版。

教学目标

- 利用 Word 2010 的编辑功能，可以快速完成编辑工作。
- 掌握文本的各种排版方式，使文档中字符优美、规范；段落整洁，提高文档的美观易读性。
- 掌握排版的一些技巧和方法，提高排版的速度和效率，并能够对文档进行打印设置。
- 掌握图形的绘制与编辑、图片与图片处理等，能够熟练掌握公式、艺术字的插入，能够熟练地对文档进行图文混排。
- 能够熟练创建各种表格并对其格式化，能够对表格中数据进行排序及计算。
- 掌握长文档的管理、邮件合并和高级编排技巧，使学生在今后的实际工作中能够熟练、轻松地组织和处理上百页的大型文档。

Office 2010 办公系列软件是美国 Microsoft（微软）公司最新推出的，全面支持简繁体中文的新一代办公信息化、自动化的套装软件包。Office 2010 的办公和管理平台可以更好地提高工作人员的工作效率和决策能力。Office 2010 不仅是办公软件和工具软件的集合体，还融合了最先进的 Internet 技术，具有更强大的功能，是微软公司在中国市场应用最广泛的软件。

Office 2010 包括了文字处理软件 Word 2010、电子表格处理软件 Excel 2010、电子幻灯片演示软件 PowerPoint 2010、数据库管理软件 Access 2010 和日程及邮件信息管理软件 Outlook 2010 以及设计动态表单 InfoPath 2010、填写动态表单 InfoPath Filler 2010、创建出版物 Publisher 2010、数字笔记本 OneNote 2010。

3.1 Word 2010 概述

3.1.1 Word 2010 的功能及新增功能

1. Word 2010 的功能

Word 2010 是 Office 2010 的核心组件，能够创建多种类型的文件，如书信、文章、计划、备忘录等。使用它不但可以在文档中加入图片、图形、表格等，还可以对文档内容进行修饰和美化，同时还具有自动排版、自动更正、自动套用格式、自动创建样式和自动编写摘要等功能。

2. Word 2010 的新增功能

Office 2010 与早期版本相比，新增了部分功能，使用起来更加方便。其中包括：自定义功能区、更加完美的图片格式设置功能、快速查看文档的"导航"窗格、随用随抓的屏幕截图、更多的 SmartArt 图形类型。

3.1.2 Word 2010 的启动和退出

1. Word 2010 的启动

Word 2010 的启动常用方法有三种：

方法一：单击"开始"菜单中的"所有程序"，然后选择"Microsoft Office"中的"Microsoft Office Word 2010"命令。

方法二：鼠标指向 Microsoft Office Word 2010 的快捷方式图标双击。

方法三：鼠标指向一个已创建好的 Word 2010 文档的图标双击。

2. Word 2010 的退出

Word 2010 的退出常用方法有三种：

方法一：单击"文件"菜单下的"退出"命令。

方法二：按 Alt＋F4 快捷键。

方法三：单击 Word 2010 编辑窗口中的标题栏的"关闭"按钮。

3.1.3 Word 2010 的窗口组成

Word 2010 的窗口主要包括标题栏、选项卡、工作区、文本编辑区、导航窗格、快速访问工具栏、按钮、滚动条和状态栏、标尺等，如图 3—1 所示。

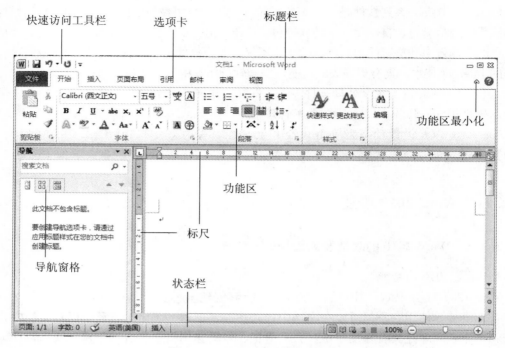

图 3—1　Word 2010 的窗口组成

1．标题栏

标题栏位于 Word 2010 窗口的顶端。标题栏上显示的是正在使用的应用程序名 Microsoft Word 和当前正在编辑文档名。标题栏最左侧的圖是 Word 2010 的应用程序控制图标，单击该图标会弹出一个下拉式菜单，包括最大化、最小化、关闭等常用窗口控制命令。标题栏最右侧的是控制按钮 ▭ ▢ ✕ ，从左至右依次为最小化、最大化（还原）和关闭。

2．选项卡

选项卡位于标题栏的下面。选项卡中包括文件、开始、插入、页面布局、引用、邮件、审阅、视图八个选项卡。

（1）"文件"选项卡。

单击"文件"选项卡后，会看到 Microsoft Office Backstage 视图。可以在 Backstage 视图中管理文件及其相关数据：创建、保存、检查隐藏的源数据或个人信息以及设置选项。简而言之，可通过该视图对文件执行所有无法在文件内部完成的操作，如图 3—2 所示。

（2）自定义选项卡的添加。操作步骤如下：

①单击"文件"选项卡。

②单击"帮助"下的"选项"命令，弹出"Word 选项"对话框。

③单击"自定义功能区"选项。

④单击"新建选项卡"命令。

⑤若要查看和保存自定义设置，单击"确定"。

（3）选项卡的重命名。操作步骤如下：

①单击"文件"选项卡。

②单击"帮助"下的"选项"命令，弹出"Word 选项"对话框。

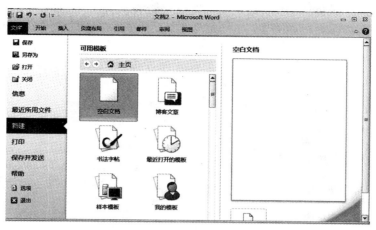

图 3—2　"文件"选项窗口

③单击"自定义功能区"选项。

④在右侧的"自定义功能区"列表下，单击要重命名的选项卡。

⑤单击"重命名"按钮，然后键入新名称。

3. 功能区

功能区是 Microsoft Office Fluent 用户界面的一部分，旨在帮助用户快速找到完成某一任务所需的命令。命令按逻辑组的形式组织，逻辑组集中在选项卡下。每个选项卡都与一种类型的活动（如编写页面或布局页面）相关，为了使屏幕更为整洁，某些选项卡只在需要时才显示。最小化功能区时，用户只能看到选项卡。

（1）功能区的自定义。操作步骤如下：

①单击"文件"选项卡。

②单击"帮助"下的"选项"命令，弹出"Word 选项"对话框。

③单击"自定义功能区"选项。

④在右侧的"自定义功能区"列表框中设置显示的选项卡及组。

（2）功能区的最小化。操作步骤如下：

鼠标在"功能区"中右键单击，在弹出的快捷中单击"功能区最小化"选项或用键盘快捷方式 Ctrl+F1。还可以单击位于程序窗口的右上角"功能区最小化"按钮。

4. "导航"窗格

用 Word 编辑文档，有时会遇到长达几十页甚至上百页的超长文档，在以往的 Word 版本中，浏览这种超长的文档很麻烦，要查看特定的内容，必须双眼盯住屏幕，然后不断滚动鼠标滚轮，或者拖动编辑窗口上的垂直滚动条查阅，用关键字定位或用键盘上的翻页键查找，既不方便，也不精确，有时为了查找文档中的特定内容，会浪费很多时间。Word 2010 新增的"导航窗格"会为用户精确"导航"。

（1）"导航"窗格的打开。操作步骤如下：

①单击菜单栏上的"视图"按钮，切换到"视图"功能区。

②在"显示"功能区中选中"导航窗格"复选框，如图 3—3 所示。即可在 Word 2010 编辑窗口的左侧打开"导航窗格"。

（2）导航方式。Word 2010 新增的文档导航功能的导航方式有四种：标题导航、页面导航、关键字（词）导航和特定对象导航，让你轻松查找、定位到想查阅的段落或特定的对象。如图 3—4 所示。

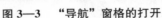

图 3—3　"导航"窗格的打开

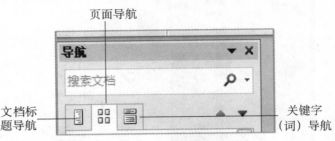

图 3—4　"导航"方式

①文档标题导航。文档标题导航是最简单的导航方式，使用方法也最简单，打开"导航"窗格后，单击"浏览你的文档中的标题"按钮，将文档导航方式切换到"文档标题导航"，Word 2010 会对文档进行智能分析，并将文档标题在"导航"窗格中列出，只要单击标题，就会自动定位到相关段落。

提示：文档标题导航有先决条件，打开的超长文档必须事先设置有标题。如果没有设置标题，就无法用文档标题进行导航，而如果文档事先设置了多级标题，导航效果会更好，更精确。

②页面导航。用 Word 编辑文档会自动分页，文档页面导航就是根据 Word 文档的默认分页进行导航的，单击"导航"窗格上的"浏览你的文档中的页面"按钮，将文档导航方式切换到"文档页面导航"，Word 2010 会在"导航"窗格上以缩略图形式列出文档分页，可要单击分页缩略图，就可以定位到相关页面查阅。

③关键字（词）导航。Word 2010 可以通过关键（词）导航，单击"导航"窗格上的"浏览你当前搜索的结果"按钮，然后在文本框中输入关键（词），"导航"窗格上就会列出包含关键字（词）的导航链接，单击这些导航链接，就可以快速定位到文档的相关位置。

④特定对象导航。一篇完整的文档，往往包含有图形、表格、公式、批注等对象，Word 2010 的导航功能可以快速查找文档中的这些特定对象。单击搜索框右侧放大镜后面的"▼"，选择"查找"栏中的相关选项，就可以快速查找文档中的图形、表格、公式和批注。

5.快速访问工具栏

在 Word 2010 左上方有一个浮动的工具栏，被称为快速访问工具栏。快速访问工具栏允许用户将最常使用的命令或按钮添加到此处，同时也是 Word 2010 窗口中唯一允许用户自定义的窗口元素。在 Word 2010 快速访问工具栏中已经集成了多个常用命令，默认情况下并没有被显示出来。

（1）快速访问工具栏的自定义。

打开 Word 2010 窗口，单击快速访问工具栏右侧的下拉三角按钮▼，打开"自定义快速访问工具栏"菜单，选中需要显示的命令即可，如图 3—5 所示。操作步骤如下：

图 3—5　自定义快速访问工具栏

①打开 Word 2010 窗口，并打开准备添加的命令或按钮所在的功能区（如"插入"功能区的"图片"按钮）。

②右键单击准备放置到快速访问工具栏的命令或按钮，在打开的快捷菜单中选择"添加到快速访问工具栏"命令。

（2）快速访问工具栏的移动。

如果不希望快速访问工具栏显示在其当前位置，可以将其移到其他位置。如果发现程序图标旁的默认位置离用户的工作区太远而不方便，可以将其移到靠近工作区的位置。如果该位置处于功能区下方，则会超出工作区。因此，如果要最大化工作区，可能需要将快速访问工具栏保留在其默认位置。操作步骤如下：

①单击"自定义快速访问工具栏"。

②在列表中，单击"在功能区下方显示"命令或"在功能区上方显示"命令。

3.2　文档的基本操作

3.2.1　文档的建立

在 Word 2010 启动后，系统自动创建了一个新空白文档，用户也可以通过 Word 2010 提供的文档模板来创建固定格式的文档，如简历、报告、出版物、书信和传真等。

1. 空白文档的建立

要编辑一篇文档，首先应新建一篇空白文档，除了每次启动 Word 2010 后，系统将自动新建一篇空白的 Word 文档外，在编辑文档过程中也可随时创建新的空白文档，空白文档的创建主要有以下三种方法：

方法一：单击"快速访问工具"中的"新建"按钮。

方法二：按 Ctrl＋N 快捷键。

方法三：单击"文件"按钮，在展开的菜单中单击"新建"命令，单击"创建"按钮，如图 3—6 所示。

2. 使用标准模板建立新文档

Office.com 中的模板网站为许多类型的文档提供模板，包括简历、求职信、商务计划、名片和 APA 样式的论文。

通过使用模板，用户可以快速获得具有固定文字和格式的规范文档。可以根据现有的模板创建自己的模板，再利用自己创建的模板建立新文档。

使用现有模板创建新模板的操作步骤如下：

（1）单击"文件"选项卡。

（2）单击"新建"命令。

（3）在"可用模板"下，执行下列操作之一：

● 单击"样本模板"以选择计算机上的可用模板。

● 单击 Office.com 下的链接之一。

（4）双击所需的模板如图 3—7 所示。

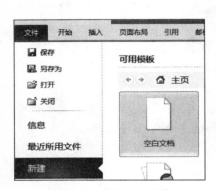

图 3—6　通过"文件"
按钮创建空白文档

图 3—7　利用模板创建文档

提示：若要下载 Office.com 下列出的模板，必须已连接到 Internet。

3.2.2　文档的输入

1. 文本的输入

创建了一个空白的文档后，就可以输入文档内容了。文档编辑区插入点处的"｜"状光标指示当前文本输入的位置，当输入文本时，文字就显示在插入点处，即闪烁光标所在的位置上。

默认输入状态一般是英文输入状态，允许输入英文字符。当要在文档中输入中文时，首先要将输入法切换到中文输入状态，操作步骤如下：

（1）单击 Windows 任务栏上的输入法指示器图标，弹出输入法菜单。

（2）在输入法菜单中选择一种习惯的中文输入法。

选择了一种中文输入法后，就可以输入中文了。此后，可以随时使用输入法菜单或按Ctrl＋Space快捷键在中英文状态间切换。默认状态下，中文字符为"宋体五号"，英文字符为"Times New Roman 五号"。

2．系统日期和时间的插入

插入当前系统日期操作步骤如下：

单击"插入"选项卡，在功能区中单击"日期与时间"命令，弹出"日期和时间"对话框，如图3—8所示，在对话框中设置"可用格式"、"语言（国家/地区）"等选项，单击"确定"按钮。

3．符号或特殊符号的插入

在文档中，还可以输入罗马数字、数学运算符、各种箭头和小图标等。操作步骤如下：

（1）单击"插入"选项卡，在功能区中单击"符号"组中"符号"按钮，在展开的下拉式列表中选择"其他符号"选项，弹出"符号"对话框，如图3—9所示。

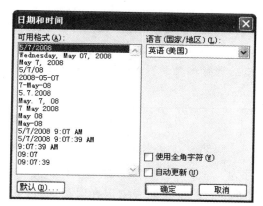

图3—8　"日期和时间"对话框

图3—9　"符号"对话框

（2）单击"符号"选项卡，在"子集"下拉式列表框中选择符号所在的子集，即可快速查找到所要的符号。

（3）选定符号，单击"插入"按钮。

3.2.3　文档的保存

1．文档的保存

操作步骤如下：

单击"文件"按钮，在展开的菜单中单击"保存"命令或单击快速访问工具栏的"保存"按钮。如果是第一次保存文件，将弹出的"另存为"对话框，如图3—10所示。

在"保存位置"下拉式列表框中，选择文件要保存的位置，在"文件名"文本框中输入文件的名字，单击"保存"按钮。

2．文档副本的保存

操作步骤如下：

单击"文件"按钮，在展开的菜单中单击"另存为"命令，在弹出的"另存为"对话框

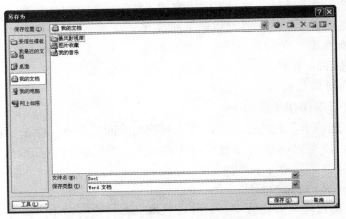

图 3—10　"另存为"对话框

中的"文件名"输入框中，键入文件的新名称，单击"保存"按钮。

> 提示：若要将副本保存在其他文件夹中，则单击"保存位置"下拉式列表中的其他驱动器或选择文件夹列表中的其他文件夹，或者先后进行这两种操作。若要将副本保存在新文件夹中，则单击"新建文件夹"命令。

3. 将文档以另一种格式保存

操作步骤如下：

单击"文件"按钮，在展开的菜单中单击"另存为"命令，弹出"另存为"对话框，在"文件名"文本框中，输入文件的新名称，在"保存类型"下拉式列表中选择保存文件的文件格式，单击"保存"按钮。

4. 在工作时文件自动保存

操作步骤如下：

（1）单击"工具"下的"保存选项"命令，在弹出"Word 选项"对话框中，单击"保存"选项卡。

（2）选中"保存自动恢复信息时间间隔"复选框。

（3）在"分钟"输入框中，输入保存文件的时间间隔。

> 提示："自动恢复"不是对文件进行有规律的保存的替代方式。如果选择不在打开后保存恢复文件，则该文件将被删除并且所有未保存的更改将丢失。如果保存了该恢复文件，它将替换原始文件（除非指定了新文件名）。

5. 加速文件的保存

操作步骤如下：

（1）在打开的"另存为"对话框中，单击"工具"按钮。

（2）在弹出的菜单中选择"保存选项"命令，弹出"Word 选项"对话框。

（3）若要只保存文件的更改，选中"允许后台保存"复选框选项；若要保存完整的文件，取消"允许后台保存"复选框选项，然后进行最后一次保存。

（4）单击"保存"按钮。

6. 文件保存为早期版本

通过以适当格式保存文件来与使用早期版本 Microsoft Office 的用户共享该文件。例如，可以将 Word 2010 文档（.docx）另存为 97－2003 文档（.doc），以便使用 Microsoft Office Word 2000 的用户可以打开该文档，但不支持将文件保存为 Microsoft Office 95 及更早版本。

3.2.4 文档的打开与关闭

1. 文档的打开

操作步骤如下：

（1）在 Word 2010 程序中，单击"文件"按钮，在展开的菜单中单击"打开"命令，弹出"打开"对话框，如图 3—11 所示。

图 3—11 "打开"对话框

（2）在"查找范围"下拉式列表中，选择驱动器、文件夹或包含要打开文件的 Internet 位置。

（3）在"文件夹"列表中，找到并打开包含此文件的文件夹。

（4）选定文件。

（5）如果以常规方式打开文档，则直接单击"打开"按钮；若以副本方式打开文档，则单击"打开"按钮旁边的箭头，选择"以副本方式打开"选项；若以只读方式打开文档，则单击"打开"按钮旁的向下箭头，选择"以只读方式打开"选项。

2. 文档的关闭

将正在编辑的文档关闭，通常使用以下三种方法：

方法一：单击"文件"按钮，在展开的菜单中单击"退出"命令。

方法二：按 Alt＋F4 快捷键。

方法三：单击标题栏的"关闭"按钮。

3.2.5 文档的编辑

1. 文本的插入与删除

插入文本时，首先将光标定位在要插入的文本处，输入要插入的文本内容，需注意的是文档编辑的编辑状态为插入状态（在状态栏中目标的编辑状态为"插入"）。

删除文本时，首先将光标定位在要删除的文本处，按 Delete 键删除光标后面的字符，按 Backspace 键删除光标前面的字符。也可以将需要删除的文本内容全部选定后，按 Delete 键删除全部选定的文本内容。

2. 文本的选定

选定一个单词：双击该单词。

选定一行文本：将鼠标指针移动到该行的左侧，直到指针变为指向右边的箭头，然后单击。

选定一个句子：按住 Ctrl 键，然后单击该句中的任何位置。

选定一个段落：将鼠标指针移动到该段落的左侧，直到指针变为指向右边的箭头，然后双击。或者在该段落中的任意位置三击。

选定多个段落：将鼠标指针移动到段落的左侧，直到指针变为指向右边的箭头，再单击并向上或向下拖动鼠标。

选定一大块文本：单击要选定内容的起始处，然后滚动要选定内容的结尾处，再按住 Shift 键同时单击鼠标。

选定矩形区域文本：按住 Alt 键，拖动鼠标。

选定整篇文档：将鼠标指针移动到文档中任意正文的左侧，直到指针变为指向右边的箭头，然后三击。

3. 文本的移动

文本的移动有两种常用方法，一种是利用剪贴板技术，一种是用鼠标拖动来移动文本。

（1）利用剪贴板技术移动文本。操作步骤如下：

方法一：选定需要移动的文本。

方法二：在"开始"选项卡下的"剪贴板"组中单击"剪切"按钮。

方法三：将光标定位到需要插入该段文本的位置。

方法四：在"开始"选项卡下的"剪贴板"组中单击"粘贴"按钮。

 小知识

"剪贴板"可以看成是 Word 的临时记录区域，当使用"复制"或"剪切"命令时，被选中的文本将被自动记录到"剪贴板"上，这与 Windows 系统中的"剪贴板"有相似的功能。但是 Word 中的"剪贴板"的功能更强大，它最多可以记录 24 项内容，同时还可以进行有选择的"粘贴"操作。

（2）用鼠标拖动快速移动文本。操作步骤如下：

①选定需要移动的文本。

②将鼠标指针指向所选取的文本，当鼠标指针变为反向的空心箭头时，按下鼠标左

键，此时箭头左方出现一条竖的虚线，箭柄处有一个虚方框，然后拖动鼠标，直到竖虚线定位到需要插入所选定文本的位置，松开鼠标左键，于是所选定的文本就移动到了这个新位置。

4. 文本的复制

文本复制有两种常用方法，一种是利用剪贴板技术，一种是利用鼠标拖动来复制文本。

（1）利用剪贴板技术复制文本。操作步骤如下：

①选定需要复制的文本。

②单击"开始"选项卡下的"剪贴板"组中的"复制"按钮，将选定的文本复制到剪贴板中。

③将光标定位到需要插入的位置。

④单击"开始"选项卡下的"剪贴板"组中的"粘贴"按钮，粘贴剪贴板中的文本。

（2）利用鼠标拖动复制文本。操作步骤如下：

①选定需要复制的文本。

②将鼠标指针指向所选取的文本，当鼠标指针变为反向的空心箭头时，按住 Ctrl 键不放，并按下鼠标左键，此时箭头左方出现一条竖的虚线，箭柄处有一个虚方框，虚方框上有一个加号"＋"，然后仍按住 Ctrl 键，并拖动鼠标，直到竖的虚线定位到需要插入所选定文本的位置，松开鼠标左键，于是所选定的文本就复制到了这个新位置。

> 提示："选择性粘贴"功能可以帮助用户在 Word 2010 文档中有选择地粘贴剪贴板中的内容。在"开始"选项卡的"剪贴板"组中单击"粘贴"按钮下方的下拉三角按钮，并单击下拉菜单中的"选择性粘贴"命令，在打开的"选择性粘贴"对话框中选中"粘贴"单选框，然后在"形式"列表中选中一种粘贴格式，如选中"图片（Windows 图元文件）"选项，并单击"确定"按钮。

5. 撤销、重复和恢复操作

在编辑 Word 2010 文档时，如果所做的操作不合适，需要返回到当前结果前面的状态，则可以通过"撤销键入"或"恢复键入"功能实现；如果想重复同一步骤，则可以通过"重复键入"功能实现。

（1）撤销操作。

"撤销键入"功能可以按照从后到前的顺序撤销若干步骤，但不能有选择地撤销不连续的操作。一种方法是按下 Alt＋Backspace 组合键执行撤销操作，另一种方法是单击"快速访问工具栏"中的"撤销键入"按钮，单击按钮旁边的向下箭头。

（2）恢复操作。

执行撤销操作后，还可以将 Word 2010 文档恢复到最新编辑的状态。一种方法是按下 Ctrl＋Y 组合键执行恢复操作，另一种方法是单击"快速访问工具栏"中已经变成可用状态的"恢复键入"按钮。

（3）重复操作。

"重复键入"功能可以在文档中重复执行最后的编辑操作，如重复输入文本、设置格式或重复插入图片、符号等。一种方法是按下 Ctrl＋Y 组合键执行重复操作，另一种方法是单击"快速访问工具栏"中的"重复键入"按钮 。

6. 查找与替换

"查找与替换"功能可以定位到文档中指定的文本，并替换成其他文本，在整个文档范围进行这种操作可以使文档修改工作十分迅速和有效。

（1）查找文本。选中要查找的文本，单击"开始"选项卡，在"编辑"组中单击"查找"按钮，文档中的该文本全部呈反显状态。

Word 2010 还具有"高级查找"功能，操作步骤如下：

①单击"开始"选项卡，在"编辑"组中单击"查找"按钮下的"高级查找"按钮，弹出"查找和替换"对话框。

②在"查找和替换"对话框中的"查找内容"下拉式列表内键入要查找的文本，如输入"智慧"，如图 3—12 所示。

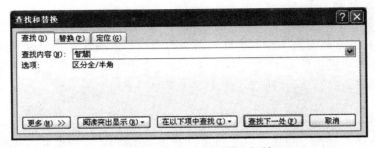

图 3—12 "查找和替换"对话框

③单击"查找下一处"按钮，Word 2010 开始查找，此时对话框并不消失，光标定位到查找的内容并呈反显状态。如果再次单击"查找下一处"按钮，则符合查找条件的下一个内容呈反显状态，如果结束查找操作，可单击"取消"按钮。如果找不到查找内容，系统将显示相关的提示信息。

提示：如果要一次选中指定单词或词组的所有实例，选中"阅读突出显示"按钮，文档中的该文本全部呈反显状态，按 Esc 键可取消正在执行的搜索。

（2）查找并替换文本。要替换文本，操作步骤如下：

①选中要查找的文本，单击"开始"选项卡，在"编辑"组中，单击"替换"按钮。

②在"查找内容"下拉式列表内输入要查找的文本。

③在"替换为"下拉式列表内输入替换的文本。

④单击"查找下一处"按钮，Word 2010 将从当前光标处开始向下查找，查找到输入的查找内容后，定位并呈反显状态。

⑤如果需要替换，单击"替换"按钮，完成替换；如果不想替换，单击"查找下一处"按钮，将继续查找下一处；如果需要全部替换，单击"全部替换"按钮。

⑥按 Esc 键可取消正在执行的查找。

（3）格式的替换。可以将选定文本的当前的格式替换为其他格式。例如，字体、段落、制表位、样式等。操作步骤如下：

①单击"开始"选项卡，在"编辑"组中，单击"替换"按钮。

②将光标定位在"查找内容"下拉式列表中。

③单击"更多"按钮，展开"搜索选项"和"查找"选项。

④单击"格式"按钮，弹出下拉式列表，"查找和替换"对话框如图3—13所示。

⑤单击"字体"命令，弹出"查找字体"对话框，如图3—14所示。

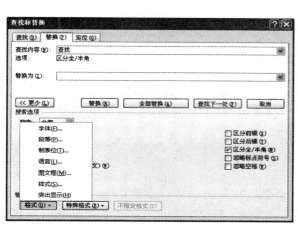

图3—13　替换选项高级设置的格式菜单

图3—14　"查找字体"对话框

⑥在"中文字体"列表框中单击"宋体"，单击"确定"按钮。

⑦将插入点定位到"替换为"下拉式列表框中。

⑧重复步骤4和5，在"中文字体"列表框中单击"楷体"，再单击"确定"按钮。

⑨根据所需，单击"查找下一处"、"替换"或者"全部替换"按钮。

7．自动更正

在Word 2010中可以使用"自动更正"功能将词组、字符等文本或图形替换成特定的词组、字符或图形，从而提高输入和拼写检查效率。用户可以根据实际需要设置自动更正选项，以便更好地使用自动更正功能。例如，输入"teh"后按空格键，"自动更正"将输入的内容替换为"the"。如果输入"This is theh ouse"后按空格键，"自动更正"将输入的内容替换为"This is the house"。也可使用"自动更正"，插入在内置的"自动更正"词条中列出的符号。例如，输入"（c）"插入©。

（1）"自动更正"选项的打开或关闭。操作步骤如下：

①单击"文件"按钮，在展开的菜单中单击"选项"命令，在打开的"Word选项"对话框中切换到"校对"选项卡，然后单击"自动更正选项"按钮，弹出"自动更正"对话框，如图3—15所示。

②在"自动更正"对话框中，单击"自动更正"选项卡，选中"键入时自动替换"复选框。

③单击"确定"按钮。

提示：在"自动更正"对话框中，可以根据自己的需要，选择下列"自动更正"选项：
①若要显示或隐藏"自动更正选项"按钮，选中或清除"显示'自动更正选项'按钮"。
②若要设置与大写更正有关的选项，选中或清除对话框中的后五个复选框。

（2）"拼写检查"打开或关闭。操作步骤如下：
①在"自动更正"对话框中选中或清除"隐藏拼写错误"复选框；如果要选中此复选框，还必须选中"键入时检查拼写"复选框。
②单击"确定"按钮。
（3）"自动更正"词条的添加。如果内置词条列表不包含所需的更正内容，可以添加词条。
例如：当输入"长春"，自动替换为"长春工业大学"的操作步骤如下：
①在"自动更正"对话框中，在"替换"文本框中输入"长春"，在"替换为"文本框中输入"长春工业大学"，单击"添加"按钮。
②单击"确定"按钮。
（4）"自动更正"词条的删除。操作步骤如下：
①单击"工具"下的"自动更正选项"命令，在弹出的"自动更正"对话框中的"替换"下拉式列表中，选择要删除的词条，单击"删除"按钮。
②单击"确定"按钮。
8. 自动图文集

小知识

自动图文集：存储要重复使用的文字或图形的位置，如存储标准合同条款或较长的通信组列表。每个所选文字或图形录制为一个"自动图文集"词条并为其指定唯一的名称。

（1）自动图文集词条的插入。词条被分成若干类别，检查"常规"类别以查看所创建的词条。插入自动图文集词条的操作步骤如下：
①单击"插入"选项卡，单击"文本"功能组中选择"文档部件"，从下拉菜单中选择"自动图文集"选项。
②单击所需的自动图文集词条名称。例如，输入"Dear"按 F3 键，即出现"Dear Sir or Madam："。
（2）自动图文集词条的创建。操作步骤如下：
①选择所需要的文本或图片，切换到"插入"选项卡。
②在"文本"功能组中选择"文档部件"选项，从下拉菜单中选择"自动图文集"选项，选择"将所选内容自动保存到自动图文集库"按钮。

③在弹出的"新建构建基块"对话框中，输入相应的名称。

④单击"确定"按钮。

> 提示：用快捷键插入自动图文集词条。首先，启用记忆式输入功能。在文档中输入自动图文集词条名称的前四个字符。当 Word 2010 提示完整的自动图文集词条时，按下 Enter 或 F3 可接受该词条。如果自动图文集词条包含没有文本的图形，按 F3 可接受该词条。如果要拒绝该自动图文集词条，继续输入。

（3）自动图文集的案例制作。将"长春工业大学"校徽图标创建为自动图文集。操作步骤如下：

①选中"长春工业大学"校徽图片，切换到"插入"选项卡。

②在"文本"功能组中选择"文档部件"选项，从下拉菜单中选择"自动图文集"选项，选择"将所选内容自动保存到自动图文集库"按钮。

③在弹出的"新建构建基块"对话框中，输入词条名称"长春工大校徽"，如图 3—16 所示。

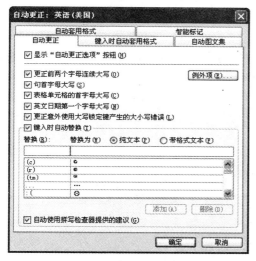

图 3—15 "自动更正"对话框

图 3—16 创建自动图文集案例

④单击"确定"按钮。

（4）自动图文集词条的删除。操作步骤如下：

①在"文本"功能组中选择"文档部件"选项，从下拉菜单中选择"自动图文集"选项，选择"构建基块管理器"选项。

②在弹出的"构建基块管理器"对话框中，单击要删除的自动图文集词条名称。

③单击"删除"按钮。

9. 校对或修订文本

（1）拼写和语法检查。

在 Word 2010 文档中经常会看到在某些单词或短语的下方标有红色、蓝色或绿色的波浪线，这是由 Word 2010 中提供的"拼写和语法"检查工具根据 Word 2010 的内置字典标示出的含有拼写或语法错误的单词或短语，其中红色或蓝色波浪线表示单词或短语含有拼写错误，而绿色下划线表示语法错误（当然这种错误标识仅仅是一种修改建议）。

①键入时自动检查拼写和语法错误。操作步骤如下：

a. 切换到"审阅"功能区，在"校对"组中单击"拼写和语法"按钮，"拼写和语法"对话框。

b. 选中"检查语法"复选框。

c. 单击"确定"按钮。

（2）集中检查拼写和语法错误。

如果希望在完成编辑后再进行文档校对，操作步骤如下：

①切换到"审阅"功能区，在"校对"组中单击"拼写和语法"按钮，弹出"拼写和语法"对话框，（按 F7 键也可弹出此对话框）。

②选中"检查语法"复选框。在"输入错误或特殊用法"文本框中将以红色、绿色或蓝色字体标识出存在拼写或语法错误的单词或短语。

如果确实存在错误，在"输入错误或特殊用法"文本框中进行更改并单击"更改"按钮。如果标识出的单词或短语没有错误，可以单击"忽略一次"或"全部忽略"按钮忽略关于此单词或词组的修改建议。可以单击"词典"按钮将标识出的单词或词组加入到 Word 2010 内置的词典中，单击"忽略一次"按钮。

③完成拼写和语法检查，在"拼写和语法"对话框中单击"关闭"或"取消"按钮。

（3）自动拼写和语法检查功能关闭。操作步骤如下：

①切换到"审阅"功能区，在"校对"组中单击"拼写和语法"按钮，弹出"拼写和语法"对话框。

②选中"检查语法"复选框。

③执行下列一项或两项操作：

方法一：要关闭自动拼写检查功能，清除"键入时检查拼写"复选框选项。

方法二：要关闭自动语法检查功能，清除"键入时检查语法"复选框选项。

3.2.6 文档显示

1. 视图

文档在窗口中不同的显示方式称为视图。在编辑过程中，常常因不同的编辑目的而突出文档中的部分内容，以便有效地对文档进行编辑。

2. 视图的分类

Word 2010 中提供了多种视图模式供用户选择，这些视图模式包括"页面视图"、"阅读版式视图"、"Web 版式视图"、"大纲视图"和"草稿视图"。

（1）页面视图。

"页面视图"就是以页面形式显示文档，从而使文档看上去就像在纸上一样，可以查看到整个文档的版面设计效果，几乎与打印输出没有区别，可以起到预览文档的作用。在页面视图可以看到包括正文及正文区之外版面上的所有内容。

（2）阅读版式视图。

"阅读版式视图"以图书的分栏样式显示 Word 2010 文档，"文件"按钮、功能区等窗口元素被隐藏起来。在阅读版式视图中，用户还可以单击"工具"按钮选择各种阅读工具。

（3）Web 版式视图。

"Web 版式视图"以网页的形式显示 Word 2010 文档，Web 版式视图适用于发送电子邮件和创建网页。

（4）大纲视图。

"大纲视图"主要用于设置 Word 2010 文档的设置和显示标题的层级结构，并可以方便地折叠和展开各种层级的文档。大纲视图广泛用于 Word 2010 长文档的快速浏览和设置中，如图 3—17 所示。

（5）草稿视图。

"草稿视图"取消了页面边距、分栏、页眉页脚和图片等元素，仅显示标题和正文，是最节省计算机系统硬件资源的视图方式。当然现在计算机系统的硬件配置都比较高，基本上不存在由于硬件配置偏低而使 Word 2010 运行遇到障碍的问题。

3. 视图的切换

切换视图的方法如下：

（1）在"视图"选项卡下的"文档视图"组中选择所需的视图模式。

（2）在文档窗口的状态栏右侧单击视图按钮切换视图，如图 3—18 所示。

图 3—17　"大纲视图"显示方式

图 3—18　视图按钮

3.3　文档的排版

文档的排版主要包括文本格式设置、段落设置、项目符号和编号的设置、分栏等。通过这些设置，使文字效果更加突出，文档更加美观。

3.3.1 设置文本格式

一个文档中的文字可有多种字体所组成，字体通常又由字形、字号及修饰作用的成分（如下划线、字符边框等）所构成。设置字体格式的方法有如下三种：

1. 利用"字体"对话框设置

操作步骤如下：

（1）选定文本。

（2）单击"开始"选项卡下的"字体"组中的下三角按钮，弹出"字体"对话框，如图3—19所示。

（3）通过对"字体"对话框中的各选项的设置，可以指定显示文本的方式。设置效果会显示在"预览"框中。

①在"字体"选项卡下，可以对已选定的文本设置中文字体、西文字体、字形、字号、下划线及下划线线型、下划线颜色、字符颜色、着重号，还可以为选定的文本设置显示效果，如删除线、空心、阴影等。

②在"高级"选项卡下的"字符间距"区和"OpenType 功能"区中进行相应的设置，如图3—20所示。

③单击"文字效果"按钮，在弹出"设置文本效果格式"对话框，如图3—21所示。可以进行文字填充、文本边框、轮廓样式、阴影等设置。

图3—19　"字体"对话框

图3—20　"字体—高级"对话框

提示："字体"对话框也可通过右键弹出的快捷菜单中的"字体"选项弹出。

2. 利用快速工具栏设置

利用"开始"选项卡下"字体"组工具栏设置，如图3—22所示。

图 3—21 "设置文本效果格式"对话框

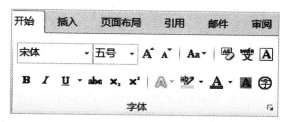

图 3—22 "字体组"快速工具栏

3. 利用"格式刷"按钮设置

利用"开始"选项卡下的"剪贴板"组下的"格式刷"按钮,可以快速将指定段落或文本的格式延用到其他段落或文本上,避免重复操作,提高排版效率。操作步骤如下:

(1)选择设置好格式的文本。

(2)在功能区的"开始"选项卡下的"剪贴板"组中,单击"格式刷"按钮,这时指针变为画笔图标 。

(3)将鼠标移至要改变格式的文本的开始位置,拖动鼠标完成设置。

> 提示:单击"格式刷"按钮,使用一次后,按钮将自动弹起,不能继续使用;如要连续多次使用,可双击"格式刷"按钮。如要停止使用,可按键盘上的 Esc 键,或再次单击"格式刷"按钮。

下面将对"杂志封面"案例进行格式设置。操作步骤如下:

(1)参照图 3—23 输入文档内容。

(2)选中文档的第一行,将字体设置为"华文宋体",字号设置为"三号",将文字添加"粗下划线"。

(3)选中"读者珍藏本"文本,将字体设置为"黑体",字号设置为"二号",字体颜色为"黄色"。

(4)选中"卷首语精品",将字体设置为"隶书",字号设置为"72",字体颜色为"红色"。

(5)选中"张绍民 曾辉/主编",将字体设置为"仿宋",字号设置为"四号"。

(6)选中如图 3—24 所示的文档内容,字体设置为"仿宋",字号设置为"四号",居中显示。

(7)选中"才能从中得到滴水藏海的力量……"文本,添加"单下划线"。

(8)选中最后三行文本。

（9）将字体设置为"宋体"，字号设置为"小四号"，居中显示，最终效果如图 3—25 所示。

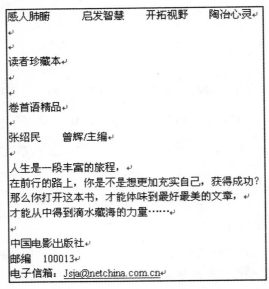

图 3—23 "杂志封面"文档内容

图 3—24 "封面"案例文档内容选中

4．设置中文字符特殊效果

中文字符特殊效果主要包括：带圈字符和拼音指南。以"拼音指南"为例介绍特殊效果的设置方法。操作步骤如下：

（1）选择要设置拼音指南的文本。

（2）单击"开始"选项卡的"字体"组中的"拼音指南"按钮，弹出"拼音指南"对话框，如图 3—26 所示。

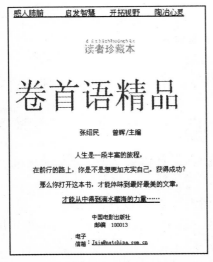

图 3—25 "杂志封面"案例

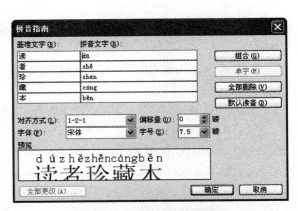

图 3—26 "拼音指南"对话框

（3）在"拼音指南"对话框中的基准文字和拼音文字自动出现，如果拼音有误可以修改。

（4）通过"对齐方式"、"偏移量"、"字体"以及"字号"下拉式列表中的选项进行相应的设置。

（5）单击"确定"按钮。

3.3.2 段落的格式化

设置段落格式主要包括三个方面，一是段落的对齐方式，二是段落的缩进设置，三是段落的间距设置，可以用"段落"对话框设置，也可用"段落"组的快速工具栏设置。

1. 利用"段落"对话框设置段落格式

选定内容，单击"开始"选项卡下的"段落"组中的下三角按钮，弹出"段落"对话框，如图3—27所示。

（1）对齐方式设置。在"缩进和间距"选项卡下的"常规"区域内可以进行"对齐方式"和"大纲级别"的设置。

（2）段落的缩进设置。在"缩进和间距"选项卡下的"缩进"区域内可以设置左侧、右侧缩进的字符数及特殊格式设置。特殊格式设置包括段落的首行缩进和悬挂缩进。

（3）段落的间距设置。在"缩进和间距"选项卡下的"间距"区域内可以设置段前、段后间距及行距。行距设置文本行之间的垂直间距。"行距"下拉式列表中包括"单倍行距"、"最小值"、"固定值"等选项，根据需要选择相应行距类型。

（4）预览。设置完毕后，在"预览"框中可以查看设置效果，单击"确定"按钮即可完成段落的设置。

2. 利用格式工具栏设置段落格式

使用格式对齐方式工具栏如图3—28所示。

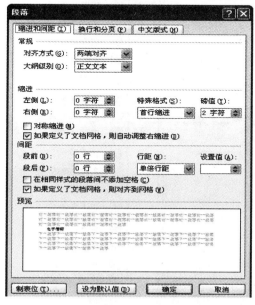

图3—27　"段落"对话框

图3—28　格式对齐方式工具栏

3.利用标尺设置段落格式

用文档窗口中的水平标尺上段落缩进标记设置段落左缩进、右缩进、首行缩进、悬挂缩进等操作,方法简单,但不够精确。标尺显示如图 3—29 所示。

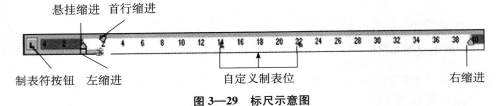

图 3—29　标尺示意图

3.3.3　边框和底纹的设置

边框和底纹能增加对文档不同部分的兴趣、注意程度及观赏度。

可以把边框加到页面、文本、图形及图片中。可以为段落和文本添加底纹,可以为图形对象应用颜色或纹理填充。

一种方法:单击"开始"选项卡下的"段落"组中的"边框和底纹"按钮,弹出"边框和底纹"对话框,如图 3—30 所示。另一种方法:单击"边框和底纹"右侧的下三角按钮,弹出如图 3—31 所示的下拉式列表,单击其中的"边框和底纹"选项可弹出相应的对话框。该对话框中包括"边框"、"页面边框"、"底纹"三个选项卡。

1.边框的设置

操作步骤如下:

(1)选定文本内容,在"边框和底纹"对话框中选择"边框"选项卡。

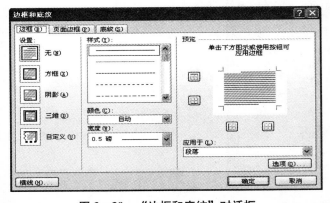

图 3—30　"边框和底纹"对话框

图 3—31　"段落组"边框和底纹

70

（2）在"设置"区选择所需的边框样式，如方框等。

（3）在"样式"列表中选择线型，在"颜色"下拉式列表中定义边框颜色，在"宽度"下拉式列表中定义边框宽度。

（4）在"应用于"下拉式列表中选定"段落"或"文字"选项。

（5）此时预览区会显示边框预览效果。

（6）单击"确定"按钮完成边框设置。

应用于段落的双线型边框添加边框效果对比图，如图3—32所示。

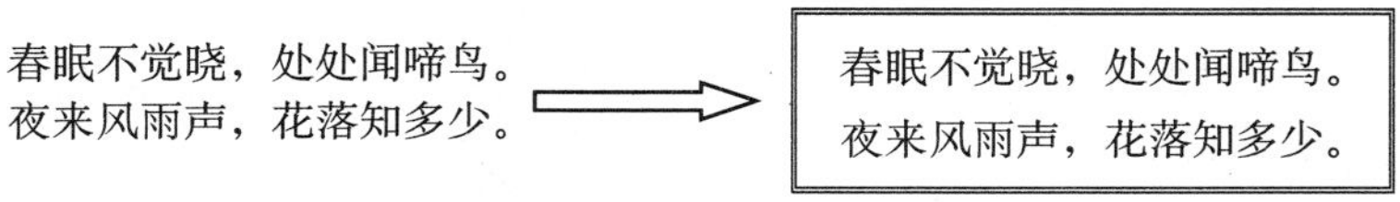

春眠不觉晓，处处闻啼鸟。
夜来风雨声，花落知多少。

⟹

┌─────────────────────┐
│ 春眠不觉晓，处处闻啼鸟。 │
│ 夜来风雨声，花落知多少。 │
└─────────────────────┘

图3—32 应用于段落的文字边框

应用于文字的双线型边框效果对比图，如图3—33所示。

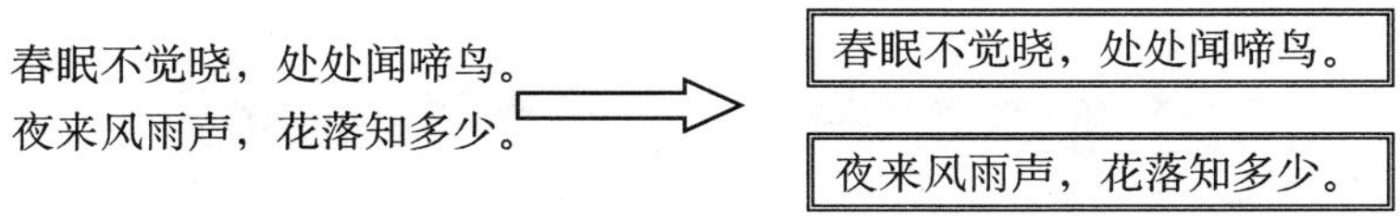

春眠不觉晓，处处闻啼鸟。
夜来风雨声，花落知多少。

⟹

┌─────────────────────┐
│ 春眠不觉晓，处处闻啼鸟。 │
└─────────────────────┘
┌─────────────────────┐
│ 夜来风雨声，花落知多少。 │
└─────────────────────┘

图3—33 应用于文字的文字边框

> 提示：如果要对选定的段落附加简单的边框（框线宽度为0.5磅）和底纹（15%灰色），可以在选定段落后，单击"字体"组下的"字符边框"和"字符底纹"按钮即可完成。

2. 页面边框的设置

在Word 2010中，不仅可以对文字添加边框，还可以对整个页面添加边框。操作步骤如下：

（1）在"边框和底纹"对话框中，单击"页面边框"选项卡，如图3—34所示。

（2）利用与边框的设置相同的方法设置页面边框的边框样式、线型、颜色和宽度。

（3）在"艺术型"下拉式列表中选择艺术型边框。

（4）在"应用于"下拉式列表中选择"整篇文档"或"本节"等选项。

（5）单击"确定"按钮，效果如图3—35所示。

3. 底纹的设置

操作步骤如下：

（1）在"边框和底纹"对话框中单击"底纹"选项卡，如图3—36所示。

（2）在"填充"区设置底纹颜色；在"图案"区的"样式"下拉式列表中设置图案样式；在"应用于"下拉式列表，选择"文字"或"段落"选项。

（3）单击"确定"按钮完成。

应用于段落添加底纹效果对照图，如图3—37所示。

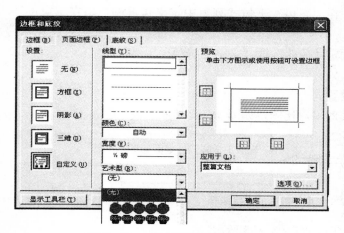

图3—34 "页面边框"选项卡

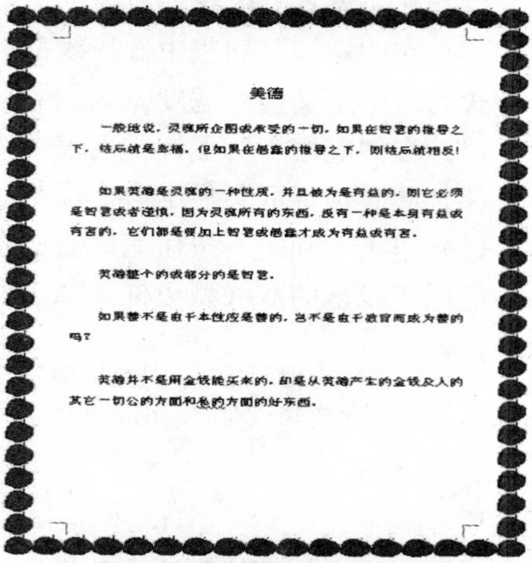

图3—35 带页面边框的"美德"案例

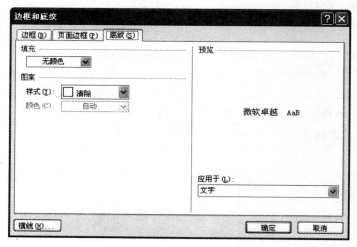

图3—36 "底纹"选项卡

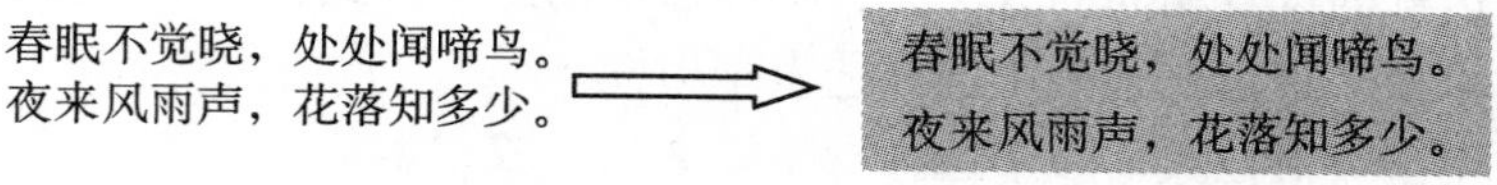

春眠不觉晓，处处闻啼鸟。
夜来风雨声，花落知多少。 ⟹ 春眠不觉晓，处处闻啼鸟。
夜来风雨声，花落知多少。

图3—37 应用于文字的底纹图

4．边框和底纹的清除

在"边框和底纹"对话框中，在"边框"和"页面边框"选项卡下的"设置"区中选择"无"按钮，单击"确定"按钮即可完成文本边框及页面边框的清除操作。

在"底纹"选项卡中选择"填充"下拉式列表中的"无颜色"选项可清除颜色填充，选择"图案"下拉式列表中的"清除"选项可清除图案填充，单击"确定"按钮完成。

5．首字下沉效果的设置

首字下沉有两种效果："下沉"和"悬挂"。其中，使用"下沉"效果时首字下沉后将和段落其他文字在一起。使用"悬挂"效果时首字下沉后将悬挂在段落其他文字的左侧。

以图3—38为案例设置首字下沉效果，操作步骤如下：

> 　　公德，看似简单，但要做好不简单。如何把简单的小事做得不简单？笔者以为，要靠他律，"非知之难，行之惟难"，文明习惯的养成是一项持之以恒的工程，需要完善"软件"与"硬件"，控制失范行为；要靠自律，公德不是公家的事，不是别人的事，而是我们每位公民的事。

图3—38　首字下沉原文

（1）把光标放在要设置首字下沉的段落上，单击"插入"选项卡，在"文本"组中单击"首字下沉"按钮，弹出下拉菜单，如图3—39所示。其中：

"无"：取消段落的首字下沉。

"下沉"：首字下沉后将首字将和段落其他文字在一起。

"悬挂"：首字下沉后将悬挂在段落其他文字的左侧。

（2）单击"首字下沉选项"，弹出"首字下沉"对话框，可以进行首字下沉的"位置"、"字体"、"下沉行数"、"距正文"等设置。在"选项"区域中"字体"的下拉式列表框中选择"宋体"，在"下沉行数"下拉式列表框中设置下沉行数为"3"，"距正文"为"0厘米"，如图3—40所示。

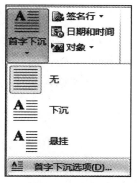

图3—39　"首字下沉"下拉　　　图3—40　"首字下沉"对话框

（3）单击"确定"按钮。设置后的效果如图3—41所示。

> 公德，看似简单，但要做好不简单。如何把简单的小事做得不简单？笔者以为，要靠他律，"非知之难，行之惟难"，文明习惯的养成是一项持之以恒的工程，需要完善"软件"与"硬件"，控制失范行为；要靠自律，公德不是公家的事，不是别人的事，而是我们每位公民的事。

图3—41　首字下沉效果图

6．中文版式的设置

中文版式主要包括：纵横混排、合并字符、双行合一和字符缩放，以"合并字符"为例介绍。操作步骤如下：

（1）选择要进行合并的文本（至多6个字符）。

（2）在"开始"选项卡下的"段落"组中单击"中文版式"按钮，弹出如图3—42所示的下拉菜单。

（3）单击"合并字符"选项，弹出"合并字符"对话框，如图3—43所示。

图3—42 "中文版式"下拉菜单　　　图3—43 "合并字符"对话框

（4）在"文字"文本框中显示已选择的文本，如"电子信箱"。用户可以根据需要对文本进行修改。

（5）通过"字体"、"字号"下拉式列表进行相应的设置。

（6）单击"确定"按钮。

3.3.4 项目符号和编号

在Word 2010文档中，适当采用项目符号和编号可使文档内容层次分明，重点突出。创建项目符号和编号，可以在输入文档时自动创建，也可以先输入文档内容，再为其添加项目符号和编号。

1. 项目符号

在Word 2010中内置有多种项目符号，用户可以在Word 2010中选择合适的项目符号，用户也可以根据实际需要定义新项目符号。

（1）项目符号的添加。操作步骤如下：

①选中要添加项目符号的段落。

②在"开始"选项卡的"段落"组中单击"项目符号"按钮，完成添加操作。也可以单击"项目符号"下三角按钮，在展开的"项目符号"下拉式列表（如图3—44所示）中选择所需的项目符号样式。

（2）项目符号的新建。如果已有的项目符号不能满足需求时，用户可新建项目符号。操作步骤如下：

①在"开始"选项卡的"段落"组中单击"项目符号"下三角按钮。在展开的"项目符号"下拉式列表中，选择"定义新项目符号"选项，弹出"定义新项目符号"对话框，如图3—45所示。

②可以通过单击"符号"、"图片"和"字体"按钮，创建新的项目符号。

③单击"确定"按钮。

2. 项目编号

（1）项目编号的添加。操作步骤如下：

图 3—44　"定义新项目符号"按钮

图 3—45　"定义新项目符号"对话框

①选中要添加项目编号的段落。

②在"开始"选项卡的"段落"组中单击"项目编号"按钮，完成添加操作。也可以单击"项目编号"下三角按钮，在展开的"项目编号"下拉式列表（如图 3—46 所示）中选择所需的项目编号样式。

（2）项目编号的新建。操作步骤如下：

①在"开始"选项卡的"段落"组中单击"项目编号"下三角按钮。在展开的"项目编号"下拉式列表中，选择"定义新编号格式"选项，弹出"定义新编号格式"对话框，如图 3—47 所示。

②可以通过设置"编号样式"、"编号格式"、"对齐方式"和"字体"，创建新的项目编号。

图 3—46　"编号"组下拉式列表

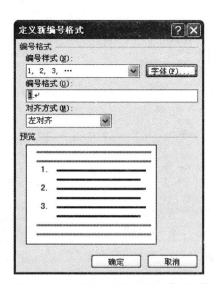

图 3—47　"定义新编号格式"对话框

③单击"确定"按钮。

（3）多级列表的添加。多级列表是指 Word 文档中项目编号列表的嵌套，以实现层次效果。操作步骤如下：

①选中要添加多级列表的段落。

②在"开始"选项卡的"段落"组中单击"多级列表"按钮，在展开的"多级列表"下拉式列表中选择所需的多级列表样式。

3.3.5 样式

样式是多个预置的格式排版命令的集合，使用样式可以通过一次操作完成多种格式的设置，从而简化排版操作，节省排版时间。

1. 样式的使用

操作步骤如下：

（1）选定要设置样式的文本。

（2）单击"开始"选项卡下的"样式"组的"样式"按钮 AaBb AaBb AaBbC 标题 标题1 标题2 。也可以单击"样式"组的展开按钮，在弹出的"样式"下拉式列表中选择更多的样式，如图 3—48 所示。

2. 样式的创建

将常用的文字格式定义为样式，以方便使用，可以采用"新建样式"方法。操作步骤如下：

（1）在"样式"下拉式列表中单击"新建样式"按钮，弹出"根据格式设置创建新样式"对话框，如图 3—49 所示。

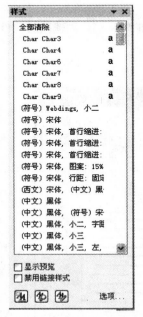

图 3—48　"样式"下拉式列表

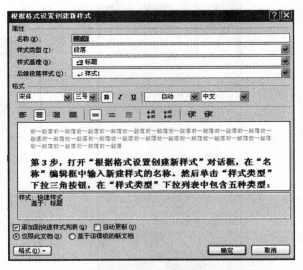

图 3—49　"根据格式设置创建新样式"对话框

（2）在属性区域中的"名称"文本框中输入新定义的样式名称，通过"样式类型"、"样式基准"和"后续段落样式"下拉式列表进行相应的设置。例如，在"名称"文本框中输入"目录标题2"，在"样式类型"下拉式列表框中选择"段落"，在"样式基准"下拉式列表中选择"标题2"，在"后续段落样式"下拉式列表中选择"目录标题2"。

（3）在格式区域中的"字体"、"字号"、"字体颜色"等下拉式列表中进行相应的格式设置。例如，设置字体为"黑体"，字号为"三号"，选择字体"加粗"，字体颜色为"自动"，如图3—50所示。

（4）可以进行单击"格式"按钮进行更多格式的设置。也可以通过选择"添加到快速样式列表"复选框将创建的样式添加到快速样式列表中。

（5）单击"确定"按钮。

3. 样式的修改

在编辑文档时，已有的样式不一定能完全满足要求，需要在原有的样式基础上进行修改，使其符合要求。操作步骤如下：

（1）在"开始"选项卡下的"样式"组的展开按钮，在弹出的"样式"下拉式列表中单击"管理样式"按钮，弹出"管理样式"对话框，单击其中的"修改"按钮，弹出"修改样式"对话框，如图3—51所示。

（2）在"修改样式"对话框中进行相应的设置，设置方法可参照"新建样式"。

（3）单击"确定"按钮。

4. 删除样式

操作步骤如下：

（1）在"管理样式"对话框中的"选择要编辑的样式"列表中选中要删除的样式。

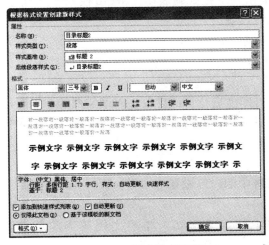

图3—50　新建样式案例

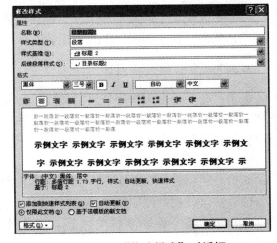

图3—51　"修改样式"对话框

（2）单击"删除"按钮，弹出确认是否删除的对话框。

（3）单击"是"按钮，完成删除操作。

3.3.6　模板的使用

模板是一种预先设置好的特殊文档。使用模板创建文档时，由于模板内的格式都已确定，用户只需输入自己的信息就可以了。因此使用模板不仅可以节省格式化编排的时间，还能够保持文档格式的一致性。

Word 2010 提供了多种不同功能的模板。实际上，前面创建的空白文档，也是 Word 2010 提供的一种称为"普通（Normal）"的模板。与其他模板不同的是，在这个模板中未预先定义任何格式。

1. 模板的新建

在 Word 2010 创建模板，可以根据原有模板创建新模板，也可以根据原有文档创建模板。

模板的新建操作步骤如下：

（1）打开 Word 2010 文档窗口，在当前文档中设计自定义模板所需要的元素，如文本、图片、样式等。

（2）完成模板的设计后，在"快速访问工具栏"单击"保存"按钮。在打开的"另存为"对话框中，在"保存位置"中选择"C：\ Documents and Settings \ Administrator \ Application Data \ Microsoft \ Templates"文件夹。

（3）单击"保存类型"下三角按钮，并在下拉式列表中选择"Word 模板"选项。

（4）"文件名"文本框中输入模板名称。

（5）单击"保存"按钮。

2. 模板的修改

模板创建完成后，可以随时对其中的设置内容进行修改。修改模板操作步骤如下：

（1）单击"文件"选项卡的"打开"命令，然后找到并打开要修改的模板。如果"打开"对话框中没有列出任何模板，单击"文件类型"下拉式列表中"Word 模板"选项。

（2）更改模板中的文本和图形、样式、格式等设置。

（3）单击"快速访问"工具栏中的"保存"按钮。

3.3.7　页面设置和打印

为了打印一份令人赏心悦目的文档，必须在打印前进行页面设置，以使文档的布局更加合理，同时为了突出文档的特征，有必要进行页眉和页脚的插入，而且在打印前充分利用打印设置和打印预览等功能。

1. 分栏排版

所谓分栏就是将 Word 2010 文档全部页面或选中的内容设置为多栏，Word 2010 提供多种分栏方法。分栏的创建操作步骤如下：

（1）选中需要设置分栏的内容，如果不选中特定文本则为整篇文档或当前节设置分栏。

（2）在"页面布局"选项卡的"页面设置"组中单击"分栏"按钮，在展开的"分栏"下拉式列表（如图 3—52 所示）中选择所需的分栏类型，如一栏、两栏等。

图 3—53 所示的是文档利用"分栏"按钮建立两栏的效果图。

2. 分隔符的设置

分页符、分节符、换行符和分栏符统称为分隔符。分隔符与制表符、大纲符号、段落标记等称为编辑标记。分页符始终在普通视图和页面视图中显示，若看不到编辑标记，单击

"常用"工具栏"显示/隐藏编辑标记"按钮。

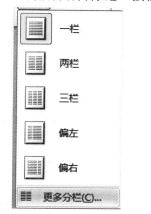

图 3—52　"分栏"按钮下拉式列表

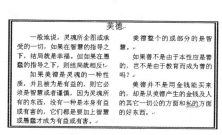

图 3—53　两栏效果图

（1）分页符的插入。操作步骤如下：

①单击要开始新页的位置。

②在"插入"选项卡下的"页"组中，单击"分页"按钮。将光标移至要删除的分页符前，按 Delete 键。

（2）分节符。可以将文档分为若干节，对每一节分别进行页面格式设置。

①分节符的插入。操作步骤如下：

a. 将光标放在要分页的位置，单击鼠标，确定插入点位置。

b. 在"页面布局"选项卡下的"页面设置"组中，单击"分隔符"按钮，弹出下拉式列表，如图 3—54 所示。

c. 单击要使用的分节符类型。

选中"下一页"：插入一个分节符，并在下一页上开始新节。

选中"连续"：插入一个分节符，新节从同一页开始。

选中"奇数页"：插入一个分节符，新节从奇数页开始。

选中"偶数页"：插入一个分节符，新节从偶数页开始。

②分节符的删除。操作步骤如下：

a. 单击"草稿"视图，以便可以看到双虚线分节符。

b. 选择要删除的分节符。

c. 按 Delete 键。

3. 页眉和页脚

页眉和页脚分别位于文档页面的顶部和底部。在页眉和页脚中，可以插入页码、日期、图片、文档标题和文件名，也可以输入其他信息。双击已有的页眉和页脚，可激活页眉和页脚。

（1）页眉和页脚的添加。操作步骤如下：

①单击"插入"选项卡，在"页眉和页脚"组中单击"页眉"或"页脚"按钮。

②在打开的"页眉"或"页脚"下拉式列表中，单击"编辑

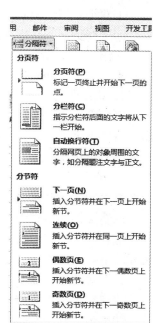

图 3—54　"分隔符"
按钮下拉式列表

页眉"或"编辑页脚"按钮，自动进入"页眉"或"页脚"编辑区域，系统自动切换到了"页眉和页脚工具—设计"选项卡（如图3—55所示）。

③在"页眉"或"页脚"编辑区域内输入文本内容，还可以在打开的"设计"选项卡中选择插入页码、日期和时间等对象。

④单击"关闭页眉和页脚"按钮。

（2）奇偶页上不同页眉和页脚的添加。操作步骤如下：

①双击页眉区域或页脚区域（靠近页面顶部或页面底部），打开"页眉和页脚工具—设计"选项卡。

②在"页眉和页脚工具"选项卡的"选项"组中，选中"奇偶页不同"复选框，如图3—56所示。

③在其中一个奇数页上，添加要在奇数页上显示的页眉、页脚或页码编号。

④在其中一个偶数页上，添加要在偶数页上显示的页眉、页脚或页码编号。

图3—55　页眉和页脚工具选项工作组

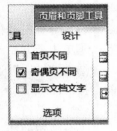

图3—56　设计不同的页面和页脚复选框

（3）删除页眉和页脚。操作步骤如下：

①双击页眉、页脚或页码。

②选择页眉、页脚或页码。

③按 Delete 键。

④在具有不同页眉、页脚或页码的每个分区中重复步骤1～3。

4．页面设置

页面设置主要包括页面大小、方向、页边距、边框效果以及页眉版式等。合理地设置页面，将使整个文档编排清晰、美观。

（1）页边距设置。

页边距是页面四周的空白区，默认页边距符合标准文档的要求。通常，插入的文字和图形在页边距内，某些项目可以伸出页边距。

调整文档的页边距操作步骤如下：

①打开文档，单击"页面布局"选项卡下的"页面设置"组"页边距"下三角按钮，在展开的下拉式列表中，选择一种页边距样式，也可以单击"自定义页边距"选项，弹出"页面设置"对话框，如图3—57所示。

②在"页边距"选项卡下，可以对"页边距"、"方向"和"页码范围"等进行设置。

③单击"确定"按钮。

（2）纸张的大小设置。操作步骤如下：

①打开文档，单击"页面布局"选项卡下的"页面设置"组中"纸张大小"下三角按

钮。在展开下拉式列表中，选择一种纸张样式，也可以单击"其他页面大小"选项，弹出"页面设置"对话框，如图3—58所示。

②在"纸张"选项卡下可以对"纸张大小"、"纸张来源"和"打印选项"等进行设置。

③单击"确定"按钮。

（3）文字方向的设置。在文档排版时，有时需要对文字方向进行重新设置。操作步骤如下：

①单击"页面布局"选项卡下的"页面设置"组中"文字方向"下三角按钮。

②在展开的下拉式列表中可选择所需的文字方向或单击"文字方向选项…"按钮，弹出"文字方向—主文档"对话框（如图3—59所示）。

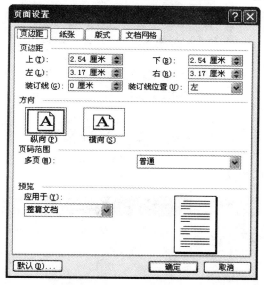

图3—57　"页边距"选项卡

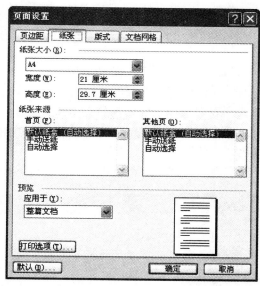

图3—58　"纸张"选项卡

③在打开的对话框中进行相应的文字方向的设置。

④单击"确定"按钮。

5. 页面背景

（1）页面颜色的设置。操作步骤如下：

①打开需要添加背景的Word文档。

②单击"页面布局"选项卡下的"页面背景"组的"页面颜色"下三角按钮，展开下拉式列表。

③在展开"页面颜色"下拉式列表中，选择所需的背景颜色。

④弹出"颜色"对话框，选择所需颜色。

⑤如单击"填充效果"选项，弹出"填充效果"对话框，如图3—60所示。背景主题可以设置成渐变、纹理、图案或图片。

⑥单击"确定"按钮。

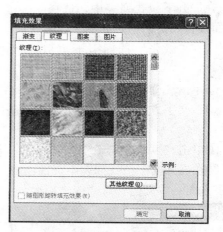

图3—59　"文字方向—主文档"对话框　　图3—60　"填充效果—纹理"选项卡

（2）水印的设置。操作步骤如下：

①单击"页面布局"选项卡下的"页面背景"组中的"水印"下三角按钮，在展开的下拉式列表中选择一种内置的水印效果。

②水印通常用文字作为背景的，若想用图片作为水印背景，选择"自定义水印"选项，弹出"水印"对话框。

③在"水印"对话框中，可以设置图片水印或文字水印，如图3—61所示。

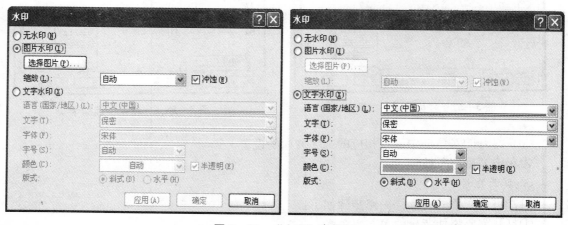

图3—61　"水印"对话框

④取消水印，单击"无水印"按钮。

⑤单击"确定"按钮。

6. 文档打印

文档编辑完成并设置好页面版式后就可以打印，在打印前还应先预览打印的整体效果，如果对效果不满意，可以对文档再次进行修改。操作步骤如下：

（1）打开 Word 2010 文档窗口，单击"文件"选项卡下的"打印"命令，弹出"打印"窗口，如图3—62所示。

（2）在打开的"打印"窗口右侧预览区域可以查看 Word 2010 文档打印预览效果。

（3）单击"打印"按钮。

图3—62　"文件—打印"窗口

3.4　表格的基本操作

在日常的学习和工作中，经常会看到或用到各种各样的表格，如成绩单、课程表、销售统计表等。一般情况下，表格是由许多行和列组成，而这些行和列交叉部分所组成的网格就是单元格。在单元格中输入文字、数据或图形后应形成了一张表格。

图3—63是Word 2010制作的一张学生成绩表。完成这样的表格，涉及知识点有表格的创建、表格数据输入、表格的编辑、表格的格式化等。

计算机科学与工程学院——计算机 2011 级期末成绩

制表人：于老师　　　　　　　　　　　　　　制表时间：2012 年 1 月 16 日

科目　　姓名	高等数学	大学英语	大学物理	计算机工程概论	总分	平均分
李明	76	74	56	89		
高艳艳	83	86	68	56		
张萌	90	95	78	88		
王伟健	65	87	66	82		
宁佳妮	89	67	77	75		
周慧	82	81	88	87		
杨羽凡	57	78	89	64		
丁一	78	45	76	81		
邱枫	92	67	87	72		
苑园	66	86	87	68		
那笑笑	88	67	98	85		

图3—63　表格案例

3.4.1　表格的建立

Word 2010 通过以下四种方法来插入表格：

方法一：使用表格模板插入表格。

方法二：使用"表格"菜单指定需要的行数和列数插入表格。

方法三：使用"插入表格"对话框插入表格。

方法四：手工绘制插入表格。

1. 使用表格模板插入表格

操作步骤如下：

（1）在要插入表格的位置单击。

（2）在"插入"选项卡下的"表格"组中，单击"表格"下三角按钮，在展开的下拉式列表中（如图 3—64 所示）选中"快速表格"，在弹出的右侧菜中，选择所需要的模板。

（3）使用所需的数据替换模板中的数据。

2. 使用"表格"菜单插入表格

操作步骤如下：

（1）在要插入表格的位置单击。

（2）在"插入"选项卡下的"表格"组中，单击"表格"按钮，在展开的下拉式列表中的"插入表格"区域下，拖动鼠标以选择需要的行数和列数（最大为 8 行 10 列）。

3. 使用"插入表格"对话框插入表格

操作步骤如下：

（1）在要插入表格的位置单击。

（2）在"插入"选项卡下的"表格"组中，单击"表格"按钮，在展开的下拉式列表中单击"插入表格"选项，弹出"插入表格"对话框，如图 3—65 所示。

（3）在"插入表格"对话框中，可以对表格尺寸、自定套用格式等进行设置。

（4）单击"确定"按钮。

图 3—64　"表格"下拉式列表

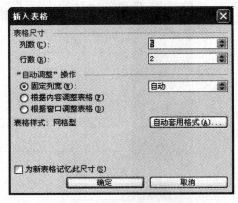

图 3—65　"插入表格"对话框

4. 手工绘制表格

手工绘制表格的操作步骤如下：

（1）在要创建表格的位置单击。

（2）在"插入"选项卡下的"表格"组中，单击"表格"按钮，在展开的下拉式列表中单击"绘制表格"选项。光标会变为铅笔状。

（3）要定义表格的外边界，绘制一个矩形。然后在该矩形内绘制列线和行线。

（4）要擦除一条线或多条线，在"表格工具—设计"选项卡的"绘制边框"组中，如图3—66所示。单击"擦除"按钮，光标会变为橡皮状。

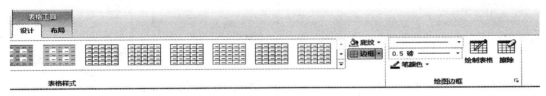

图3—66　"表格工具—设计"选项卡

（5）单击要擦除的线条，删除此线条。

3.4.2　表格的编辑与修改

创建空白表格后，可以据需要对表格中进行编辑与修改。

1. 表格的选定

利用鼠标或键盘可以选定表格中某一单元格、一组单元格、连续一行、连续一列的单元格，选定方法见表3—1所示。

表3—1　　　　　　　　　　　　　选定表格的操作方法

选定区域	鼠标或菜单操作
单元格中所有文字	在单元格的左边缘处（即在单元格的左边框与文字之间）单击鼠标
单元格	移至单元格左下角，当光标变为黑色实心箭头时单击
一组相邻的单元格	选中起始单元格并拖动鼠标
一行	在文档中该行左页边距处单击鼠标，或在快捷菜单中执行"选择→行"命令
多行	在文档左页边距处单击并拖动鼠标
一列	鼠标放在该列的最上方，光标变为向下的实心箭头时单击，或在快捷菜单中执行"选择→列"命令
多列	选中一列后拖动到要选定的各列
整张表格	鼠标放在表格左上角的移动控制手柄处单击，或在快捷菜单中执行"选择→表格"命令

2. 表格的移动与缩放

将鼠标光标指向表格左上角的移动控制手柄上，如图3—67所示。按住鼠标左键并拖动，即可将表格移动到文档的其他位置。将鼠标光标指向表格右下角的表格大小控制柄上，按住鼠标左键并拖动，可缩放表格。

3. 行、列或单元格的删除

删除表格中的文字可以使用在文档中删除文本的方法。如果要删除行、列或单元格，操作步骤如下：

（1）选择要删除的行、列或单元格。

（2）单击鼠标右键，在弹出的快捷菜单中单击"删除行"、"删除列"或"删除单元格"命令。删除单元格时会弹出如图 3—68 所示的"删除单元格"对话框，选择相应方式，单击"确定"按钮。

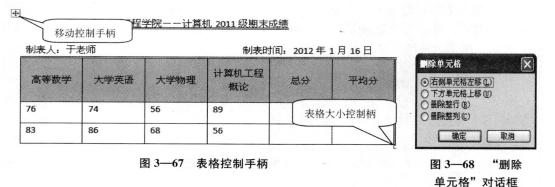

图 3—67　表格控制手柄

图 3—68　"删除单元格"对话框

4. 表格行、列和单元格的插入

可以在表格的任意位置插入行、列或单元格。插入操作可以利用快捷菜单，也可以使用"表格工具—布局"选项卡，如图 3—69 所示。

图 3—69　"表格工具—布局"选项卡

（1）行插入。操作步骤如下：

①在要添加行处的上方或下方的单元格内右键单击。

②在快捷菜单上，指向"插入"，在级联菜单中，单击"在上方插入行"或"在下方插入行"命令。

（2）列插入。操作步骤如下：

①在要添加列处左侧或右侧的单元格内右键单击。

②在快捷菜单中，指向"插入"，在级联菜单中，单击"在左侧插入列"或"在右侧插入列"命令。

（3）单元格插入。操作步骤如下：

①将光标定位到要插入的位置，右键单击。

②在快捷菜单上，指向"插入"，在级联菜单中，单击"插入单元格…"命令，弹出"插入单元格"对话框，如图 3—70 所示，选择相应的方式，单击"确定"按钮。

5. 表格的单元格合并和折分

（1）单元格的合并。单元格的合并是指将相邻的几个单元

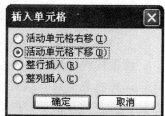

图 3—70　"插入单元格"对话框

格合并成一个单元格。操作步骤如下：

①选定要合并的单元格。

②单击"表格工具—布局"选项卡下的"合并单元格"按钮，或者右键单击，在弹出的快捷菜单中选择"合并单元格"命令。图3—71所示为合并单元格前后的效果。

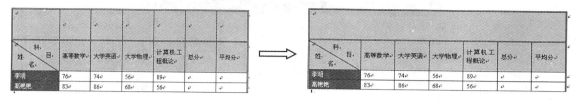

图3—71　合并单元格前后的效果

（2）单元格的拆分。拆分单元格是一个单元格拆分成多个单元格。操作步骤如下：

①选定单元格，右键单击。

②在弹出的快捷菜单中选择"拆分单元格"命令，弹出"拆分单元格"对话框，如图3—72所示。

③在"拆分单元格"对话框中输入需要拆分后的列数与行数，单击"确定"按钮。

（3）表格的拆分。拆分表格是指把一张表格从指定的位置拆分成两张表格。操作步骤如下：将插入点移动到表格的拆分位置上，单击"表格工具—布局"选项的"拆分表格"命令，拆分后表格效果如图3—73所示。

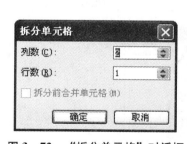

图3—72　"拆分单元格"对话框

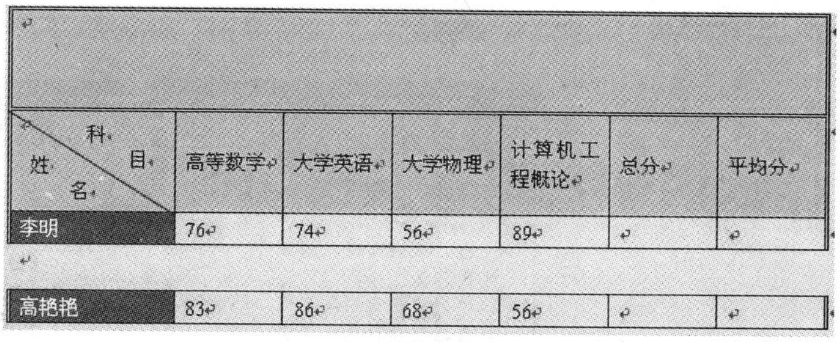

图3—73　表格拆分后效果图

6. 单元格、行、列的移动和复制

在表格的单元格中移动或复制文本，与普通文本的移动或复制基本相同，可以采用使用工具栏的按钮、使用鼠标拖动、使用文件菜单命令等方法。

3.4.3　表格的格式化

为了使表格更加规范和美观，在完成表格的创建后，可以对表格进行格式化的设置，如图3—63所示，涉及知识点包括表格边框与底纹的设置、表格的位置、环绕方式和文本的对齐方式等。

1. 表格边框和底纹的设置

（1）表格边框的设置。

在Word 2010中，不仅可以在"表格工具"选项卡设置表格边框，还可以在"边框和底纹"对话框中设置表格边框。设置表格边框的操作步骤如下：

①在 Word 表格中选中需要设置边框的单元格或整个表格。在"表格工具—设计"选项卡下的"表格样式"组中，单击"边框"下三角按钮，在展开的菜单中选择"边框和底纹"命令，弹出"边框和底纹"对话框，切换到"边框"选项卡，如图 3—74 所示。

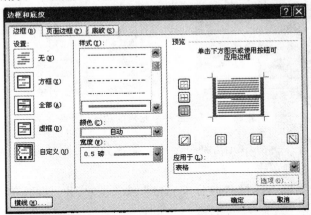

图 3—74 "边框"选项卡

②可以设置"样式"、"颜色"、"宽度"等。

③单击"确定"按钮。

（2）表格底纹的设置。操作步骤如下：

①在"边框和底纹"对话框中，切换到"底纹"选项卡，如图 3—75 所示。

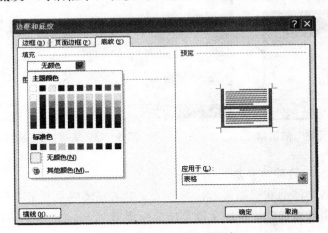

图 3—75 "底纹"选项卡

②分别在"填充"、"图案"的下拉式列表中进行底纹的颜色和图案的设置。

③单击"确定"按钮。

2. 套用表格样式

表格样式是一组事先设置了表格边框、底纹、对齐方式等格式的表格模板，Word 2010 中提供了多种适用于不同用途的表格样式。

用户单击表格中的任意单元格，在"表格工具—设计"选项卡中，将鼠标指向"表格样式"组中的表格样式列表，选择表格样式。

3. 表格的单元格文本对齐方式和表格对齐方式

（1）表格的文字对齐。

在 Word 2010 表格中，用户主要可以通过三种方法设置单元格中文本的对齐方式。例如，在"表格工具"功能区设置、在"表格属性"对话框中设置和在快捷菜单中设置。

①利用"表格工具"功能区设置对齐方式。操作步骤如下：

a. 打开 Word 2010 文档窗口，在 Word 表格中选中需要设置对齐方式的单元格或整张表格。

b. 在"表格工具"功能区中切换到"布局"选项卡，然后在"对齐方式"组中选择所需的对齐方式，如"靠上两端对齐"、"靠上居中对齐"、"靠上右对齐"、"中部两端对齐"、"水平居中"、"中部右对齐"、"靠下两端对齐"、"靠下居中对齐"和"靠下右对齐"对齐方式，如图 3—76 所示。

②利用"表格属性"对话框设置对齐方式。操作步骤如下：

a. 打开 Word 2010 文档窗口，在 Word 表格中选中需要设置对齐方式的单元格或整张表格。

b. 在"表格工具"功能区中切换到"布局"选项卡，在"表"组中单击"属性"按钮（如图 3—77 所示），弹出"表格属性"对话框。在打开的"表格属性"对话框中单击"单元格"选项卡，然后在"垂直对齐方式"区域选择合适的垂直对齐方式，并单击"确定"按钮。

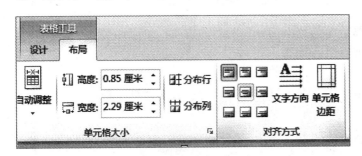

图 3—76　"布局"选项卡

图 3—77　"表格工具—布局—表"组

③利用快捷菜单设置对齐方式。操作步骤如下：

a. 打开 Word 2010 文档窗口，在 Word 表格中选中需要设置对齐方式的单元格或整张表格。

b. 右键单击被选中的单元格或整张表格，在弹出的快捷菜单中指向"单元格对齐方式"选项，并在弹出的下一级菜单中选择合适的单元格对齐方式。

（2）表格对齐方式。

在 Word 2010 文档中，用户可以为表格设置相对于页面的对齐方式，如左对齐、居中、右对齐。操作步骤如下：

①单击 Word 表格中的任意单元格。在"表格工具"功能区切换到"布局"选项卡，并在"表"组中单击"属性"按钮，弹出"表格属性"对话框，如图 3—78 所示。

②在"表格属性"对话框中，单击"表格"选项卡，在"对齐方式"区域中，选择所需的对齐方式选项，如"左对齐"、"居中"或"右对齐"选项。如果选择"左对齐"选项，并

将文字环绕设为"无"选项，可以设置"左缩进"数值（与段落缩进的作用相同），如图3—79所示。

图3—78 "表格属性—单元格"选项卡

图3—79 "表格属性—表格"选项卡

③单击"确定"按钮，

3.4.4 表格的处理

在表格制作的案例中，其中"总分"与"平均分"两列的内容，可以通过计算求得，还可以对表格中的数据按一定的条件加以重新排序。

1. 表格的计算

使用"公式"对话框可以对表格中的数据进行多种运算，如数学运算、统计运算、条件运算等。

利用公式求得案例表格中每个人的平均分，操作步骤如下：

（1）将光标定位在"平均分"下的第一个单元格（即G3单元格）。

（2）切换到"表格工具"功能区的"页面布局"选项卡下，单击"数据"组的"fx公式"命令，弹出"公式"对话框。

（3）在"公式"对话框的"公式"文本框中输入"＝AVERAGE（B3：E3）"，或者在"粘贴函数"下拉式列表框中选择"AVERAGE"，在"AVERAGE"后的括号中填入"b3：e3"，如图3—80所示。

（4）单击"确定"按钮。

其他行的"平均分"同样按以上方法计算。图3—81为表格案例已求得总分和平均分的效果图。

2. 表格的数据排序

表格排序案例制作操作步骤如下：

（1）选择案例表格第2行到第13行。

（2）在"表格工具"功能区切换到"布局"选项卡，并单击"数据"组中的"排序"按钮，弹出"排序"对话框。

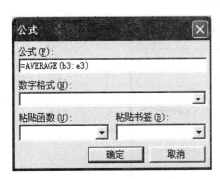

图 3—80 "公式"对话框

图 3—81 表格案例效果图

（3）在"排序"对话框的"列表"选项区域中选择"有标题行"单选按钮，在"主要关键字"下拉式列表中选择排序的依据"总分"，在"类型"下拉式列表框中选择用于指定排序依据的值的类型"数字"，再选择"降序"单选按钮。

（4）如果"总分"相同，按"高等数学"的数值降序排列，在"次要关键字"的下拉式列表框中选择"高等数学"，"类型"选择"数字"，单击"降序"单选按钮，如图 3—82 所示。

（5）单击"确定"按钮。排序效果如图 3—83 所示。

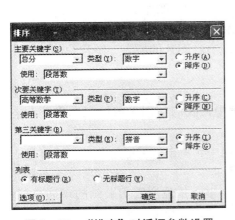

图 3—82 "排序"对话框参数设置

图 3—83 排序后表格案例

3.4.5 由表生成图

由表格中的数据生成图表的操作步骤如下：

（1）切换到"插入"功能区。在"插图"组中单击"图表"按钮。

（2）打开"插入图表"对话框，在左侧的图表类型列表中选择需要创建的图表类型，在右侧的图表子类型列表中选择合适的图表，并单击"确定"按钮。

（3）在并排打开的 Word 窗口和 Excel 窗口中，用户首先需要在 Excel 窗口中编辑图表数据。例如，修改系列名称和类别名称，并编辑具体数值。在编辑 Excel 表格数据的同时，Word 窗口中将同步显示图表结果。

（4）完成 Excel 表格数据的编辑后关闭 Excel 窗口，在 Word 窗口中可以看到创建完成的图表，如图 3—84 所示。

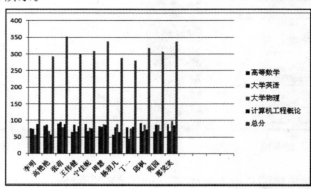

图 3—84　由案例表格生成的图表

3.5　图文混排

3.5.1　图片的使用

Word 2010 不仅有强大的文字和表格处理功能，同时也具有强大的图形处理功能。Word 2010 可以将其他软件的图形、数据等插入到 Word 2010 文档内，制作图文并茂的文档。

图 3—85 是"杂志封面"案例的进一步的加以美化的效果图。

制作带有图片背景的"杂志封面"文档，涉及知识有：图片的插入、图片的编辑、图片位置及图片格式设置。

1. 剪贴画的插入

Word 2010 提供了内容丰富的剪贴画库。在案例中，我们使用了剪贴画制作"杂志封面"案例。

（1）插入剪贴画：在"插入"功能区的"插图"组中，单击"剪贴画"按钮，屏幕右侧出现了"剪贴画"任务窗格，如图 3—86 所示。

（2）在"剪贴画"任务窗格的"搜索"文本框中，键入描述所需剪贴画的单词或词组，或键入剪贴画文件的全部或部分文件名。

（3）若要修改搜索范围，执行下列两项操作或其中之一：

方法一：若要将搜索范围扩展为包括 Web 上的剪贴画，单击"包括 Office.com 内容"复选框。

方法二：若要将搜索结果限制于特定媒体类型，单击"结果类型"框中的箭头，并选中"插图"、"照片"、"视频"或"音频"旁边的复选框。

（4）单击"搜索"，如图 3—87 所示。在"搜索文字"的文本框中输入"自然"的搜索结果。

图 3—85 "杂志封面"案例美化后效果图

图 3—86 "剪贴画"任务窗格

（5）在结果列表中，单击所选剪贴画将其插入。

2. 来自文件图片的插入

文档中不仅使用插入剪贴画，还可以插入其他程序所创建的图片文件。操作步骤如下：

（1）将插入点定位在要插入图片的位置。

（2）在"插入"功能区的"插图"组中，单击"图片"按钮，弹出"插入图片"对话框，如图 3—88 所示。

图 3—87 "剪贴画"插入

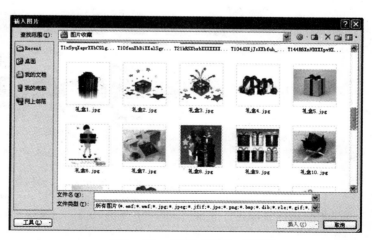

图 3—88 "插入图片"对话框

（3）在"插入图片"对话框中的"查找范围"下拉式列表框中，选择图片文件所在的位置，在"文件类型"下拉式列表框中，选择插入图片文件类型。

（4）单击要插入文档的图片名称。

（5）单击"插入"按钮。

3. 图片的编辑

在文档中插入图片后，根据需要对图片进行编辑，如图片大小、位置、环绕方式、裁剪图片等。编辑图片使用"图片工具格式"功能区的"调整"、"图片样式"、"排列"和"大小"组进行修改，如图 3—89 所示。

图 3—89 "图片工具—格式"选项卡

（1）更改图片颜色、透明度或对图片重新着色。

可以调整图片的颜色浓度和色调、对图片重新着色或者更改图片中某个颜色的透明度，可以将多个颜色效果应用于图片。

①图片颜色浓度的更改。操作步骤如下：

a. 单击要更改颜色浓度的图片。

b. 在"图片工具"功能区的"格式"选项卡下的"调整"组中，单击"颜色"按钮。弹出下拉式列表，如图 3—90 所示。

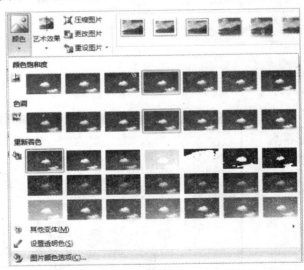

图 3—90 "颜色"下拉式列表

c. 若要选择其中一个最常用的"颜色饱和度"调整，单击"预设"按钮，单击所需的缩略图。

d. 若要微调浓度，单击"图片颜色选项"按钮。

②图片色调的更改。操作步骤如下：

a. 单击要为其更改色调的图片。

b. 在"图片工具"功能区的"格式"选项卡下的"调整"组中，单击"颜色"按钮。

c. 若要选择其中一个最常用的"色调"调整，单击"预设"按钮，单击所需的缩略图。

d. 若要微调浓度，单击"图片颜色选项"按钮。

③图片的重新着色。可以将一种内置的风格效果（如灰度或褐色色调）快速应用于图片。操作步骤如下：

a. 单击要重新着色的图片。

b. 在"图片工具"功能区中的"格式"选项卡下的"调整"组中，单击"颜色"按钮。

c. 若要选择其中一个最常用的"重新着色"调整，单击"预设"按钮，单击所需的缩略图。

d. 若要使用更多的颜色，包括主题颜色的变体、"标准"选项卡下的颜色或自定义颜色，单击"其他变体"按钮。

④颜色透明度的更改。操作步骤如下：

a. 单击要创建透明区域的图片。

b. 在"图片工具"功能区的"格式"选项卡下的"调整"组中，单击"颜色"按钮。

c. 单击"设置透明色"按钮，然后单击图片或图像中要使之变透明的颜色。

⑤图片效果的添加或更改。操作步骤如下：

a. 单击要添加效果的图片。

b. 在"图片工具"功能区的"格式"选项卡下的"图片样式"组中，单击"图片效果"按钮，弹出下拉式列表，如图3—91所示。

c. 根据需要，可选择"阴影"、"映像"、"发光"、"柔化边缘"、"棱台"、"三维旋转"等效果的缩略图。

⑥图片亮度和对比度的更改。操作步骤如下：

a. 单击要更改亮度的图片。

b. 在"图片工具"功能区的"格式"选项卡下的"调整"组中，单击"更正"按钮。弹出"更正"下拉式列表，如图3—92所示。

c. 在"亮度和对比度"下区域中，单击所需的缩略图。

⑦将艺术效果应用于图片。操作步骤如下：

a. 单击要应用艺术效果的图片。

b. 在"图片工具"功能区的"格式"选项卡下的"调整"组中，单击"艺术效果"下三角按钮。弹出"艺术效果"下拉式列表，如图3—93所示。

c. 单击所需的艺术效果。

⑧图片的裁剪。操作步骤如下：

a. 选择要裁剪的图片。

b. 在"图片工具"功能区的"格式"选项卡下的"大小"组中，单击"裁剪"按钮。

c. 执行下列操作之一：

方法一：若要裁剪某一侧，将该侧的中心裁剪控点向里拖动。

方法二：若要同时均匀地裁剪两侧，在按住 Ctrl 键的同时将任一侧的中心裁剪控点向里拖动。

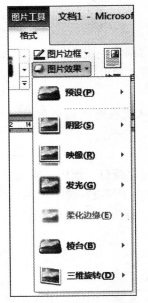

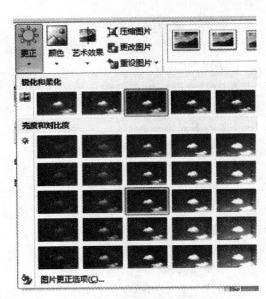

图3—91 "图片效果"下拉式列表　　　　图3—92 "更正"下拉式列表

方法三：若要同时均匀地裁剪全部四侧，在按住 Ctrl 键的同时将一个角部裁剪控点向里拖动。

方法四：若要放置裁剪，移动裁剪区域（通过拖动裁剪方框的边缘）或图片。

d. 按 Esc 键，完成裁剪。

⑨文字环绕方式的设置。操作步骤如下：

a. 选中图片。

b. 在"图片工具"功能区的"格式"选项卡的"排列"组中，单击"位置"按钮，在弹出菜单中单击"其他布局选项"命令，弹出"布局"对话框。

c. 在"布局"对话框中切换到"文字环绕"选项卡，如图 3—94 所示。在"环绕方式"区域是选中所需文字环绕方式（如"嵌入型"）。

d. 单击"确定"按钮。

如果用户希望在 Word 2010 文档中设置更丰富的文字环绕方式，可以在"排列"组中单击"自动换行"按钮，在弹出的菜单中选择合适的文字环绕方式。

在案例中，将插入的剪贴画的"文字环绕"设置为"衬于文字下方"，作为文档的背景。

⑩图片大小和位置的设置。

方法一：选中图片，将鼠标指针移到图片对角上的某个控制点上。当鼠标指针变化为双向箭头形状"↗"或"↘"时，拖动控制点，然后根据缩放图片虚线框的大小，在适当的位置松开鼠标。如果移动图片，选中图片，当指针变化为"十"形状时，拖动鼠标，也可以按住 Alt 键进行微调。

方法二：在"格式"功能区指定自选图形尺寸。

如果对 Word 2010 自选图形的尺寸有精确要求，可以指定自选图形的尺寸。选中自选图形，在自动打开的"绘图工具/格式"功能区中，设置"大小"组中的高度和宽度数值即可。

方法三：在"布局"对话框指定自选图形尺寸。操作步骤如下：

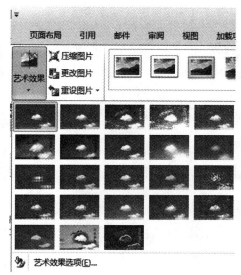

图 3—93 "艺术效果"下拉式列表　　　　　　　图 3—94 "布局"对话框

a. 右键单击自选图形，在弹出的快捷菜单中选择"其他布局选项"命令，弹出"布局"对话框。

b. 在"布局"对话框中，切换到"大小"选项卡。在"高度"和"宽度"区域分别设置绝对值数值。

c. 单击"确定"按钮。

用户还可以利用"设置图片格式"对话框，对图片进行相应的设置。操作步骤如下：

a. 选中图片。

b. 右键单击，在快捷菜单中选择"设置图片格式"命令，弹出"设置图片格式"对话框，如图 3—95 所示。

c. 根据所需，单击所对应的选项卡，完成各项设置。

图 3—96 所示的是一个"多媒体技术培训中心优秀学生"印章的案例，完成印章案例制作，涉及知识点有文本框、艺术字的使用及图形的绘制操作。

图 3—95 "设置图片格式"对话框　　　　图 3—96 印章案例

3.5.2　文本框的使用

通过使用文本框，用户可以将 Word 文本很方便地放置到 Word 2010 文档页面的指定位置，而不必受到段落格式、页面设置等因素的影响。Word 2010 内置有多种样式的文本框供用户选择使用。

1. 文本框的插入

操作步骤如下：

（1）在"插入"功能区的"文本"组中，单击"文本框"命令。

（2）在弹出的内置文本框面板中选择合适的文本框类型，如图 3—97 所示。

（3）在插入的文本框的编辑区内，输入内容。

2. 文本框格式的设置

（1）尺寸的改变。单击文本框，移动鼠标到边框线上任意位置尺寸控制点，光标变为双箭头光标，按住鼠标左键拖拽，至所需大小即可。

（2）边框的改变。操作步骤如下：

①单击选中文本框。

②在"格式"功能区中的"形状样式"组中，单击"形状轮廓"下三角按钮，弹出"形状轮廓"下拉式列表，如图 3—97 所示。

③在"主题颜色"和"标准色"区域中设置文本框的边框颜色；选择"无轮廓"命令可以取消文本框的边框；将鼠标指向"粗细"选项，在弹出的下一级菜单中可以选择文本框的边框宽度；将鼠标指向"虚线"选项，在弹出的下一级菜单中可以选择文本框虚线边框形状。

（3）背景的设置。操作步骤如下：

①选中文本框。

②在"绘图工具—格式"功能区中的"形状样式"组中，单击"形状填充"下三角按钮，弹出"形状填充"下拉式列表，如图 3—98 所示。

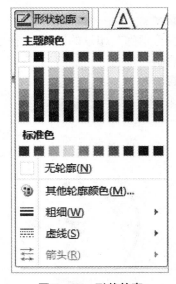

图 3—97　形状轮廓

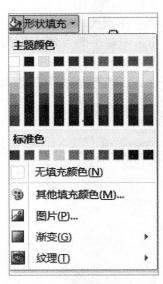

图 3—98　形状填充

③在"主题颜色"和"标准色"区域可以设置文本框的填充颜色；单击"其他填充颜色"按钮，在弹出的"颜色"对话框中选择更多的填充颜色。

④如果希望为文本框填充渐变颜色，在"形状填充"下拉式列表中，将鼠标指向"渐变"选项，并在弹出的下一级菜单中选择"其他渐变"命令。在弹出的"设置形状格式"对话框中，并自动切换到"填充"选项卡。选中"渐变填充"单选按钮，用户可以选择"预设颜色"、"渐变类型"、"渐变方向"和"渐变角度"，并且用户还可以自定义渐变颜色。设置完毕单击"关闭"按钮。"填充"选项卡如图 3—99 所示。

图 3—99 "填充"选项卡

⑤文本框设置纹理填充，可以在"填充"选项卡中选中"图片或纹理填充"单选按钮，如图 3—100 所示 。选择纹理填充，单击"纹理"下拉三角按钮，在纹理列表中选择合适的纹理。

图 3—100 设置纹理填充

⑥在"填充"选项卡中选中"图片或纹理填充"单选按钮，单击"文件"按钮。选中合适的图片，返回"填充"选项卡。

⑦在"填充"选项卡中选中"图案填充"单选按钮，选中图案样式。设置前景色和背景色。

⑧单击"关闭"按钮。

3. 文本框文字环绕方式的设置

文字环绕方式就是指 Word 2010 文档文本框周围的文字以何种方式环绕文本框，默认设置为"浮于文字上方"环绕方式。用户可以根据 Word 2010 文档版式需要设置文本框文字环绕方式。操作步骤如下：

（1）选中文本框，在"文本框工具—格式"功能区的"排列"组中，单击"位置"按钮。

（2）在打开的位置列表中提供了嵌入型和多种位置的四周型文字环绕方式，如果这些文字环绕方式不能满足用户的需要，单击"其他布局选项"命令，弹出"布局"对话框。

（3）在"布局"对话框中，切换到"文字环绕"选项卡，可以看到 Word 2010 提供了"四周型"、"紧密型"、"衬于文字下方"、"浮于文字上方"、"上下型"、"穿越型"等多种文字环绕方式，选择合适的环绕方式。

（4）单击"确定"按钮。

在图 3—96 所示的案例中，创建文本框，输入"优秀学生"，设置字体为"华文行楷"、字号为"四号"、颜色为"红色"，在"线条"栏下的"颜色"下拉式列表框中选择"无"。

3.5.3 艺术字的使用

Office 中的艺术字（英文名称为 WordArt）结合了文本和图形的特点，能够使文本具有图形的某些属性，如设置旋转、三维、映像等效果，在 Word、Excel、PowerPoint 等 Office 组件中都可以使用艺术字功能。

1. 艺术字的插入

操作步骤如下：

（1）将插入点移动到准备插入艺术字的位置。在"插入"功能区中，单击"文本"组中的"艺术字"下三角按钮，在打开的艺术字预设样式列表中选择合适的艺术字样式，如图 3—101 所示。

图 3—101 插入"艺术字"样式及艺术字编辑框

（2）打开艺术字文字编辑框，直接输入艺术字文本即可。用户可以对输入的艺术字分别设置字体和字号。

设计图 3—96 印章案例，在"插入"功能区中，单击"文本"组中的"艺术字"下三角按钮，在打开的艺术字预设样式列表中选择第 5 行第 3 列艺术字样式，在弹出"艺术字编辑"框输入"多媒体技术培训中心"。字体为"华文新魏"，字号为"16"号。

2．艺术字编辑

（1）艺术字形状的设置。

Word 2010 提供的多种艺术字形状，可以在 Word 2010 文档中实现丰富多彩的艺术字效果，如三角形、V 形、弧形、圆形、波形、梯形等。操作步骤如下：

①单击需要设置形状的艺术字，使其处于编辑状态。

②在"绘图工具—格式"功能区中，单击"艺术字样式"组中的"文本效果"下三角按钮。

③在打开的文本效果列表中，指向"转换"选项，在弹出的艺术字形状列表中选择需要的形状。当鼠标指向某一种形状时，Word 文档中的艺术字将即时呈现实际效果，如图 3—102 所示。

在图 3—96 案例制作中，选定艺术字，单击"绘图工具—格式"功能区中，单击"艺术字样式"组中的"文本效果"下三角按钮。打开文本效果列表，指向"转换"选项，在打开的艺术字形状列表中选择"上弯弧"形状。效果如图 3—103 所示。

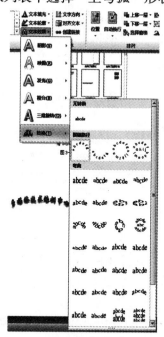

图 3—102　"艺术字"形状转换下拉式列表　　　图 3—103　案例艺术字效果图

（2）艺术字文字环绕的设置。

因为艺术字具有图片和图形的很多属性，所以可以为艺术字设置文字环绕方式。默认情况下，Word 2010 中的艺术字文字环绕为"浮于文字上方"方式。操作步骤如下：

①选中需要设置文字环绕方式的艺术字。

②在"绘图工具—格式"功能区中，单击"排列"组中的"位置"下三角按钮。

③在打开的位置列表中，用户可以选择"嵌入文本行中"选项，使艺术字作为 Word 文档文本的一部分参与排版，也可以选择"文字环绕"组中的一种环绕方式，使其作为一个独立的对象参与排版。在位置列表中显示的文字环绕只有"嵌入型"和"四周型"两种方式，如果用户还有更高的版式要求，则可以在"位置"列表中单击"其他布局选项"命令，以进行更高级的设置。

④打开"布局"对话框，切换到"文字环绕"选项卡。在"环绕方式"区域显示出"嵌入型"、"四周型"、"紧密性"、"穿越型"、"上下型"、"衬于文字下方"和"衬于文字上方"等 Word 2010 文档支持的几种环绕方式。其中"四周型"、"紧密性"、"穿越型"、"上下型"这四种环绕方式可以分别设置自动换行方式和与正文之间的距离，选择合适的文字环绕方式。

⑤单击"确定"按钮。

（3）艺术字背景的设置。

艺术字的背景设置可参照"文本框"的背景设置，可以设为纯色、渐变、图片或纹理、图形等各种背景填充效果。

3.5.4　绘制自选图形

Word 2010 中的自选图形是指用户自行绘制的线条和形状，还可以直接使用 Word 2010 提供的线条、箭头、流程图、星星等形状组合成更加复杂的形状。

1. 自选图形的绘制

操作步骤如下：

（1）在"插入"的"插图"组中，单击"形状"下三角按钮，在打开的形状面板中单击需要绘制的形状。

（2）将鼠标指针移动到文档的相应位置，按下左键拖动鼠标即可绘制相应图形。如果在释放鼠标左键以前按下 Shift 键，则可以成比例绘制形状；如果按住 Ctrl 键，则可以在两个相反方向同时改变形状大小。将图形大小调整至合适大小后，释放鼠标左键完成自选图形的绘制。

2. 自选图形的编辑

（1）自选图形中文字的添加。

单击选取绘制的自选图形，在该图形内右键单击，在弹出的快捷菜单中，单击"添加文字"命令，将在自选图形中出现一个插入点，输入需要添加的文字。

（2）自选图形的自由旋转。

单击选取需要旋转的自选图形，用鼠标指向图形中的绿色旋转控制点，鼠标指针变成 形状，按住鼠标左键并拖动，将以图形中央为中心进行旋转。旋转效果如图 3—104 所示。

（3）自选图形 90°旋转。

如果进行 90°旋转，则可以在"绘图工具—格式"功能区进行设置。选中自选图形，在自动打开的"绘图工具—格式"功能区，单击"排列"组中的"旋转按钮"，在打开的菜单中选择"向右旋转 90°"或"向左旋转 90°"命令。

图形向左旋转 90°效果如图 3—105 所示。

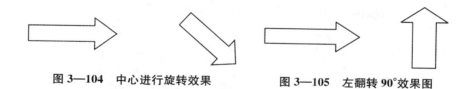

图 3—104　中心进行旋转效果　　　　图 3—105　左翻转 90°效果图

（4）自选图形的精确旋转。

如果需要精确旋转自选图形，则可以在"布局"对话框中指定旋转角度。操作步骤如下：

①右键单击自选图形，在弹出的快捷菜单中单击"其他布局选项"命令，弹出"布局"对话框，如图 3—106 所示。

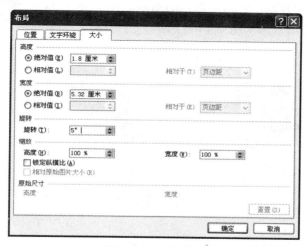

图 3—106　自选图形

②在"布局"对话框中，切换到"大小"选项卡，在"旋转"区域设置旋转角度。

③单击"确定"按钮。

（5）多个图形的叠放次序。

在 Word 2010 中插入或绘制多个对象时，用户可以设置对象的叠放次序，以决定哪个对象在上层，哪个对象在下层。操作步骤如下：

①选择要叠放的对象。

②在"绘图工具—格式"功能区的"排列"组中，选择相应的操作。

"上移一层"：可以将对象上移一层。

"置于顶层"：可以将对象置于最前面。

"浮于文字之上"：可以将对象置于文字的前面，挡住文字。

"下移一层"：可以将对象下移一层。

"置于底层"：可以将对象置于最后面，很可能会被前面的对象挡住。

"浮于文字之下"：可以将对象置于文字的后面。

还可以利用快捷菜单来进行设置，即右键单击已选中的文本，并选择"上移一层"或

"下移一层"，然后再选择相应的子菜单。叠放效果如图 3—107 所示。

图 3—107　图形叠放效果图

（6）多个图形的组合。

将多个图形组合成一个图形，以便进行统一设置或编辑操作操作。操作步骤如下：组合时先按住 Shift 键，然后依次单击需要组合的图形，再单击右键，在弹出的快捷菜单中，执行"组合"命令。组合后效果如图 3—108 所示。

图 3—108　图形组合效果图

（7）印章案例的制作。

图 3—96 所示的印章案例的制作操作步骤如下：

①单击"插入"功能区的"插图"组中的"形状"按钮，并在打开的形状列表中单击"基本形状"下"椭圆"图形。按住 Shift 键，同时在文档编辑处按住鼠标左键，绘制出一个圆形。

②选中图形，单击鼠标右键，在弹出的快捷菜单中，执行"设置形状格式"命令，弹出"设置形状格式"对话框，单击"填充"选项卡，选择"无填充"。

③单击"线条颜色"选项，选择"实线"单选按钮，在"颜色"下拉式列表中选择"红色"；单击"线型"选项，选择"复合类型"下的"双线"型，"宽度"设为"3 磅"，效果如图 3—109 所示。

④单击"星与旗帜"下的"五角星"。

⑤将鼠标光标移到红色圆形中心的位置，按住 Shift＋Ctrl 快捷键，按住鼠标左键，画出正五角星图形。

⑥选中五角星图形，将其宽度和高度均设为 1.41 厘米，将线条颜色和填充颜色均设成红色，效果如图 3—110 所示。

图 3—109　双线圆形效果图　　　图 3—110　效果图 1

⑦先选中五角星图形，按住 Shift 键，单击红色圆形，在选中的图形上单击鼠标右键，在弹出的快捷菜单中，执行"组合"命令。

⑧将创建的艺术字"多媒体技术培训中心"拖动到圆形和五角星组合图形的相应位置，将光标置于艺术字左下角的黄色菱形控制块上，按住鼠标左键向下拖动，此时艺术字呈现出一条弧线的状态，向下拖动可以改变弧线的长度，使艺术字沿圆形增长，如图 3—111 所示。

⑨将创建的文本框"优秀学生"，拖动五角星的下方，效果如图 3—112 所示。

⑩选定所有图形，右键单击，在快捷菜单中执行"组合"命令。

图 3—111　效果图 2　　　　图 3—112　最终效果图

3.5.5　公式编辑器的使用

在文档的编辑中，经常会遇到一些数学公式或化学公式，运用基本的编辑方法已无法完成。Word 2010 提供了"公式编辑器"，通过公式编辑器，用户可以像输入文字一样完成繁琐的公式编辑。

Word 2010 访问公式的方法进行了大的修改。要访问公式功能，单击"插入"功能区中"公式"工具右侧的箭头。"公式"按钮有两种用法：一是单击"公式"按钮，会直接转到"公式设计"模式，单击箭头会显示"公式库"和其他选项。二是单击"插入新公式"选项，也会转到"公式设计"模式。

1. 公式的插入

若要编写公式，可使用 Unicode 字符代码和"数学自动更正"项将文本替换为符号。在键入公式时，Word 可以将该公式自动转换为具有专业格式的公式。操作步骤如下：

①在"插入"功能区的"符号"组中，单击"公式"下三角按钮，弹出下拉式列表，如图3—113所示。

②在下拉式列表中的"内置"区域找到所需公式，直接单击。公式插入完成以后，功能区中将会随机打开"公式工具—设计"功能区，如图3—114所示。用户可以根据需求来选择相应的符号类型。

③建立新公式，单击下拉式列表中的"插入新公式"按钮，进入公式设计模式。

④在打开的"公式工具—设计"功能区中选择所需符号输入。

2. 公式的显示方式

Word 2010提供了两种方法来显示公式："专业型"和"线型"，Word默认为专业型，如图3—115所示。

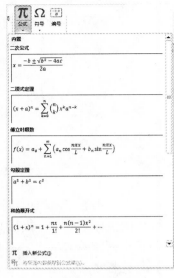

图3—113 公式

图3—114 "公式工具—设计"功能区

3. 案例制作

在Word 2010中编辑如图3—116所示公式。操作步骤如下：

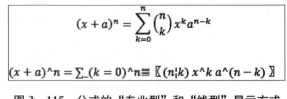

图3—115 公式的"专业型"和"线型"显示方式

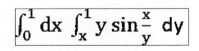

图3—116 公式案例

（1）在"插入"功能区的"符号"组中，单击"公式"下三角按钮，在弹出的下拉式列表中单击"插入新公式"命令，进入公式设计模式。

（2）在"公式工具"功能区的"结构"组中的"积分"按钮，在弹出的下拉式列表中单击按钮，在相应的位置输入公式的表达式0、1及dx。

（3）重复步骤2，输入x、1和y。

（4）输入sin后，单击"分式"按钮，在弹出的下拉式列表中单击按钮。

（5）在分子上输入x，在分母上输入y。

（6）输入dy，完成公式的输入。

如果制作完公式后想对其进行修改，直接双击公式即可返回到"公式编辑器"窗口重新编辑公式。

3.5.6 SmartArt 的使用

1. SmarArt 图形的使用

Word 2010 提供的 SmatrArt 图形有全部、列表、流程、循环、关系、矩阵等多种类型，用于制作各种类型的图示内容，以增强视觉效果，更清晰地表达相关信息。

2. 创建 SmartArt 图形并向其中添加文字

操作步骤如下：

（1）在"插入"功能区的"插图"组中，单击"SmartArt"按钮。弹出"选择 SmartArt 图形"对话框，如图 3—117 所示。

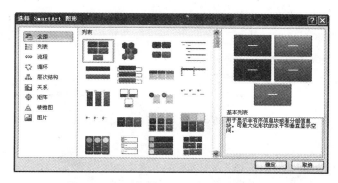

图 3—117   "选择 SmartArt 图形"对话框

（2）在"选择 SmartArt 图形"对话框中，单击所需的类型和布局。

（3）为图形添加文字使用以下方法：

方法一：单击"文本"窗格中的"文本"，然后输入文字。

方法二：从其他位置或程序复制文本，单击"文本"窗格中的"文本"，然后粘贴文本。

方法三：单击 SmartArt 图形中的一个框，然后输入文本。

3. 在 SmartArt 图形中形状的添加或删除

操作步骤如下：

（1）单击要向其中添加另一个形状的 SmartArt 图形。

（2）单击最接近新形状的添加位置的现有形状。

（3）在"SmartArt 工具—设计"的"创建图形"组中单击"添加形状"下三角按钮。

（4）在弹出的下拉菜单中选择"在后面添加形状"或是"在前面添加形状"。

4. 整个 SmartArt 图形颜色的更改

更改整个 SmarArt 有两种方法。

方法一：可以将来自主题颜色的颜色变体应用于 SmartArt 图形中的形状。操作步骤如下：

①单击 SmartArt 图形。

②在"SmartArt 工具—设计"功能区的"SmartArt 样式"组中的"更改颜色"按钮。

③单击所需的颜色变体。

方法二：将 SmartArt 样式应用于 SmartArt 图形。操作步骤如下：

①单击 SmartArt 图形。

②在"SmartArt 工具—设计"功能区的"SmartArt 样式"组中，单击所需的 Smart-

Art 样式。

5. 形状颜色的更改

操作步骤如下:

(1) 单击 SmartArt 图形中要更改的形状。

(2) 在"SmartArt 工具—格式"功能区的"形状样式"组中,单击"形状填充"下三角按钮,然后单击所需的颜色。若要选择无颜色,单击"无填充"按钮。

习　题

1. Word 2010 有哪些特点?

2. Word 2010 有哪几种显示模式?

3. Word 2010 的智能化表现在哪里?

4. 完成下列效果的案例制作。

(1) 完成文字格式设置,效果如图 3—118 所示。

图 3—118

（2）完成"新年贺卡"案例制作，效果如图 3—119 所示。

图 3—119

（3）完成"开支费用报表"案例制作，效果如图 3—120 所示。

某公司 2012 年月开支费用报表

填表日期：_____年_____月_____日

部门名称＼项目	交通费	通信费	招待费	宣传费	办公费	生活福利	合计
业务部							
小计							
生产部							
小计							
销售部							
小计							
总计							

图 3—120

（4）完成"公式"案例制作，效果如图 3—121 所示。

计算题

1、求微分方程 $\begin{cases} y^3 y'' + 1 = 0 \\ y(1) = 1, y'(1) = 0 \end{cases}$ 的特解。

2、用两种方法求微分方程 $(2y + x)\mathrm{d}y - y\mathrm{d}x = 0$ 的通解。

3、已知 $z = f(\xi, \eta)$ 具有二阶连续偏导数，利用线性变换 $\begin{cases} \xi = x + ay \\ \eta = x + by \end{cases}$ 变换方程

$$\frac{\partial^2 z}{\partial x^2} + 3\frac{\partial^2 z}{\partial x \partial y} + \frac{\partial^2 z}{\partial y^2} = 0 \qquad 。$$

问：当 a, b 取何值时，方程化为 $\dfrac{\partial^2 z}{\partial \xi \partial \eta} = 0$

4、求椭球面 $2x^2 + 3y^2 + z^2 = 9$ 的平行于平面 $2x - 3y + 2z + 1 = 0$ 的切平面方程。

5、在经过 $P(2, 1, \frac{1}{3})$ 点的平面中，求一平面，使之与三坐标面围成的在第一卦限中的立体的体积最小。

6、求 $\displaystyle\int_0^1 \mathrm{d}x \int_x^1 y \sin\frac{x}{y}\,\mathrm{d}y$

图 3—121

第4章 电子表格 Excel 2010

教学重点

- 工作簿管理，工作表的使用和编辑；
- 公式的建立、复制、移动，选择性粘贴，公式的填充，格式的设置；
- 图表的创建和编辑，数据库的管理。

教学难点

- 数据的自动填充，工作表单元格中数据的格式化。
- 公式的建立，单元格的引用。
- 格式设置中的合并单元格。
- 图表创建过程中图表数据源的选择，图表系列名称的修改，以及"图表选项"对话框中各个选项卡的使用，图表位置的选择等。
- 高级筛选中多种条件组合时筛选条件的书写。
- 分类汇总的操作过程。

教学目标

- 掌握编辑单元格的方法、设置单元格格式的方法、创建及使用工作表和工作簿的方法。
- 掌握数据清单的创建与编辑方法，能够根据条件正确筛选数据，能够对多列数据进行排序。
- 掌握简单的分类汇总方法，能够正确建立和使用数据透视表。
- 掌握如何编辑公式、在编辑公式中如何引用单元格和函数。
- 能够对数据清单进行分析，正确地创建图表，并能根据需要对图表进行各种修改、调整、编辑，做出有实用价值的图表，能够直观地反映数据。

4.1 Excel 2010 概述

Excel 2010 是 Microsoft 公司推出的办公软件组 Office 2010 的一个重要成员，是当今最流行的电子表格综合处理软件，具有强大的表格处理功能，主要用于制作各种表格、进行数据处理、表格修饰、创建图表、进行数据统计和分析等，解决了利用文字无法对数据进行清楚的描述等问题，可以缩短处理时间、保证数据处理的准确性和精确性，还可以对数据进行进一步分析和再利用。

4.1.1 Excel 2010 的功能和特点

Excel 作为当前最流行的电子表格处理软件，能够创建工作簿和工作表、进行多工作表间计算、利用公式和函数进行数据处理、表格修饰、创建图表、进行数据统计和分析等。Excel 2010 在继承了前一版本（Excel 2007）传统基础上，又增加了许多实用功能。Excel 2010 拥有新的外观、新的用户界面，用简单明了的单一机制取代了 Excel 早期版本中的菜单、工具栏和大部分任务窗格。新的用户界面旨在帮助用户在 Excel 中更高效、更容易地找到完成各种任务的合适功能、发现新功能并且效率更高；新增的迷你图、Excel 表格增强功能、图表增强功能、数据透视表增强功能、条件格式设置增强功能、数学公式、Office 自动修订等功能，使计算及显示都更加便捷直观，真正实现数据的可视化，大大提高工作效率。

4.1.2 Excel 2010 的启动与退出

1. Excel 2010 的启动

启动 Excel 2010 的方法很多，常用方法有三种。

方法一：双击 Excel 快捷图标。如果 Windows 桌面上有"Microsoft Excel 2010"的快捷方式图标，双击该图标启动 Excel 2010，如图 4—1 所示。

方法二：双击已创建好的 Excel 文件。双击一个已创建好的 Excel 2010 文件，进入 Excel 2010 编辑窗口。

方法三：利用"开始"菜单。单击"开始"按钮，鼠标指向"程序"下的"Microsoft Office"，在级联菜单中单击"Microsoft Office Excel 2010"命令，如图 4—2 所示。

图 4—1　Excel 快捷图标　　　图 4—2　从"开始"菜单启动 Excel 2010

2. Excel 2010 的退出

退出 Excel 2010 的常用方法有三种。

（1）单击 Excel 窗口标题栏右上角的"关闭"按钮。

（2）单击"文件"选项卡下的"退出"命令。

（3）按 Alt＋F4 快捷键。

 小窍门：退出 Excel 的其他方法

双击 Excel 2010 窗口左上角的控制菜单图标 ▓。

单击 Excel 2010 窗口左上角的控制菜单图标，出现窗口控制菜单，选择"关闭"命令。

4.1.3 Excel 2010 的窗口组成

Excel 2010 窗口主要由标题栏、选项卡、功能区、编辑栏、状态栏和 Excel 文档窗口等组成，如图 4—3 所示。

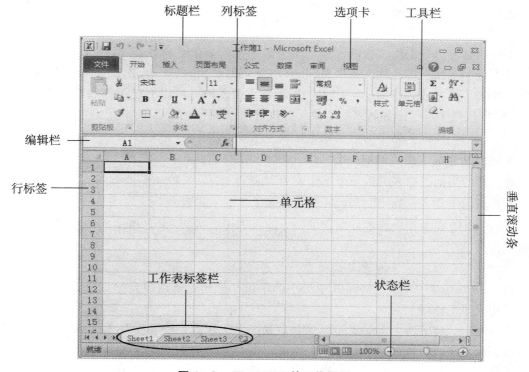

图 4—3 Excel 2010 的工作界面

在 Excel 2010 的窗口中，标题栏、选项卡、状态栏等部分的作用已在前面相关章节中详细讲解，这里不再赘述。在工作表编辑区域上部标有 A、B、C 等字母的是列标签，如

A	B	C	D

（只截取了其中部分列）；工作表左部标有 1、2、3 等数字的是行标签，如 ▦，工作表中的一个个小方格称为单元格，单元格均用列标和行号表示，如 A1、B3、C10 等，可通过列标或行号间边线调节列宽或行高。下面详细介绍 Excel 2010 特有的几个部分。

113

1. 编辑栏

工具栏下方是编辑栏，编辑栏用于对单元格内容进行编辑操作，包括名称框、确认区和公式区，如图4—4所示。

名称框　　　　　　　　　确认区　　　　　　　公式区

图4—4　编辑栏

名称框：显示活动单元格的地址。

确认区：当用户进行编辑时，确认区会显示 ✕ ✓ 两个按钮， ✕ 按钮为取消按钮、 ✓ 按钮为检查按钮，编辑完成单击 ✓ 按钮或按 Enter 键就可确认输入内容。

公式区：用来输入或修改数据，可直接输入数据，该数据直接被填入当前光标所在单元格中，也可输入公式，公式计算的结果填入单元格中，同时当选中某个单元格时，该单元格中的数据或公式会相应地显示在公式区。

2. 工作表标签

工作表标签位于工作表区的底端，用于显示工作表的名称，在 Excel 2010 中一个工作簿默认有三个工作表，其默认名称为 Sheet1、Sheet2、Sheet3，单击工作表标签，将激活相应的工作表，使之成为当前的工作表，当工作表很多时，可以通过工作表标签左边的一排 ⏮ ◀ ▶ ⏭ 按钮来进行标签队列的切换，各按钮功能如下：

⏮ ：激活工作表队列中的第一张工作表为当前工作表。

◀ ：激活当前工作表的前一个工作表为当前工作表。

▶ ：激活当前工作表的后一个工作表为当前工作表。

⏭ ：激活工作表队列中的最后一张工作表为当前工作表。

Excel 2010 在工作表标签处新增了一个插入工作表按钮 🗂，单击此按钮即可快速新增一张工作表。

3. 工作簿、工作表和单元格的概念和关系

在 Excel 2010 中，单元格是其中最小的单位，工作表是由单元格构成，一个或多个工作表又构成了工作簿。

工作簿：新建的一个 Excel 2010 文件就是一个工作簿，扩展名为".xlsx"，一个工作簿可以由多个工作表组成，默认有三个工作表。

工作表：工作表由一系列单元格组成，横向为行，纵向为列，Excel 2010 允许最大行数是 1048576 行，行号 1～1048576，最大的列数是 16384 列，列名 A～XFD 列。

4.1.4　工作簿的打开与保存

1. 工作簿的建立

（1）空白工作簿的建立。

每次启动 Excel 2010 时，系统将自动创建一个以"工作簿 1.xlsx"为默认文件名的新工作簿。新工作簿是基于默认模板创建的，创建的这个新工作簿即为空白工作簿，是创建报

表的第一步。

创建空白工作簿的方法有两种：

方法一：单击"文件"选项卡下的"新建"命令，在"可用模板"中单击"空白工作簿"按钮，然后单击"创建"按钮，如图 4—5 所示。

方法二：按 Ctrl＋N 快捷键。

（2）用模板建立工作簿。

Excel 2010 已建立了众多类型的内置模板工作簿，用户可通过这些模板快速建立与之类似的工作簿。

在如图 4—5 所示的"可用模板"下，单击"样本模板"按钮，弹出"模板"页面，如图 4—6 所示，选择所需工作簿类型的模板，系统会在右侧显示所选模板的预览效果，单击"创建"按钮完成创建工作，如图 4—7 所示为选择"个人月度预算"模板的最终效果。

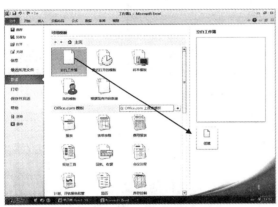

图 4—5 新建空白工作簿

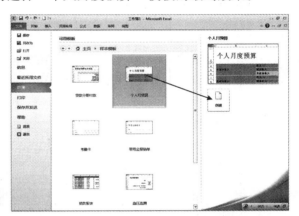

图 4—6 用模板创建工作簿

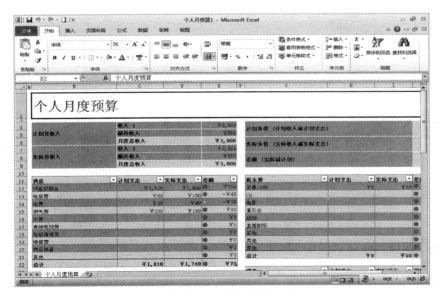

图 4—7 基于"个人月度预算"模板的工作簿效果图

对于自己经常使用的工作簿，可以将其做成模板，日后要建立类似工作簿时就可以用模板来建立，而不必每次都重复相同的工作，大大提高效率。

模板的建立方法与工作簿的建立方法相似，唯一不同的是它们文件的保存方法不同。将一个工作簿保存为模板的步骤如下：

①单击"文件"选项卡下的"另存为"命令，弹出"另存为"对话框，如图4—8所示。

图4—8 保存自己的模板

②在"保存类型"下拉式列表中选择"Excel模板（＊.xltx)"，在"保存位置"下拉式列表中自动出现"Templates"文件夹用于存放模板文件。

③在"文件名"下拉式列表中自定义一个模板名称。

④单击"保存"按钮，原工作簿文件将以模板格式保存，文件的扩展名为".xltx"。

模板创建完成后，系统将其自动添加到"可用模板"下的"我的模板"中，如图4—9所示。

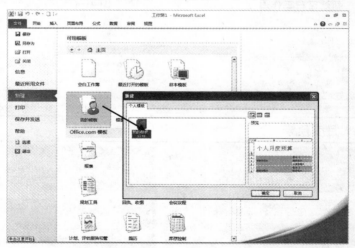

图4—9 自定义模板文件

2. 工作簿的打开

打开工作簿的方法与打开Word文档相似，单击"文件→打开"命令，弹出如图4—10所示的"打开"对话框。单击"查找范围"右侧的下拉式列表选择文件位置，选择需要打开的工作簿文件名，单击"打开"按钮即可打开该文件。用户也可以单击"打开"按钮旁边向下按钮 ，在弹出的下拉菜单中选择一种打开方式，以指定的打开方式打开工作簿，如图4—10所示。

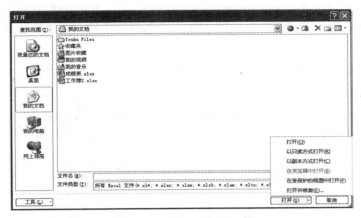

图4—10 "打开"对话框

3. 工作簿的保存

在进行 Excel 2010 电子表格处理时，随时保存是非常重要的，保存方法如下：

方法一：单击"文件"选项卡下的"保存"命令；

方法二：单击标题栏左侧"快速访问"工具栏中"保存"按钮；

方法三：按 CTRL＋S 快捷键保存文件；

方法四：若更改文件名或路径需要另存文件，单击"文件"选项卡下的"另存为"命令。

以上四种方法会弹出如图4—11所示的"另存为"对话框，在"保存位置"下拉式列表中选择存放文件的驱动器和目录，在"文件名"文本框中输入新名字，单击"保存"按钮。

工作簿保存的同时可以为工作簿加密，通过单击"另存为"对话框左下角的"工具"按钮旁边向下按钮 ，弹出一个下拉菜单，如图4—11所示，选择"常规选项"，弹出如图4—12所示的"常规选项"对话框，可以设置打开文件、修改文件的密码，以及是否只读和备份。删除"打开权限密码"和"修改权限密码"文本框中的密码是取消对文件设置的读/写权限。

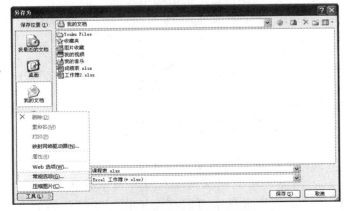

图4—11 "另存为"对话框

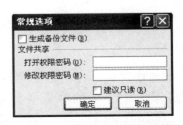

图4—12 "常规选项"对话框

4.2 工作表的编辑和管理

图 4—13 所示的是学生基本信息表，本案例主要学习工作表中数据的编辑、工作表编辑及其管理以及工作簿窗口的管理，熟练掌握数据的各种常用输入方法及如何对单元格进行编辑和调整等设置。

	A	B	C	D	E	F
1			学生基本信息表			
2						班级：21102
3	学号	姓名	性别	籍贯	政治面貌	出生日期
4	001	陈迪	女	吉林	团员	1991年8月17日
5	002	丁超	男	沈阳	团员	1991年9月10日
6	003	杜兴建	男	北京	群众	1992年1月12日
7	004	谷月	男	四川	团员	1991年10月8日
8	005	胡红伟	女	吉林	党员	1992年1月23日
9	006	李政达	女	大连	群众	1992年6月22日
10	007	刘佳	男	河南	团员	1991年12月21日
11	008	王刚	男	北京	团员	1992年10月9日
12	009	孙彦清	女	重庆	团员	1993年2月5日
13	010	武海峰	女	河南	群众	1992年5月24日
14	011	宋宏亮	男	四川	团员	1992年6月8日
15	012	张威	男	吉林	群众	1990年3月5日
16	013	赵海峰	女	大连	团员	1991年7月19日

图 4—13 学生基本信息表

4.2.1 数据的编辑

Excel 2010 允许向单元格中输入各种类型的数据：文字、数字、日期、时间、公式和函数等。输入单元格的这些数据称为单元格的内容。输入操作总是在活动单元格内进行，所以首先应该选择单元格，然后输入数据。

1. 单元格的选取

单元格是最基本的数据存储单元，制作表格首先需要将数据输入到单元格中，首先了解一下活动单元格和单元格区域的概念。

活动单元格是指正在使用的（被选中的）单元格，活动单元格周围有一个黑色的粗方框，可以在活动单元格中输入数据，如图 4—14 所示为选中的活动单元格为 C7。

	A	B	C	D	E	F
1	学生基本信息表					
2	班级：20701					
3	学号	姓名	性别	籍贯	政治面貌	出生日期
4	001	陈迪	女	吉林	团员	1991年8月17日
5	002	丁超	男	沈阳	团员	1991年9月10日
6	003	杜兴建	男	北京	群众	1992年1月12日
7	004	谷月				
8						

图 4—14 活动单元格

单元格区域是指由多个单元格组成的区域，它的表示方法由单元格区域左上角的单元格名称和右下角的单元格名称组成。例如，单元格区域 B2：D6 表示处于单元格 B2 右下方和单元格 D6 左上方的一块区域。单元格区域也可以是由不相邻的单元格组成的区域。

118

（1）选定单元格。

要选定一个单元格，可用鼠标单击相应的单元格，或按键盘上的方向键移动到相应的单元格中。被选中的单元格会被突出显示。

 小妙招

在 Excel 中除了用鼠标选择单元格外，还可以利用快捷键在工作表中快速定位，使用 Ctrl＋↓ 可以看到最后一行（1048576 行）；使用 Ctrl＋→ 可以看到最后一列（XFD 列）；使用 Ctrl＋Home 回到 A1 单元格；使用 Ctrl＋End 跳到 XFD2 单元格。

（2）选定单元格区域。

①选定某个连续的单元格区域，如要选中 B3：D8。步骤如下：单击单元格区域的第一个单元格 B3。按住鼠标左键不放拖动到要选定区域的最后一个单元格 D8 上，或按住 Shift 键的同时单击要选定区域的最后一个单元格，选中的单元格呈高亮显示，如图 4—15 所示。

②选择不相邻的单元格区域。先选定第一个单元格或单元格区域，然后按住 Ctrl 键，同时单击要选择的单元格或拖动鼠标选定其他单元格区域，如图 4—16 所示。

③鼠标通过单击要选择行的行标签上的行号，即可选定该行，如图 4—17 所示。

④鼠标通过单击要选择列的列标签上的列号，即可选定该列，如图 4—18 所示。

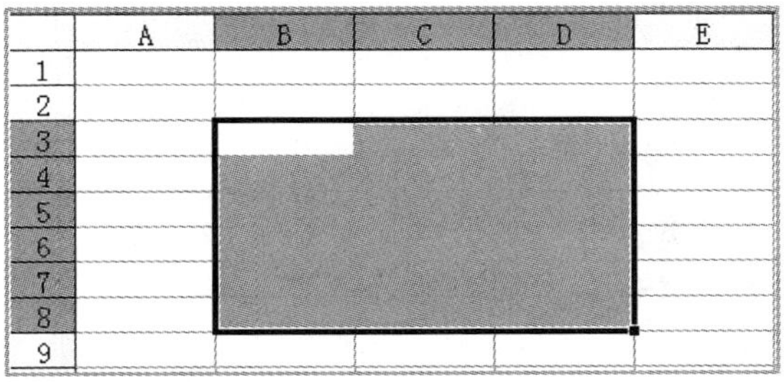

图 4—15　选择连续单元格区域

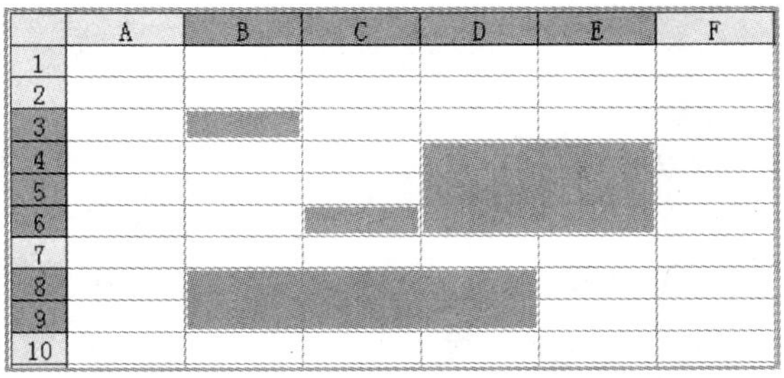

图 4—16　选择不连续单元格区域

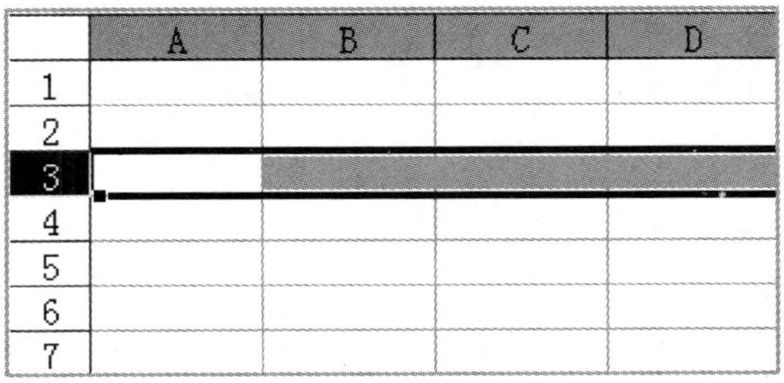

图 4—17　选择整行

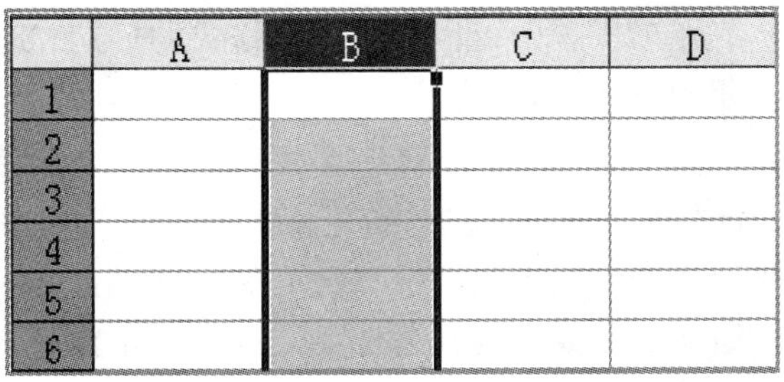

图 4—18　选择整列

⑤单击工作表左上角行列相交的空白按钮或按快捷键 Ctrl＋A 可以选中整张工作表中的所有单元格，如图 4—19 所示。

2. 单元格数据的输入

向表格中输入数据是 Excel 中最基本的操作，Excel 2010 为用户提供了多种数据输入的方法，其中输入的原始数据包括数值、文本和公式，数值包括日期、货币、分数、百分比等。它们的输入方法类似，大致有两种：一是直接在单元格中输入数据；二是在编辑栏中输入数据。

（1）在单元格中输入数据。

选中单元格，直接输入数据，然后按 Enter 键，将确认输入并默认切换到下方单元格；也可双击单元格，当单元格中出现闪烁的光标时输入数据，然后按 Enter 键。这时编辑栏中也出现相应的数据，如图 4—20 所示。

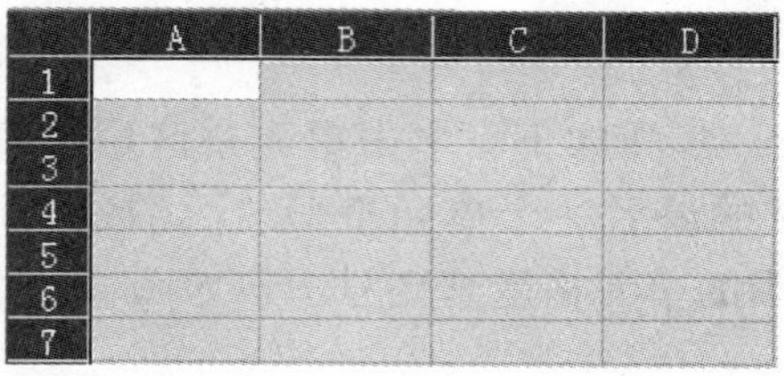

图 4—19　选择整个工作表

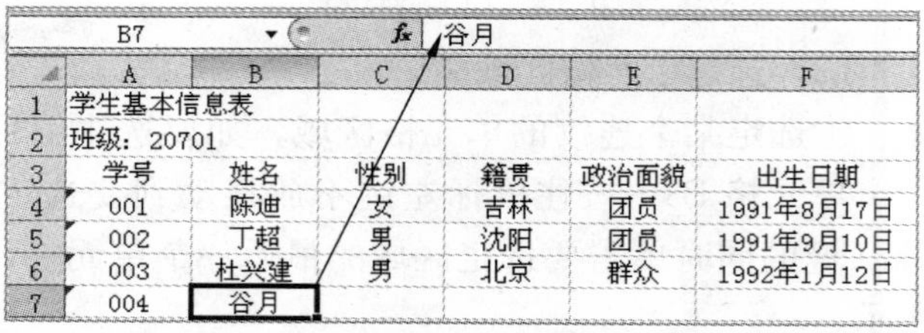

图 4—20　在单元格中输入数据

（2）在编辑栏中输入数据。

选中单元格，再用鼠标单击编辑栏，当其中出现闪烁的光标时输入需要的数据，然后按 Enter 键或单击编辑栏左侧的 ✔ 按钮。这时单元格中也出现相应的数据。

小妙招

在输入与前面的内容相同的内容时，可以通过按 Alt＋↓ 快捷键将已有的录入项列表进行选择输入；或单击鼠标右键，从快捷菜单中选择"从下拉式列表中选择"选项来显示已有的录入项列表。

（3）日期与时间的输入。

在工作表中可以输入各种格式的日期和时间，在"设置单元格格式"对话框中可以设置日期和时间，若要设置图 4—13 所示案例的出生日期列的日期形式，单击目标单元格，如图 4—21 所示，在"开始"选项卡下单击"数字"组的展开按钮 ⬚，弹出"设置单元格格式"对话框，如图 4—22 所示，选择"数字"选项卡下"分类"列表框中的"日期"选项，在右侧"类型"列表框中选择需要的日期样式，本例中选择"2001 年 3 月 14 日"，单击"确定"按钮完成。如需要在目标单元格中显示出生日期为"1991 年 8 月 17 日"，则在目标单元格中直接输入"1991－8－17"或"1991/8/17"即可，此单元格会自动显示所设置的日期样式。

时间的设置同日期方法类似，选择"分类"列表框中的"时间"选项，在类型中选择所需时间样式即可。

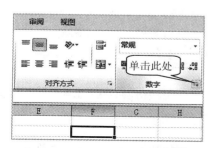

图 4—21　单击启动器按钮

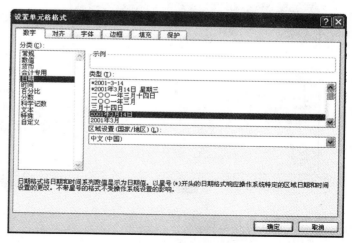

图 4—22　"设置单元格格式"对话框

（4）特殊数据的输入。操作步骤如下：

①在学生基本信息表中的学号列要填入"001"，正常输入会自动变为"1"，可以在前面加一个英文单引号，如"'001"，再按 Enter 键。

②如果需要输入分数，必须在分数前面加一个 0 和空格，否则 Excel 可能会将其看作是一个日期。例如，需要显示分数"3/4"，则应该输入"0 3/4"，否则 Excel 会默认转换成日期"3 月 4 日"。

③如果需要输入负数，只需直接在数字前面加一个减号"—"。

④如果需要输入较长的文本内容，如图 4—23 所示，在 A1 单元格中输入"学生基本信息表"，可以看到该单元格中的文本已经显示到了 B1 单元格中的位置。如果需要较长文本在一个单元格中显示，则可以设置单元格格式为自动换行，选择目标单元格，在"开始"选项卡下"对齐方式"组中单击"自动换行"按钮，如图 4—24 所示为设置自动换行后效果，单元格中内容没有超出单元格的列宽，而是在单元格的边框处自动换至第 2 行。

也可以通过缩小字体填充方式使文本缩小到在一个单元格中显示且不占用两行，选择目标单元格，在"开始"选项卡下单击"对齐方式"组的展开按钮，弹出"设置单元格格式"对话框，如图 4—25 所示，在"对齐"选项卡下选中"缩小字体填充"复选框，取消"自动换行"复选框，单击"确定"按钮，如图 4—26 所示为缩小字体填充效果。

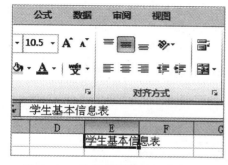

图 4—23　在单元格中输入文本数据

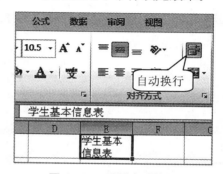

图 4—24　设置自动换行

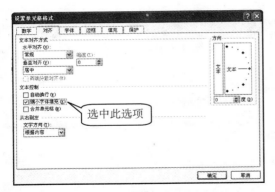

图 4—25　设置缩小字体填充

图 4—26　设置缩小字体填充效果

（5）成批填充数据。

利用成批填充数据功能可以将一些有规律的数据或公式方便快速地填充到需要的单元格中，从而减少重复操作，提高工作效率。操作步骤如下：

①在 A1 单元格中输入"星期一"。

②若要将"星期二"至"星期日"填充在 B1 至 G1 单元格中快速填充，选择 A1 单元格并将指针移至该单元格右下角，当指针变成十字形状时，按住鼠标左键不放向右拖动，如图 4—27 所示，拖动至 G1 单元格松开，则 B1 至 G1 单元格区域自动填充为"星期二"至"星期日"，效果如图 4—28 所示。

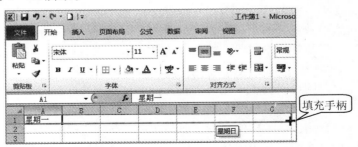

图 4—27　自动填充

③若想填充相同数据，如填充内容均为"星期一"，则松开前按住 Ctrl 键即可。

④在成批数据填充完成后的最后一个单元格右下角会自动显示"自动填充选项"按钮，如图 4—28 所示，鼠标单击此按钮会弹出向下菜单，如图 4—29 所示，显示填充形式，根据需要选择填充形式。

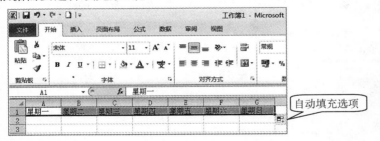

图 4—28　自动填充效果

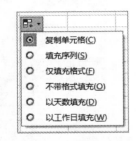

图 4—29　自动填充选项

⑤用户还可以对具有等差或等比的数据进行填充，如需要输入1后的偶数，在A3、B3单元格依次输入"2"、"4"，选择A3：B3单元格，将指针指向B3单元格右下角变成十字形状时向右拖动鼠标至G3单元格松开，则A3至G3单元格效果如图4—30所示。

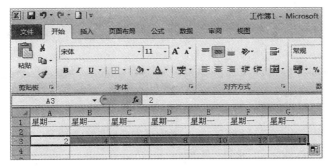

图4—30　等差数据填充

除上述方法外还可以输入A3、B3单元格数据后，选中A3：G3，选择"开始"选项卡下的"编辑"组中的"填充"下三角按钮 ，如图4—31所示，在弹出的列表中选择"系列…"选项，弹出"序列"对话框，如图4—32所示，步长值自动设置为A3和B3的差值2，单击"确定"按钮。

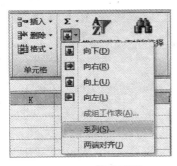

图4—31　填充列表

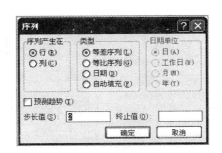

图4—32　"序列"对话框

提示：如输入数据后，单元格中并不显示所输入的数据，反而出现符号"＃＃＃"，不用担心，它不是乱码，只是因为单元格的宽度不够容纳这么长的数据，只需将鼠标光标移动到单元格所在列的列标签的边线上，按住鼠标左键拖动加大列宽，即可显示出数据。

3. 单元格内容的修改和清除

（1）单元格内容的修改。

将单元格部分内容改动：双击待修改的单元格，直接对其内容做相应修改，或在编辑栏处修改，按Enter键确认所作改动；按Esc键取消所作改动。

将单元格内容完全修改：单击待修改的单元格，输入新内容，按Enter键，即可用新数据代替旧数据。

（2）单元格内容的清除。

输入数据时，不但输入了数据本身，还输入了数据的格式及批注，因此，根据具体情况确定清除单元格中的内容，直接按 Delete 键清除单元格中的内容，但是格式依然存在，可以选中单元格后，在"开始"选项卡下单击"编辑"组下的"清除"按钮 ◢ 的向下箭头，弹出"清除"级联菜单，如图 4—33 所示，可以根据需要选择清除的内容。

4. 单元格的插入、移动、复制和删除

除了对单元格数据进行增删改外，还可以对这些数据进行移动、复制等基本操作以及对单元格进行增删改移等操作。

（1）一行单元格的插入。

鼠标右键单击插入行上方的行标签，在弹出的快捷菜单中执行"插入"命令，即在当前行上方插入一行单元格，效果如图 4—34 所示。

插入一列单元格的方法与插入一行单元格的方法类似，只是在列标签上右键单击在快捷菜单中选择"插入"命令，即在选中列左侧插入一列。

（2）一个空白单元格的插入。

右键单击要在当前位置插入单元格的单元格，在弹出的快捷菜单中执行"插入"命令，弹出"插入"对话框，在其中选择插入单元格的位置，"活动单元格右移"或"活动单元格下移"，单击"确定"按钮插入一个单元格，如图 4—35 所示为将活动单元格下移的效果图。

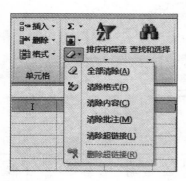

图 4—33　"清除"级联菜单

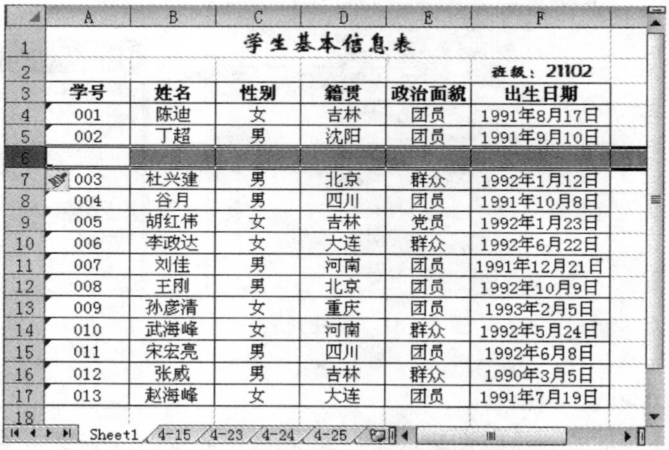

图 4—34　插入整行单元格

（3）单元格的移动/复制。

移动和复制单元格与剪切和复制 Word 数据的操作步骤类似，可以用快捷键或鼠标拖动实现，也可选中单元格区域，鼠标放在区域边界框成十字箭头时拖动完成移动操作，按住 Ctrl 键拖动完成复制操作。

（4）单元格的删除。

选中要删除的单元格或单元格区域，单击鼠标右键，在弹出的快捷菜单中执行"删除"命令，如图 4—36 所示，在弹出的"删除"对话框中选中相应的单选按钮，再单击"确定"按钮，将选定的单元格或单元格区域删除，如图 4—36 所示为选中"下方单元格上移"单选按钮的效果。

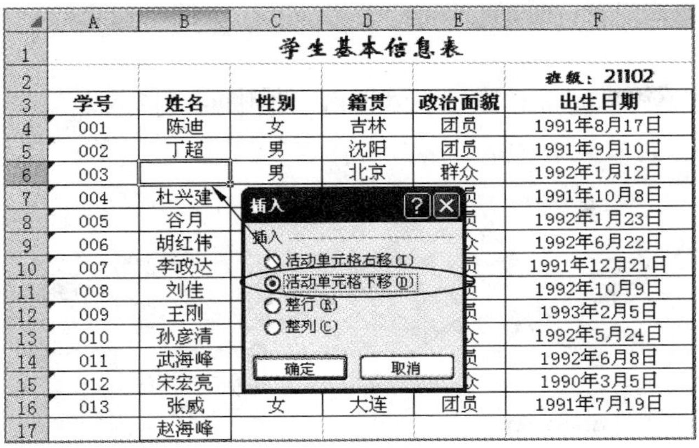

图 4—35　插入一个单元格

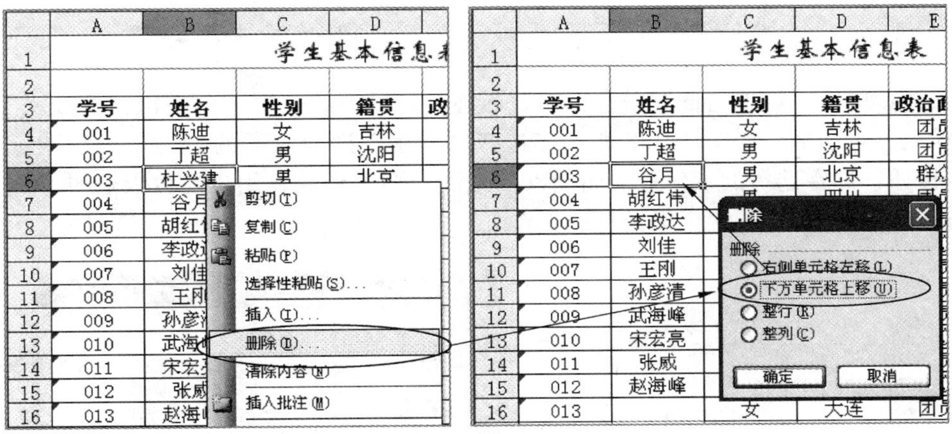

图 4—36　删除单元格

5. 行高、列宽的设置

除了可以直接用鼠标拖动行号和列标交界处调整行高、列宽外，还可以精确调整行高和列宽，在"开始"选项卡下单击"单元格"组下的"格式"按钮 格式▾，在级联菜单中选择"行高"命令，如图 4—37 所示，在弹出的"行高"对话框中设置行高；"自动调整行高"选项可以为系统自动计算行高以适应所填入数据。

同理，设置列宽的方法和行高类似，不再赘述。

4.2.2　工作表的编辑

1. 工作表的添加、删除和重命名

工作簿由工作表组成，一个工作簿默认有三张工作表，工作表的操作在使用 Excel 中有着非常重要的作用。

（1）工作表的添加。

默认情况下工作簿只显示出 3 个工作表标签，用户可以根据需要添加新的工作表。例如，将案例中的学生基本信息表每个班做一个工作表，如果一个年级有 20 个班，可以在一个工作簿中创建 20 个工作表，分别存储 20 个班的学生的基本信息。添加工作表的方法主要有以下三种：

方法一：单击"开始"选项卡下的"单元格"组中的"插入"下三角按钮 ，如图 4—38 所示，选择下拉式列表中的"插入工作表"选项。

图 4—37　设置行高

图 4—38　插入工作表

方法二：鼠标右键单击任意一个工作表标签，在弹出的快捷菜单中执行"插入"命令，弹出"插入"对话框，如图 4—39 所示，选择"常用"选项卡下的"工作表"图标，单击"确定"按钮，即在选择的工作表前面插入一张新空白工作表，用户还可以通过"电子方案表格"选项卡插入几种特定模板类型的工作表。

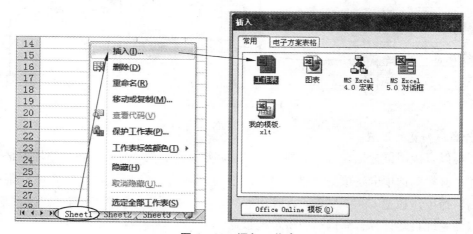

图 4—39　添加工作表

方法三：鼠标单击工作表标签栏中的"插入工作表"按钮 ，自动在工作表标签中顺序插入一张新空白工作表。

（2）工作表的删除。

在需要删除的工作表标签上右键单击，在弹出的快捷菜单中执行"删除"命令，即可将当前工作表删除。

（3）工作表的重命名。

Excel 2010 中每个工作表名称均默认为"Sheet＋序号"，如 Sheet1、Sheet2、Sheet3⋯这种名称不直观又不好记，根据需要，用户可对不同工作表进行重命名，通常需要为工作表取一个见名知意的名称，如"学生基本信息表"、"学生成绩表"等，常用的方法有三种：

方法一：用鼠标右键单击要重命名的工作表，在弹出的快捷菜单中执行"重命名"命令，工作表标签名变为选中状态，此时输入新名称，按 Enter 键确认。

方法二：用鼠标在工作表标签处双击要重命名的工作表名，在高亮显示的标签名上输入新名称，按 Enter 键确认。

方法三：选择"开始"选项卡下的"单元格"组下的"格式"下三角按钮 格式·，在下拉式列表中选择"重命名工作表"选项，工作表标签名会变成选中状态，输入新名称，按 Enter 键确认。

2. 工作表的移动、复制和隐藏

对于工作簿中的工作表，还可以对其进行移动、复制或隐藏等操作。

（1）在同一个工作簿中移动/复制工作表。

选中要移动的工作表标签，按住鼠标左键向左或向右拖动，同时有一个小三角形跟随它移动，当小三角形达到需要的位置时松开鼠标左键将工作表标签移到小三角形所在的位置。

复制工作表的方法与移动工作表类似，只需在拖动时按住 Ctrl 键。

（2）在不同工作簿中移动/复制工作表。

可以在不同工作簿中移动工作表，方法是用鼠标右键单击要移动的工作表，在弹出的快捷菜单中执行"移动或复制"命令，弹出"移动或复制工作表"对话框，如图 4—40 所示，在"工作簿"下拉式列表中选择目标工作簿，在下面的列表框中选择它位于哪个工作表的前面，单击"确定"按钮将工作表移到指定的目标工作簿中。

在不同工作簿中复制工作表的方法与移动工作表类似，只是需要在"移动或复制工作表"对话框中选中"建立副本"复选框。

（3）工作表的隐藏。

为了某种需要，如减少屏幕上显示的工作表数、对比或修改两个相隔较远的工作表，可以将工作表隐藏起来。隐藏工作表的方法如下：

方法一：选择要隐藏的工作表，选择"开始"选项卡下"单元格"组下"格式"下三角按钮，选择"隐藏和取消隐藏"级联菜单下的"隐藏工作表"选项，如图 4—41 所示。

如果要取消隐藏，选择"隐藏和取消隐藏"级联菜单下的"取消隐藏工作表"选项，在弹出的"取消隐藏"对话框中选择要取消隐藏的工作表，单击"确定"按钮。

方法二：鼠标右键单击工作表标签中的目标工作表，在弹出的快捷菜单中选择"隐藏"选项即可将当前工作表隐藏，选择"取消隐藏"则可以将已经隐藏的工作表取消隐藏。

同样，还可以隐藏工作表中的某些行或列，选中要隐藏的行或列，单击鼠标右键，在弹出的快捷菜单中执行"隐藏"命令，如图 4—42 所示。

如果想取消隐藏行或列，可先选择被隐藏行或列的前后两行或两列，单击鼠标右键，在弹出的快捷菜单中执行"取消隐藏"命令。

4.2.3　工作簿窗口的管理

工作簿窗口的管理包括新建窗口、重排窗口以及窗口的拆分与撤销、窗格的冻结与撤销等。

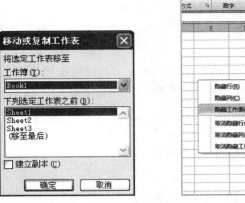

图4—40　"移动或复制工作表"对话框　　图4—41　隐藏工作表　　图4—42　隐藏行/列

1. 窗口的建立

和 Word 新建窗口一样，Excel 2010 也允许为一个工作簿另开一个或多个窗口，这样就可以在屏幕上同时显示并编辑操作同一个工作簿的多个工作表，或者是同一个工作表的不同部分。还可以为多个工作簿打开多个窗口，以便在多个工作簿之间进行操作。

单击"视图"选项卡下的"新建窗口"命令，就可以为当前活动的工作簿打开一个新的窗口。新窗口的内容与原工作簿窗口的内容完全一样，即新窗口是原窗口的一个副本，对文档所做的各种编辑在两个窗口中同时有效。使用原本、副本窗口可以同时观看工作表的不同部分。所不同的是，如果原工作簿窗口的名称为"学生基本信息表"，则现在变为"学生基本信息表.xlsx：1"，而新窗口的名称为"学生基本信息表.xlsx：2"；若需要两个窗口同时查看，则单击"视图"选项卡下的"并排查看"按钮　，如图 4—43 所示，此时可以通过滚动条分别查看上下两个窗口，当并排查看后，"同步滚动"按钮　为可选状态，若"视图"选项卡下的"同步滚动"按钮为选中状态，则滚动鼠标滑轮时上下两个窗口将同时滚动查看。

2. 窗口的重排

重排窗口可以将打开的各工作簿窗口按指定方式排列，方便同时观察、更改多个工作簿窗口的内容，具体方法是单击"视图"选项卡下的"全部重排"命令，弹出"重排窗口"对话框，如图 4—44 所示。

在"排列方式"栏中，分为"平铺"、"水平并排"、"垂直并排"、"层叠"四个单选项，含义如下：

若选择"平铺"，则各工作簿窗口均匀摆放在 Excel 2010 主窗口内，如图 4—45 所示。

若选择"水平并排"，则各工作簿窗口上下并列地摆放在 Excel 2010 主窗口内，如图 4—46 所示。

若选择"垂直并排"，则各工作簿窗口左右并列地摆放在 Excel 2010 主窗口内，如图 4—47 所示。

若选择"层叠"，则各工作簿窗口一个压一个地排列，最前面的窗口完整显示，其余各窗口依次露出标题栏，如图 4—48 所示。

图 4—43 并排查看同一工作簿的两个窗口　　图 4—44 "重排窗口"对话框

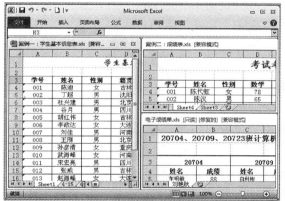

图 4—45 窗口平铺效果

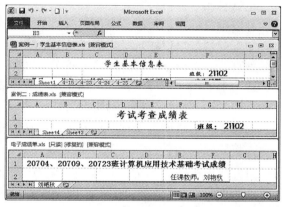

图 4—46 水平并排效果

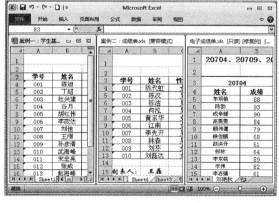

图 4—47 垂直并排效果

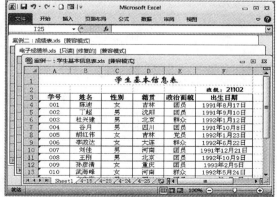

图 4—48 层叠效果

　　如果只对当前活动工作簿的各个新建窗口进行重排，则需选中重排窗口对话框中的"当前活动工作簿的窗口"复选框。

当鼠标单击窗口中的内容就激活了该窗口，被激活的窗口即为当前窗口，便可以对其进行相应的修改等操作。可以按住 Ctrl 键，再反复按 F6 键，依次激活各工作簿。

3. 窗口的拆分与撤销

在 Word 2010 中的表格的应用中，有拆分表格的情况，对于工作表的拆分也是类似的。工作表被拆分后，相当于形成四个窗格，各有一组水平或垂直滚动条，这样能在不同的窗格内浏览一个工作表中的各个区域的内容。尤其对于庞大的工作表，用户在对比数据时常常使用滚动条，若使用拆分工作表的功能，将大大提高工作效率。可以用以下两种方式对窗口进行拆分。

方法一：利用窗口菜单进行拆分。操作步骤如下：

（1）选择欲拆分窗口的工作表。

（2）选定要进行窗口拆分位置处的单元格，即分隔线右下方的第一个单元格，如图 4—49 所示。

（3）单击"视图"选项卡下的"拆分"命令，原窗口从选定的单元格处将窗口分成上、下、左、右四个窗格，并且带有两对水平滚动条和垂直滚动条。

可以用鼠标拖动水平分隔线或竖直分隔线，改变每个窗格的大小。

如果要将窗口仅在水平方向上拆分，则要选定拆分行的第一列的单元格；如果要将窗口仅在垂直方向上拆分，可选定需要拆分列的第一行单元格。对于已经拆分的窗口再单击"视图"选项卡下的"拆分"命令可撤销对窗口的拆分。

方法二：利用拆分框进行拆分。

用窗口中垂直滚动条顶端或水平滚动条右端的拆分框可以直接对窗口拆分。如图 4—50 所示，将鼠标放到垂直滚动条顶端的拆分框上变成 ÷ 时，按住鼠标左键不放向下拖拽，即将窗口完成上下的水平拆分；同理，调节水平滚动条右端的拆分框可以完成窗口的垂直拆分；两个拆分框混合使用即完成如图 4—49 所示的十字拆分。

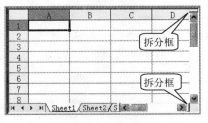

图 4—49　拆分窗口　　　　　　　　　图 4—50　拆分框

双击分割线可取消当前分割线，双击垂直分隔线和水平分隔线的交叉处，可同时取消垂直和水平拆分。

4. 窗格的冻结与撤销

当查看一个大的工作表的时候，希望将工作表的表头即表的行列标题锁住，只滚动表中的数据，使数据与标题能够对应。冻结窗格可以是首行、首列或者所选中单元格的左上方区域，如图4—51所示为冻结选中单元格的左上方区域的形式，无论用户怎样移动工作表的滚动条，被冻结的区域始终不动，始终显示在工作表中。在处理表格时，如要经常比照标准数据，用冻结的方法将大大提高工作效率。

可以先进行窗口拆分，然后再冻结窗格；也可以直接冻结窗格，下面介绍直接冻结窗格的方法：

方法一：选择要冻结窗格的工作表。

方法二：选定要进行窗格冻结位置处的单元格，如图4—51所示，选中C8单元格。

方法三：单击"视图"选项卡下的"冻结窗格"命令，会出现级联菜单，如图4—52所示，在级联菜单中选择"冻结拆分窗格"选项，则会将工作表冻结成如图4—51所示的效果。若需要首行的数据不随滚动条滚动而移动，则选择"冻结首行"选项；若需要首列的数据不随滚动条滚动而移动，则选择"冻结首列"选项。

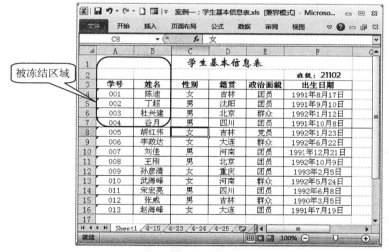

图4—51　冻结窗格

图4—52　"冻结窗格"级联菜单

若要取消冻结，单击"视图"选项卡下的"冻结窗格"命令，在级联菜单中选择"取消冻结窗格"选项即可。

4.3　公式与函数

Excel 2010除了能进行一般的表格处理外，还具有强大的计算功能。在工作表中使用公式和函数，能对数据进行复杂的运算和处理。公式与函数是Excel 2010的精华之一，本节介绍公式的创建以及一些常用函数的使用方法。

图4—53所示的是学生考试考查成绩表，通过公式和函数的计算求出每个学生各门课程的总分和平均分字段的值。

131

	A	B	C	D	E	F	G	H	I
1	考试考查成绩表								
2							班级：21101		
3	学号	姓名	性别	数学	英语	应用技术	硬件技术	总分	平均分
4	001	陈代虹	女	78	76	85	43	282	70.50
5	002	陈汉	男	65	88	78	76	307	76.75
6	003	陈沽	男	68	64	70	70	272	68.00
7	004	何泓	男	89	76	80	85	330	82.50
8	005	黄京华	女	76	80	65	66	287	71.75
9	006	江南	女	84	77	90	74	325	81.25
10	007	李先开	男	92	67	87	69	315	78.75
11	008	林森	男	54	76	80	79	289	72.25
12	009	刘芬	女	68	85	50	85	288	72.00
13	010	刘磊达	女	77	90	87	88	342	85.50
14									
15	制表人：	王磊			审核人:李萍				
16								2011年12月10日	

图 4—53　考试考查成绩表

4.3.1　公式的使用

在 Excel 2010 中，公式是对工作表中的数据进行计算操作中最为有效的方式之一，用户可以使用公式来计算电子表格中的各类数据来得到结果。

1. 公式的创建

使用公式可以执行各种运算，公式是由数字、运算符、单元格引用和工作表函数等组成。输入公式的方法与输入数据的方法类似，但输入公式时必须以等号"＝"开头，然后才是公式表达式。

（1）公式的输入。

首先选择要输入公式的单元格，先输入等号"＝"，然后输入数据所在的单元格名称及各种运算符，按 Enter 键。

如图 4—53 所示的案例，要计算一个班级中每位学生的总分，操作步骤如下：

①选中第一个学生所在的总分字段的单元格 H4。

②直接输入等号"＝"，再输入要相加的各科成绩所在的单元格 D4 至 G4 相加的表达式，即形成公式"＝D4＋E4＋F4＋G4"，编辑栏中也同时出现相应的公式。

③按 Enter 键得到四科成绩相加的结果，如图 4—54 所示。

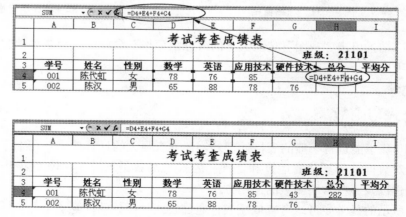

图 4—54　利用公式求总分

132

在输入每个数据时也可不用键盘输入单元格，直接用鼠标单击相应的单元格，公式中也会自动出现该单元格的名称。

（2）在工作表中显示公式和数值。

在工作表中，如果希望显示公式内容或显示公式结果，按 Ctrl+′，便可进行二者之间的切换。

2. 公式的复制和移动

Excel 2010 在进行数据处理时，对复杂公式的修改和重复输入，可以利用移动、复制公式功能。其操作与移动和复制单元格的操作类似，只是公式的复制会使单元格地址发生变化，它们会对结果产生影响。

例如，在本案例中计算出第一个学生的成绩后可以将这个学生的公式复制到其他学生的相应单元格中，操作步骤如下：

（1）选中一个包含公式的单元格，这里选中单元格 H4。

（2）将光标移动到此单元格的右下角，此时鼠标指针变为"＋"形状。

（3）按住鼠标左键向下拖动，直到选中该表格中 H 列的最后一个学生的总分单元格，即单元格 H16，如图 4—55 所示。

（4）松开鼠标左键，H 列其他单元格的计算结果自动出现在相应单元格中，如图 4—56 所示。

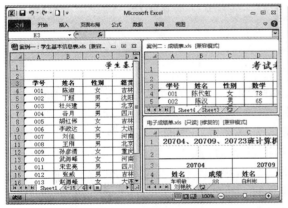

图 4—55　复制公式

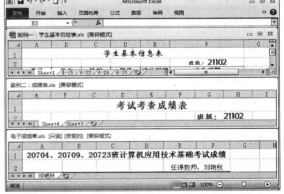

图 4—56　复制公式后的结果

如果复制公式的单元格不是连续的，则无法使用上述方法，可直接对公式复制，然后选择粘贴即可，从上面的例子可以看出，Excel 2010 的公式复制功能对大量的统计计算很方便，但是如果有时需要复制总分列的结果，而不想复制公式，直接粘贴会默认复制公式，并不是用户想要的数据，此时可以通过"选择性粘贴"来实现数值的复制。操作步骤如下：

（1）选中带有公式的单元格，单击鼠标右键，在弹出的快捷菜单中执行"复制"命令。

（2）右键单击目标单元格或单元格区域，在弹出的快捷菜单中鼠标放在"选择性粘贴"选项处，会自动出现级联菜单，将以功能按钮的形式显示所有粘贴的样式。

（3）鼠标停留在每个粘贴按钮上时会提示粘贴名称，单击需要的样式即可。如图 4—57 所示为快捷菜单中"选择性粘贴"级联菜单效果。

若对级联菜单不熟悉的用户可以单击"选择性粘贴"命令，弹出"选择性粘贴"对话框，此对话框以文字形式显示粘贴形式，如图4—58所示，用户可以根据需要选中"粘贴"下的一个单选按钮。例如，需要粘贴计算结果时，可以选择"数值"单选按钮，单击"确定"按钮。

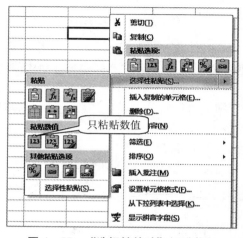

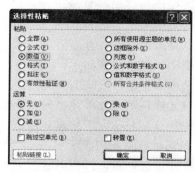

图4—57 "选择性粘贴"级联菜单　　　图4—58 "选择性粘贴"对话框

移动公式和移动单元格方法类似，区别在于移动的是公式还是数值，同样可以根据"选择性粘贴"命令来选择粘贴的选项。

4.3.2 单元格引用

复制和移动公式时，公式中的引用为什么会有变化和不变的情况呢？要想彻底弄明白这个问题，需要了解和进一步分析单元格的引用问题。

引用的作用在于标识工作表上的单元格或单元格区域，并指明公式中所使用的数据的位置。通过引用，可以在公式中使用工作表不同部分的数据，或者在多个公式中使用同一个单元格的数值，还可以引用同一个工作簿中不同工作表上的单元格以及其他工作簿中的数据。

在默认状态下，Excel 2010工作表单元格的位置都以列标和行号来表示，称为A1引用类型，这种类型用字母标志"列"，用数字标志"行"。可分为绝对引用、相对引用、混合引用和三维引用。

1. 相对引用

相对引用是指当前单元格与公式所在单元格的相对位置。Excel 2010系统默认，所有新创建的公式均使用相对引用。

例如，将本案例中的单元格H4中的相对引用公式"＝D4＋E4＋F4＋G4"复制到单元格H5中，列号相同，行号下移一位，则复制后的相对引用公式中的行号也随之下移一位，H5单元格中的公式自动变成"＝D5＋E5＋F5＋G5"，复制到H6至H16同理，如图4—59所示。

图4—60示例的操作步骤如下：

（1）在B3、C3、D3单元格中分别输入："10"、"20"、"25"。

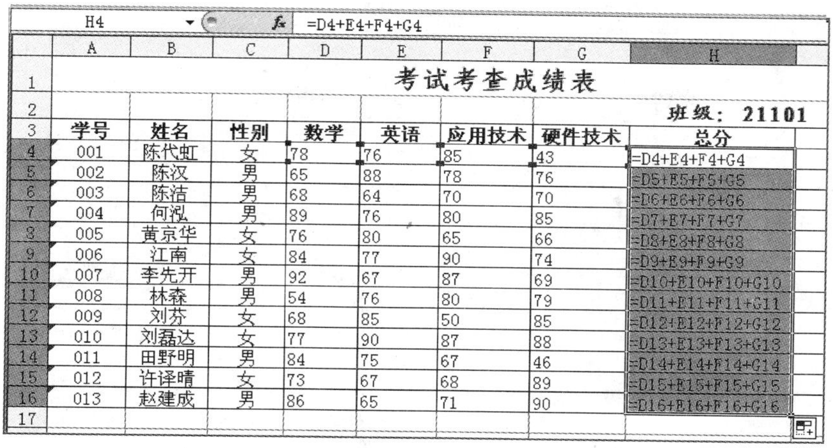

图 4—59　成绩相对引用

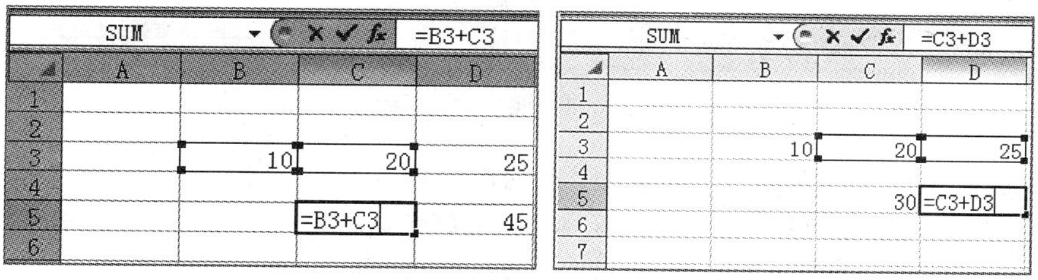

图 4—60　相对引用示例

（2）在 C5 单元格中输入公式"＝B3＋C3"。

（3）将 C5 单元格复制到 D5 单元格，D5 单元格中的公式改为"＝C3＋D3"，即相对于 C5 公式中的列标加 1。

2. 绝对引用

绝对引用是指把公式复制或填入到新位置时，公式中引用的单元格地址保持固定不变。在 Excel 2010 中，绝对引用通过对单元格地址的"绑定"来达到目的，即在列号和行号前添加美元符号"＄"，采用的格式是＄C＄3。＄C＄3 和 C3 的区别在于：使用相对引用时，公式中引用的单元格地址会随着单元格的改变而相对改变；使用绝对引用时，公式中引用的单元格地址保持绝对不变。

例如，将 H4 单元格中的公式改为"＝＄D＄4＋＄E＄4＋＄F＄4＋＄G＄4"，则同样复制到 H5 至 H16，效果如图 4—61 所示，所有公式引用的单元格是完全一样的，并不随着单元格的改变而改变。

3. 混合引用

混合引用是指在公式中既使用相对引用，又使用绝对引用，当进行公式复制时，绝对引用部分保持不变，相对引用部分随单元格位置的变化而变化。

例如，在图 4—60 例子中，将单元格 C5 引用公式改为"＝＄B＄3＋C3"，结果为 30，含义为：无论复制到任何位置，B3 是绝对不变的，C3 相对变化，将单元格 C5 复制到 D5，则 D5 单元格中的公式自动变成"＄B＄3＋D3"，结果为 35，即公式中第一个单元格仍然是 B3 中的数值 10 不变，第二个单元格相对从 C3 移至 D3，如图 4—62 所示。

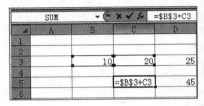

图 4—61　成绩绝对引用

图 4—62　混合引用示例

同样，也有形如"＝＄B3＋C＄3"样式的混合引用，含义为：＄B3 指列标"B"绝对不变，行号"3"相对变化；C＄3 指列标"C"相对变化，行号"＄3"绝对不变。

小妙招

运用快捷方式设置引用类型。在公式中使用引用时，可以通过多次按快捷键F4来选择哪种引用效果，光标在哪个引用名字上就变化哪个引用效果。例如，单元格F4中输入的是"＝C5＋B6"，当光标放在B6的位置时，按F4快捷键则B6的位置依次变化为"B＄6"、"＄B6"、"＄B＄6"和"B6"。

---

4. 三维引用

三维引用的含义是：在同一工作簿中引用不同工作表中单元格或区域中的数据。一般格式如下：

工作表名称！单元格或区域

例如，要计算某学生学年总分需将学生第一学期总成绩和第二学期总成绩相加，两个学期总成绩在一个工作簿的两个工作表中，分别在 Sheet1 和 Sheet2 中，则在 Sheet2 中的学年总分单元格 B2 中应输入公式"＝Sheet1！H4＋A2"形式的公式，如图 4—63 所示。

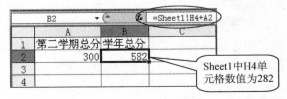

图 4—63　三维引用示例

三维引用创建步骤：

（1）选择需要设置三维引用公式的单元格。

（2）键入"="等号字符表示公式开始，公式中非三维引用部分可以直接输入或直接选择输入。

（3）输入三维引用部分，单击选择切换到三维引用所需工作表，并选定要使用的单元格或区域。

（4）输入完成后，按 Enter 键或单击选择输入按钮。

4.3.3 函数的使用

函数是一些预定义的公式，是对一个或多个执行运算的数据进行指定的计算，并且返回计算值的公式。执行运算的数据（包括文字、数字、逻辑值）称为函数的参数，经函数执行后传回来的数据称为函数的结果。

1. 函数的分类

Excel 2010 中提供了大量的可用于不同场合的各类函数，分为财务、日期与时间、数学与三角函数、统计、查找与引用、数据库、文本、逻辑和信息等。这些函数极大地扩展了公式的功能，使数据的计算、处理更为容易，更为方便，特别适用于执行繁长或复杂的计算公式。

2. 函数的语法结构

Excel 2010 中函数最常见的结构以函数名称开始，后面紧跟左小括号，然后以逗号分隔输入参数，最后是右小括号结束。格式如下：

函数名（参数1，参数2，参数3，…）

例如：SUM（number1，number2，number3，…）

函数的调用方法有两种，一种为"公式"选项卡下的"自动求和"下三角按钮，如图4—64所示，单击"自动求和"右侧的向下箭头弹出下拉菜单，显示五种最常用的函数以及最下方的其他函数，此种方法更为方便，不易出错。第二种方法为直接输入函数，操作步骤如下：

（1）单击"公式"选项卡下的"插入函数"按钮 f_x。

（2）在"插入函数"对话框中，选择"搜索函数"中的"选择类别"下拉式列表及"选择函数"列表对应的函数名，如图4—65所示。

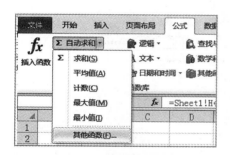

图4—64　自动求和菜单

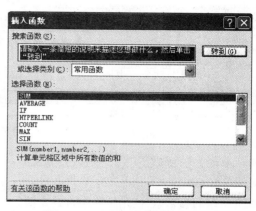

图4—65　"插入函数"对话框

137

（3）单击"确定"按钮，弹出相应的"函数参数"对话框；

（4）输入"Number1，Number2，Number3，…"中的参数，单击"确定"按钮。

3. 常用函数

（1）求和函数 SUM。函数格式如下：

SUM(number1，number2，number3，…)

功能：返回参数表中所有参数的和。

例如，在"考试考查成绩表"案例中学生总分用加法公式计算稍显麻烦，可以用求和函数计算，可以直接在 H4 单元格中输入"＝SUM（D4：G4）"，或者单击"公式"选项卡下"自动求和"按钮 Σ 自动求和 ▾，选中需要求和的单元格区域"D4：G4"，按 Enter 键，如图4—66 所示。如要计算不连续的单元格的和，则与不连续单元格选取的方法类似，单击"自动求和"按钮后，选取第一个需要求和的单元格，再按住 Ctrl 键不放选取不连续的需要求和的单元格，按 Enter 键确认结束。

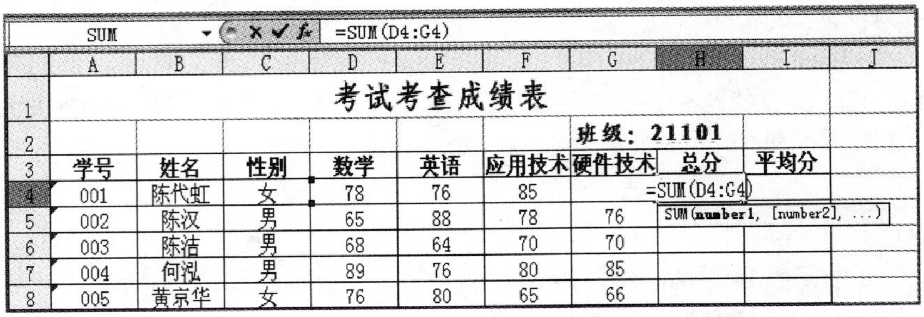

图 4—66 求和函数计算总分

（2）求平均值函数 AVERAGE。函数格式如下：

AVERAGE(number1，number2，number3，…)

功能：返回参数表中所有参数的平均值。

例如，在"考试考查成绩表"案例中计算学生的平均分，与自动求和类似，可以直接在 I4 单元格中输入"＝AVERAGE（D4：G4）"，或者使用"自动求和"按钮右侧的向下箭头，在弹出的下拉菜单选择"平均值"选项，选择"D4：G4"单元格区域，如图 4—67 所示，再按 Enter 键完成。

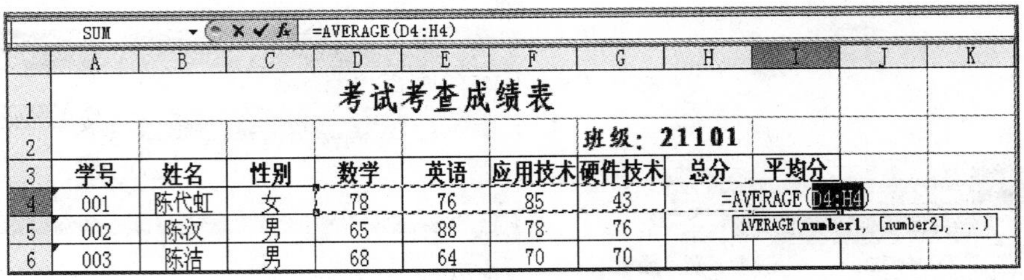

图 4—67 用函数求平均分

（3）求最大值函数 MAX。函数格式为：

MAX(number1，number2，number3，…)

功能：返回参数表中所有参数的最大值。

138

例如，在"考试考查成绩表"案例中添加一行计算数学课程的最高分，选取单元格 D17，直接输入"＝MAX（D4：D16)"，或者选择"自动求和"按钮菜单中的"最大值"选项，选取 D4：D16，如图 4—68 所示，再按 Enter 键完成。

（4）求最小值函数 MIN。函数格式为：

MIN（number1，number2，number3，…）

功能：返回参数表中所有参数的最小值。求值方法与 MAX 函数相同。

（5）计数函数 COUNT。函数格式为：

COUNT(number1，number2，...，number n)

功能：返回参数表中数字项的个数。COUNT 属于统计函数。

COUNT 函数最多可以有 30 个参数，函数 COUNT 在计数时，将把数字、日期或以文本代表的数字计算在内，错误值或其他无法转换成数字的文字将被忽略。例如，公式"＝COUNT（B4：D7，F10，15，"abc"）"，表示判断"B4：D7"单元格区域和"F10"单元格中，是否包含数字、日期或以文本代表的数字，如果有则统计个数；15 为数字数值，计数加 1，"abc"为文本英文字符，不进行计数。

（6）IF 函数。函数格式为：

IF(logical＿test，value＿if＿true，value＿if＿false)

功能：判断条件表达式的值，根据表达式值的真假，返回不同结果。

其中"logical＿test"为判断条件，是一个逻辑值或具有逻辑值的表达式。如果"logical＿test"表达式为真时，显示"value＿if＿true"的值；如果"logical＿test"表达式为假时，显示"value＿if＿false"的值。

案例二中评价数学成绩 60 分以上的显示"及格"，小于 60 分的显示"不及格"，在评价单元格"E4"中直接输入公式"＝IF（D4＞＝60，"及格"，"不及格"）"，或者在单击常用工具栏中的"自动求和"右侧的向下按钮弹出的下拉菜单中选择"其他函数"中的"IF 函数"，弹出"函数参数"对话框，在相应单元格中输入，如图 4—69 所示，最终效果如图 4—70 所示。

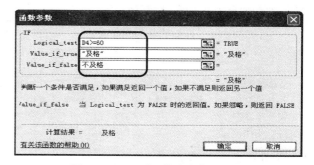

图 4—68　求数学成绩最高分　　　　　图 4—69　IF"函数参数"对话框

函数可以嵌套，当一个函数作为另一个函数的参数时，称为函数嵌套。函数嵌套可以提高公式对复杂数据的处理能力，加快函数处理速度，增强函数的灵活性。IF 函数最多可以嵌套七层。如将数学评价改进，将评价等级细分，分成优、良、中、及格、不及格五个等级，就要用函数嵌套的形式了，“logical _ test”为最高的条件“D4>=90”、“value _ if _ true”等级为“优秀”，而在“value _ if _ false”中为小于 90 分的情况，所以以此为前提再细分，又是一个 IF 函数，依此类推，则公式为“=IF（D4>=90，“优”，IF（D4>=80，“良”，IF（D4>=70，“中”，IF（D4>=60，“及格”，“不及格”））））”，最终效果如图 4—71 所示。

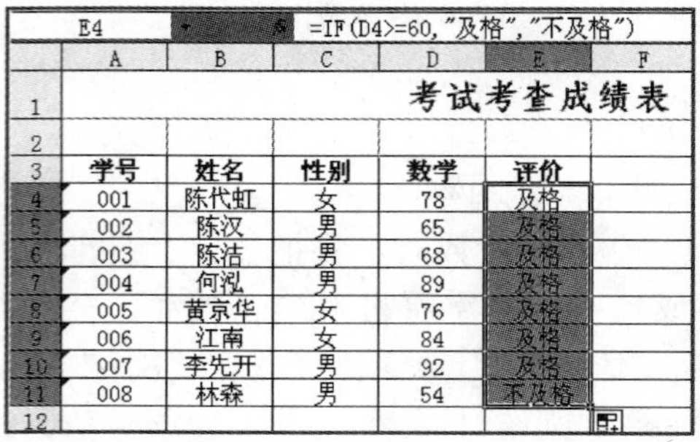

E4 =IF(D4>=60,"及格","不及格")

	A	B	C	D	E	F
1				考试考查成绩表		
2						
3	学号	姓名	性别	数学	评价	
4	001	陈代虹	女	78	及格	
5	002	陈汉	男	65	及格	
6	003	陈洁	男	68	及格	
7	004	何泓	男	89	及格	
8	005	黄京华	女	76	及格	
9	006	江南	女	84	及格	
10	007	李先开	男	92	及格	
11	008	林森	男	54	不及格	
12						

图 4—70　成绩评价效果图

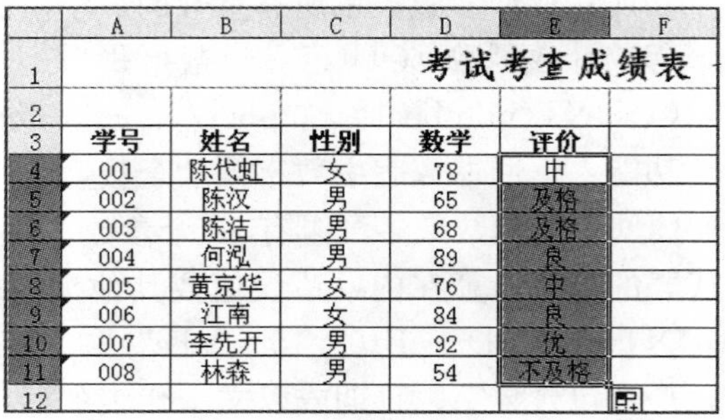

	A	B	C	D	E	F
1				考试考查成绩表		
2						
3	学号	姓名	性别	数学	评价	
4	001	陈代虹	女	78	中	
5	002	陈汉	男	65	及格	
6	003	陈洁	男	68	及格	
7	004	何泓	男	89	良	
8	005	黄京华	女	76	中	
9	006	江南	女	84	良	
10	007	李先开	男	92	优	
11	008	林森	男	54	不及格	
12						

图 4—71　使用 IF 嵌套的成绩评价效果图

4.4　工作表的格式化

在 Excel 2010 中，用户可根据需要对工作表中的单元格数据设置不同的格式进行修饰，Excel 2010 提供了丰富的格式化设置选项，使工作表和数据格式设置更加便于编辑、更加美观。

工作表的格式化包括设置数字格式、设置对齐格式、设置字体格式、设置边框和底纹格式等。图 4—72 是修饰后的成绩表，本案例需对上节案例中的“考试考查成绩表”进行格式化，格式设置如下：

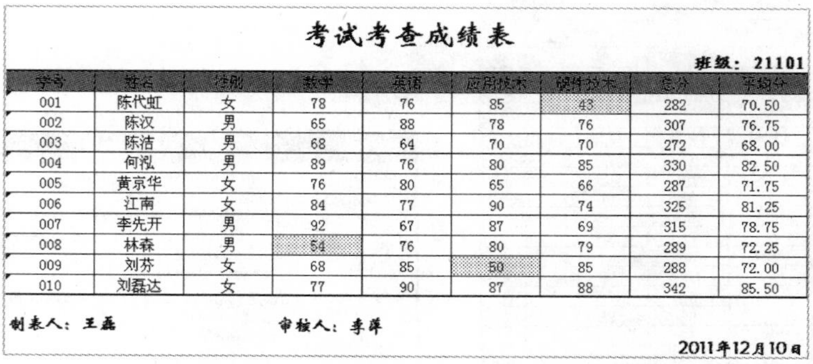

考试考查成绩表

班级：21101

学号	姓名	性别	数学	英语	应用技术	硬件技术	总分	平均分
001	陈代虹	女	78	76	85	43	282	70.50
002	陈汉	男	65	88	78	76	307	76.75
003	陈洁	男	68	64	70	70	272	68.00
004	何泓	男	89	76	80	85	330	82.50
005	黄京华	女	76	80	65	66	287	71.75
006	江南	女	84	77	90	74	325	81.25
007	李先开	男	92	67	87	69	315	78.75
008	林森	男	54	76	80	79	289	72.25
009	刘芬	女	68	85	50	85	288	72.00
010	刘磊达	女	77	90	87	88	342	85.50

制表人：王磊　　审核人：李萍

2011年12月10日

图 4—72　修饰成绩表

（1）表格字体字号以及数字格式的合理设置；

（2）表格文字对齐方式的合理设置；

（3）边框和底纹的合理设置；

（4）合并单元格的设置；

（5）将表格设置成受保护不可更改状态；

（6）利用条件格式将不及格学生的成绩标明。

4.4.1　单元格格式的设置

在制作工作表时，用户可以对单元格的字体、对齐方式、边框等进行设置，下面将分别介绍单元格格式的设置方法。

1. 数字格式的设置

选定单元格或单元格区域，鼠标右键单击弹出快捷菜单，在快捷菜单中选择"设置单元格格式"选项，弹出"设置单元格格式"对话框，选择"数字"选项卡，在"分类"框中选择某一个选项，会在"示例"框显示所选单元格应用所选格式后的外观，如图4—73所示。

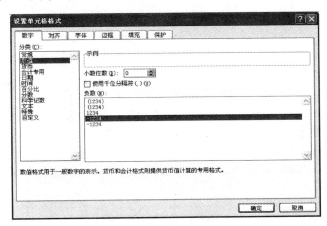

图4—73　"数字"选项卡

在图4—72所示的案例中的"学号"列需设置数字格式为"文本"，"平均分"列应设置为"数值"，且小数位数设置为"2"位，则在"示例"框中显示"70.50"效果，也可根据单元格需要选择"负数"列表框中的负数表达方式，如图4—73所示。

除使用"设置单元格格式"对话框方式设置数字格式外，还可以使用"开始"选项卡下"数字"组中的"数字格式"下拉式列表设置。

2. 对齐格式的设置

选择"设置单元格格式"对话框中"对齐"选项卡，如图7—74所示，可以设置水平对齐方式、垂直对齐方式及文本方向等，在本案例中的表格标题的水平对齐和垂直对齐都为居中对齐；"班级"、年月日为靠右对齐；"制表人："为靠左对齐。在"开始"菜单下"对齐方式"组中工具栏的 ▤ ▤ ▤ 对齐按钮分别表示靠左、居中和靠右对齐。在"方向"栏中可以设置文字角度；"文本控制"中的"合并单元格"复选框作用与"开始"菜单下"对齐方式"组中工具栏的 ▣▾ 按钮作用相同；"自动换行"复选框和"缩小字体填充"复选框已在数据编辑中讲过，这里不再赘述。本案例中的标题、年月日及班级均设置了合并单元格。

3. 字体格式的设置

单击"设置单元格格式"对话框中的"字体"选项卡，如图4—75所示，其中的设置与Word 2010中的类似，这里不再赘述。

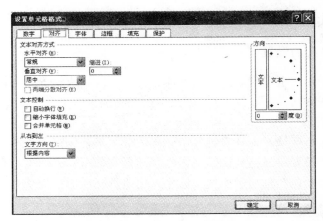

图4—74　"对齐"选项卡

4. 边框格式的设置

在"开始"菜单下"字体"组中的 ⊞▾ 按钮可以设置单元格边框，同时在"设置单元格格式"对话框中的"边框"选项卡，可以更详细地设置丰富的边框样式及边框颜色，以及自定义有无各个边框及斜线，如图4—76所示为本案例的表格边框设置，设置时要先选择样式和颜色再单击设置的边框线。

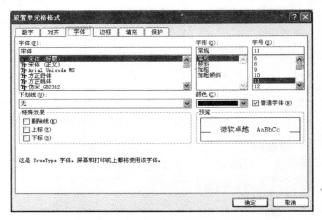

图4—75　"字体"选项卡

5. 图案格式的设置

在"开始"菜单下"字体"组中的 🪣▾ 按钮只能为表格添加不同颜色的底纹，但不能添加图案样式，而在"设置单元格格式"对话框中的"填充"选项卡下可以设置更为丰富的颜色和自己喜欢的图案样式，如图4—77所示，在本案例中分别设置了学生成绩表格表头、表格标题、落款的图案样式。

6. 保护的设置

如图4—78所示为"保护"选项卡，只包含两个复选框："锁定"和"隐藏"。"锁定"用于锁定单元格，"隐藏"用于隐藏公式，为了安全，防止别人修改数据而设定，但此选项卡只有当工作表为保护状态时才有效，单击"审阅"选项卡下"更改"组下的"保护工作表"命令，进行保护工作表设置。

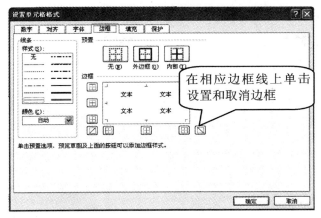

图 4—76　"边框"选项卡

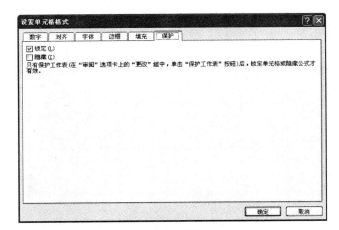

图 4—77　"填充"选项卡

图 4—78　"保护"选项卡

4.4.2 设置工作表背景

在 Excel 2010 中，用户可以为整个表格设置背景，以达到美化工作表的目的，设置工作表背景的步骤如下：单击"页面布局"选项卡下"页面设置"组下的"背景"命令，如图4—79 所示，弹出"工作表背景"窗口，通过"查找范围"下拉菜单选择背景图片所在路径，如图 4—80 所示，单击"插入"按钮插入背景，如图 4—81 所示为设置背景后效果。

图 4—79　设置背景

图 4—80　"工作表背景"窗口

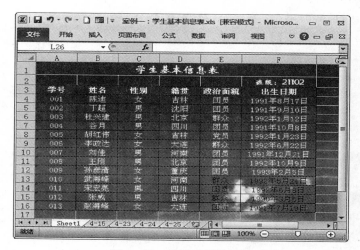

图 4—81　设置背景效果图

144

如需删除工作表背景，则单击"页面布局"选项卡下"页面设置"组下"删除背景"命令即可。

4.4.3　自动套用格式

对于制作完成的表格，如想提高工作效率，可以使用 Excel 2010 中提供的自动套用格式功能来格式化工组表中的表格。Excel 2010 中包含更多种可用的表格样式，用户可以根据需要选择一种进行设置，来完成既美观又快捷的表格制作。操作步骤如下：

（1）选定预设置格式的单元格区域，单击"开始"选项卡下"样式"组下的"套用表格格式"命令 ![套用表格格式]，在展开的下拉菜单中显示各个表格样式，如图 4—82 所示，为考试考查成绩表设置了下拉菜单中"中等深浅"下"表样式中等深浅 13"的表格效果，应用完表格套用效果后，Excel 会自动新增"设计"选项卡，如图 4—83 所示，用户可在此选项卡中进行格式修改。

若套用表格格式已确定无需更改，则可以将套用表格转换为普通区域，单击"设计"选项卡下"工具"组下的"转换为区域"命令，在弹出的对话框中单击"是"按钮即可，转换后 Excel 将自动取消"设计"选项卡。

（2）在"自动套用格式"对话框中选择一种表格样式，单击"选项"按钮可以选择应用的格式，图 4—83 是将本案例设置成了"序列 2"样式的表格样式。

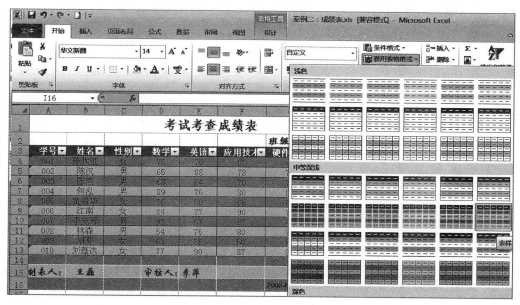

图 4—82　套用表格格式

图 4—83　"设计"选项卡

4.4.4 条件格式

在成绩表案例中，需要将学生的不及格分数用底纹和红色字突出显示出来，如果一个一个去做很麻烦，那么可以用 Excel 2010 提供的条件格式功能快速把整个工作表中的不及格分数突出显示出来。

所谓条件格式是指：当单元格中的数据满足指定条件时所设置的显示方式，一般包含单元格底纹或字体颜色等格式。如果需要突出显示公式的结果或其他要监视的单元格的值，可应用条件格式标记单元格。Excel 2010 通过使用数据条、色阶和图标集来改进旧版本条件格式的设置，条件格式设置可以轻松地突出显示所关注的单元格或单元格区域、强调特殊值和可视化数据。

1. 条件格式的设置

（1）选取要设置条件格式的单元格或单元格区域，如本例中将学生单科不及格的成绩红色字显示，应选取单元格区域 D4：G13。

（2）单击"开始"选项卡下"样式"组下的"条件格式"命令，弹出的下拉菜单中选择"突出显示单元格规则"级联菜单中的"小于"选项，如图 4—84 所示，弹出"小于"对话框。

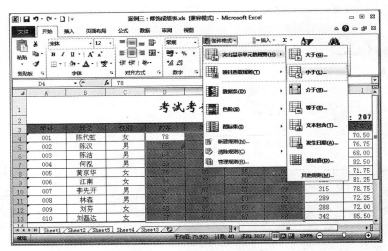

图 4—84　"条件格式"菜单

（3）在常量框中输入"60"，或单击常量框后面的获取源数据按钮 ，可以设置单元格中的条件，在"设置为"后面的下拉式列表中选择待设置的格式，或自定义格式，如图 4—85 所示，含义为当所选区域数据小于"60"时，单元格格式设置为"浅红填充色深红色文本"。

图 4—85　"条件格式"对话框

2. 条件格式的删除

若想删除条件格式，则选择"条件格式"菜单下"清除规则"级联菜单中的"清除所选单元格的规则"选项或"清除整个工作表的规则"选项，如图 4—86 所示。

Excel 2010 可以设置更丰富的条件格式，使条件格式的设置更加灵活方便，"条件格式"菜单列表中各个选项含义如下：

突出显示单元格规则：主要用于基于比较运算符设置的特定单元格的格式。

项目选取规则：用于统计数据，可以很容易突出数据范围内，高于/低于平均值的数据，或者按百分比找出数据，如图 4—87 所示为项目选取规则级联菜单。

数据条：帮助用户查看某个单元格相对于其他单元格的值，数据条的长度代表单元格中的值，数据条越长，表示值越高；数据条越短，表示值越低。在观察大量数据中较高值和较低值时，数据条尤为有用，如节假日销售报表中最畅销和最滞销的礼品，如图 4—88 所示为设置渐变填充数据条效果。

色阶：作为一种直观的指示，帮助用户了解数据分布和数据变化，在一个单元格区域中显示双色渐变或三色渐变，通过颜色的深浅来表述数据的大小，如图 4—89 所示为色阶子菜单。

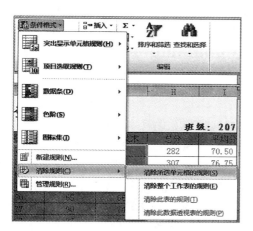

图 4—86　删除条件格式

图 4—87　项目选取规则设置

图 4—88　数据条格式设置

图 4—89　色阶格式设置

使用图标集可以对数据进行注释，并可以按阈值将数据分为 3～5 个类别。每个图标代

表一个值的范围。例如，在三向箭头图标集中，绿色的上箭头代表较高值，黄色的横向箭头代表中间值，红色的下箭头代表较低值，图4—90所示为设置图标集格式效果。

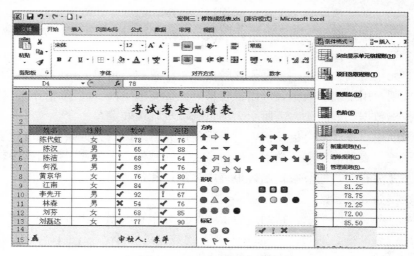

图4—90　图标集格式设置

"新建规则"可以自定义条件格式规则，"管理规则"可以对设置好的条件格式进行增、删、改管理。

4.5　图表制作

对于大量的数据，往往用图形更能表示出数据之间的相互关系，增强数据的可读性和直观性。Excel 2010提供了强大的图表生成功能，可以方便地将工作表中的数据以不同形式的图表方式展示出来，当工作表中的数据源发生变化时，图表中相应的部分会自动更新。

图4—91、图4—92为某公司的四个分公司的销售统计图，本案例利用所提供的全年软件销售统计表（如图4—93所示）进行创建、编辑、修饰图表。本案例重在练习根据数据分析的目的和要求，选择适合的图表；图4—91分析比较每个季度四个分公司销售明细，重点看南京分公司的销售趋势；图4—92分析比较第三季度四个分公司销售明细和比例；同时对图表进行修饰美化。

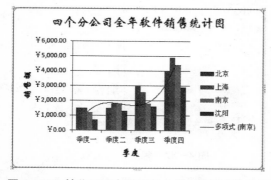

图4—91　某公司四个季度各个分公司销售统计图

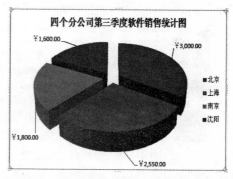

图4—92　四个分公司第三季度销售统计图

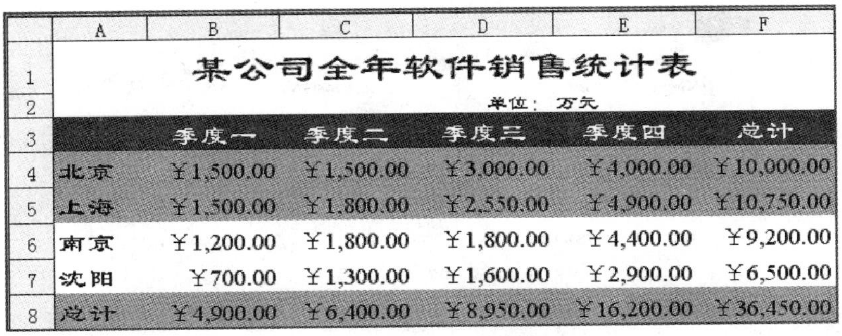

	A	B	C	D	E	F
1		某公司全年软件销售统计表				
2					单位：万元	
3		季度一	季度二	季度三	季度四	总计
4	北京	￥1,500.00	￥1,500.00	￥3,000.00	￥4,000.00	￥10,000.00
5	上海	￥1,500.00	￥1,800.00	￥2,550.00	￥4,900.00	￥10,750.00
6	南京	￥1,200.00	￥1,800.00	￥1,800.00	￥4,400.00	￥9,200.00
7	沈阳	￥700.00	￥1,300.00	￥1,600.00	￥2,900.00	￥6,500.00
8	总计	￥4,900.00	￥6,400.00	￥8,950.00	￥16,200.00	￥36,450.00

图 4—93　销售统计表

4.5.1　图表的创建

图表是 Excel 2010 为用户提供的强大功能，通过创建各种不同类型的图表，为分析工作表中的各种数据提供更直观的表示效果，而是否能够达到创建目的，一个重要的决定原因是图表数据的选取。

一般情况下，对表格数据范围的选取应注意以下两个方面：

方法一：创建图表必须清楚地描述要达到的目标，目标决定成图的数据范围，多余数据将影响成图及分析效果。

方法二：创建图表选取数据源时，要包含"上表头"和"左表头"文字内容及相关数据区域，以柱形图为例，上表头信息作为图表的"X 轴标签"显示在 X 轴位置；左表头信息作为图表的"图例"默认显示图表右侧，图 4—91 所示为选择了上表头和左表头。

例如，针对某公司全年软件销售统计表，需要创建四个分公司的全年销售统计图。制图目标是为了对比分析每个季度各个分公司的销售情况。选取数据应包括公司名称字段和各个季度销售额字段（包含季度上表头），注意：不能包含总计字段。创建图表步骤如下：

（1）选择所需数据区域，本例中的第一个图表：每个季度各个分公司全年销售明细图应选择单元格区域（A3：E7），注意不要多选漏选。

（2）单击"插入"选项卡下"图表"组下的"柱形图"命令，在展开的下拉式列表中列出了 Excel 2010 提供的图表类型，如图 4—94 所示，本例选择"簇状柱形图"图表类型，在当前工作表中插入一簇状柱形图，如图 4—95 所示，Excel 会自动新增图表工具所包含的"设计"、"布局"及"格式"三个选项卡，可以对图表进行编辑，插入的图表只显示了图表的图例、水平类别轴和数值轴刻度。

（3）为图表添加标题，选中图表区，切换到"布局"选项卡，在"标签"组下单击"图表标题"按钮，在展开的菜单中选择"图表上方"选项，如图 4—96 所示，此时图表上方显示了图表标题文本框，以及相应的提示文本，用户只需删除其中的文本，输入新标题名称即可，在本例中输入"四个分公司全年软件销售统计图"，对标题可以进行字体字号设置及位置调整，添加坐标轴标题方法类似，可以设置"主要横坐标轴标题"和"主要纵坐标轴标题"，图 4—97 显示了"主要纵坐标轴标题"级联菜单，图 4—98 所示为本例中设置图表标题、主要横坐标轴标题和主要纵坐标轴标题，纵坐标轴标题标题选择了"旋转过的标题"。

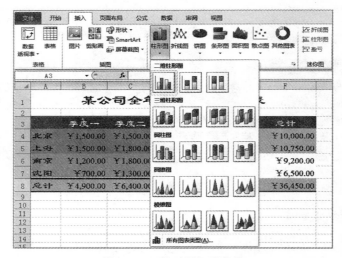

图 4—94　柱形图级联菜单

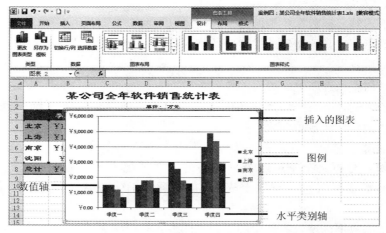

图 4—95　插入簇状图

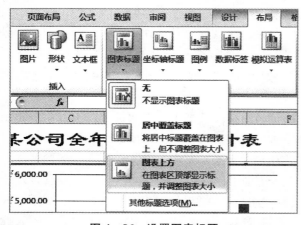

图 4—96　设置图表标题

图 4—97　设置坐标轴标题

若创建图4—92所示的四个分公司第三季度销售统计图，步骤相似，需要注意以下几点区别：

（1）在选择图表数据区域时应选取不连续的数据区域，按住 Ctrl 键。

（2）插入图表应选择"饼图"中的"分离型三维饼图"子图。

（3）为饼图设置数据标签中的"值"和"引导线"，如图4—99所示。

（4）饼图无坐标轴标题。

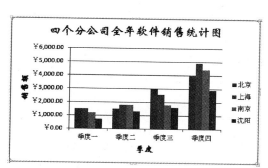

图4—98　为图表设置标题

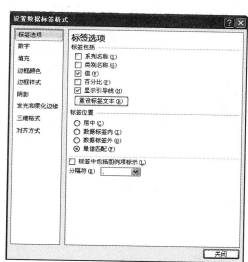

图4—99　为饼图设置数据标签

提示：选中单元格区域后按快捷键F11可直接作为新工作表生成柱形图表。

4.5.2　图表的编辑与格式化

用户可能会对生成的图表感到不满意，特别是快速创建的图表、中间步骤没有详细设置的图表，因此，学会对图表进行修改是非常重要的。

1. 图表的组成

要想很灵活地编辑图表，首先要了解图表的组成结构，以及图表的可编辑对象，如图4—100所示为图表的组成。

图表中各组成部分及其功能如下：

图表标题：用于显示图表标题名称，位于图表顶部。

图表区：表格数据的成图区，包含所有图表对象。

绘图区：图表主体区，用于显示数据关系的图形信息。

图例：用不同色彩的小方块和名称区分各个数据系列。

分类轴和数值轴：分别表示各分类的名称和各数值的刻度。

数据系列图块：用于标识不同系列，表现不同系列间的差异、趋势及比例关系，每一个系列自动分配一种唯一图块颜色，并与图例颜色匹配。

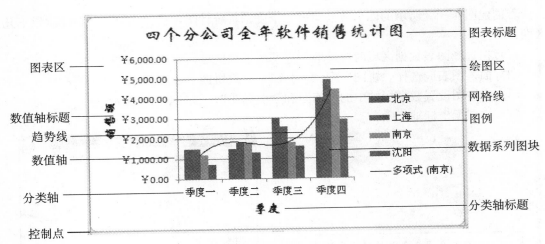

图4—100 图表的组成

2. 图表设置的修改

图表创建后，如果发现图表创建时设置的各种值和图表选项与想要的效果不一致，可以重新进行更改，方法如下：

（1）更改图表类型。

单击"图表区"空白处，单击"设计"选项卡下"类型"组中的"更改图表类型"按钮，弹出"更改图表类型"对话框，如图4—101所示，可以选择需要的图表类型，如图所示选择了折线图中的"带数据标志的折线图"子项，单击"确定"按钮即可，此时图表的类型已经改变，Excel自动切换至"设计"选项卡，单击"图表样式"组中的快翻按钮，在展开的图表样式库中选择需要的样式，如图4—102所示。

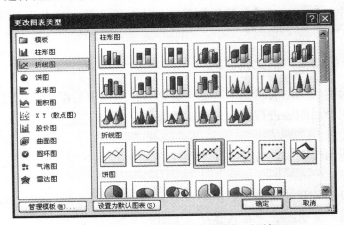

图4—101 "更改图表类型"对话框

除上述方法外，还可以右键单击图表区空白处，在弹出的快捷菜单中选择"更改图表类型"选项来弹出"更改图表类型"对话框。

（2）更改数据源。

若设置图表前选择的数据源有问题需要更改，则可以随时更改图表数据源，选择图表区空白区域，单击"设计"选项卡"数据"组下的"选择数据"按钮，弹出"选择数据源"对

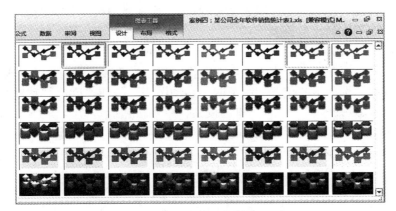

图4—102 图表样式

话框，如图4—103所示，单击"图表数据区域"后面的按钮可以重新选择数据源，此对话框还可以切换行和列，如图4—91所示，图表含义为某公司四个季度各个分公司销售统计，若要使用图表来表达各个分公司每个季度的销售统计，则单击此对话框的"切换行/列"按钮，单击"确定"按钮，如图4—104所示，分类轴变为分公司名，图例变为季度，也可通过单击"设计"选项卡的"切换行/列"按钮实现行和列的切换。

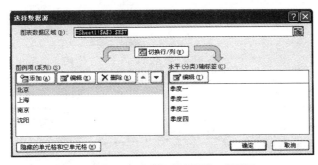

图4—103 "选择数据源"对话框

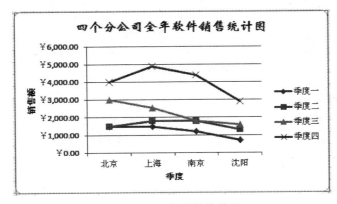

图4—104 行列转换效果

（3）更改图表布局。

选中图表区空白区域，单击"开始"选项卡下"图表布局"组中的快翻按钮，在展开的

153

图表布局库中选择需要的布局，如图4—105所示，如选择"布局5"，图表变成如图4—106
所示效果，在图表下方显示数据表形式。

（4）更改图表位置。

图表默认与工作表在同一工作表中，如需将图表作为单独工作表显示，则可以更改图表
位置，单击"开始"选项卡"位置"组下的"移动图表"按钮，弹出"移动图表"对话框，
如图4—107所示，选择"新工作表"单选按钮，单选按钮后可以为新工作表命名，工作表
名默认为Chart1，单击"确定"按钮完成。

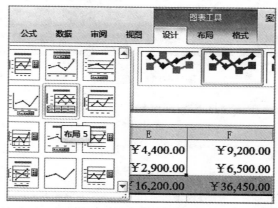

图4—105 图表布局

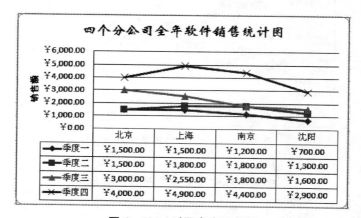

图4—106 对图表应用布局

（5）更改图例和数据标签。

图例的更改可以单击"开始"选项卡"标签"组下的"图例"按钮，在展开的菜单中选
择图例位置，单击"其他图例按钮"选项弹出"设置图例格式"对话框，如图4—108所示，
可以通过"图例选项"、"填充"、"边框颜色"、"边框样式"、"阴影"、"发光和柔化边缘"几
个选项卡更改图例格式。

3.图表的修饰

图表的大小、位置均可以通过相应的调整进行修饰，想修饰哪个区域最快捷的方法就是
双击哪个区域。

图4—107 "移动图表"对话框　　　　　图4—108 "设置图例格式"对话框

（1）图表区的修饰。

若将本案例图表区修饰成淡蓝色背景、深蓝色虚线边框、预设形状及图表区文字格式等进行设置，操作步骤如下：

①双击图表区空白处，弹出"设置图表区格式"对话框，如图4—109所示，通过"填充"、"边框颜色"、"边框样式"等选项卡设置图表区的格式。本案例中，在"填充"选项卡中选择"纯色填充"单选按钮，在"填充颜色"处"颜色"项单击颜色选取按钮 ⬛▾，在展开的颜色中选择"蓝色，淡色60％"。

②设置边框颜色。切换至"边框颜色"选项卡，选择"实线"单选按钮，颜色设置同填充方法，选择"深蓝，深色25％"。

③设置边框样式。切换至"边框样式"选项卡，"宽度"选择"1.75磅"，单击"短划线类型"后面的 ▦▾ 按钮，在展开的菜单中选择"方点"，将下方的"圆角"复选框勾选上，设置边框为圆角矩形，如图4—110所示。

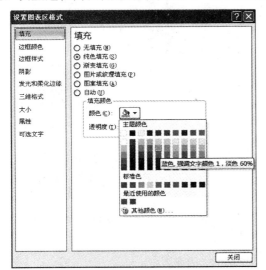

图4—109 "设置图表区格式"对话框　　　　图4—110 设置图表区边框样式

④设置图表阴影效果。切换至"阴影"选项卡，单击"预设"后的 按钮，在展开的菜单中选择"外部"栏中的"向下偏移"子项，如图4—111所示，最终图表区设置效果如图4—112所示。

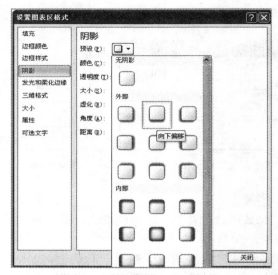

图4—111　设置图表区阴影

（2）图例的修饰。

选中图例，右键单击弹出快捷菜单，如图4—113所示，选择"设置图例格式"选项，弹出"设置图例格式"对话框，可以设置图例位置、填充、颜色等，设置方法与图表区格式设置类似，这里不再赘述。

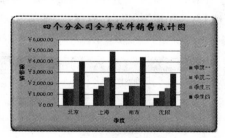

图4—112　图表区格式设置效果

图4—113　图例设置

（3）坐标轴格式设置。

若修改图表坐标轴的格式直接双击要设置的 X 坐标轴或 Y 坐标轴，弹出"设置坐标轴格式"对话框，如图4—114所示为 X 坐标轴的"设置坐标轴格式"对话框，如图4—115所示为 Y 坐标轴的"设置坐标轴格式"对话框，用户可根据需要修改。

图表上述格式设置均可以通过快捷菜单和"图表工具"中的"格式"选项卡中的"设置所选内容格式"按钮设置。

4. 趋势线

（1）添加趋势线。在本案例中为南京各个季度的销售情况添加了趋势线，添加趋势线的操作步骤如下：

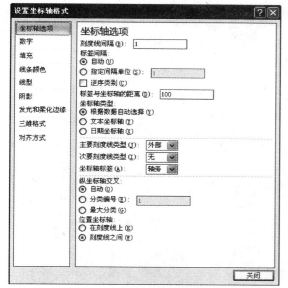

图4—114 "设置坐标轴格式"对话框——X轴　　　**图4—115 "设置坐标轴格式"对话框——Y轴**

①单击需要添加趋势线的数据系列，本例中单击南京数据系列。右键单击弹出快捷菜单，选择"添加趋势线"命令，弹出"设置趋势线格式"对话框，如图4—116所示。

②"设置趋势线格式"对话框包括"趋势线选项"、"线条颜色"、"线型"、"阴影"、"发光和柔化边缘"五个选项卡，在"趋势线选项"选项卡中的趋势预测/回归分析类型中包括指数、线性、对数、多项式、幂和移动平均六种趋势线，每种趋势线含义如下：

指数：指数趋势线是一种曲线，它适用于速度增减越来越快的数据值。如果数据值中含有零或负值，就不能使用指数趋势线。

线性：线性趋势线是适用于简单线性数据集的最佳拟合直线。如果数据点构成的图案类似于一条直线，则表明数据是线性的。线性趋势线通常表示事物是以恒定速率增加或减少。

对数：如果数据的增加或减小速度很快，但又迅速趋近于平稳，那么对数趋势线是最佳的拟合曲线。对数趋势线可以使用正值和负值。

多项式：多项式趋势线是数据波动较大时适用的曲线，用于分析大量数据的偏差。多项式的顺序表示阶数，阶数可由数据波动的次数或曲线中拐点（峰和谷）的个数确定。二阶多项式趋势线通常仅有一个峰或谷。三阶多项式趋势线通常有一个或两个峰或谷。四阶通常多达三个。

幂：幂趋势线是一种适用于以特定速度增加的数据集的曲线，如赛车1秒内的加速度。如果数据中含有零或负数值，就不能创建幂趋势线。

移动平均：移动平均趋势线平滑处理了数据中的微小波动，从而更清晰地显示了图案和趋势。移动平均使用特定数目的数据点（由"周期"选项设置），取其平均值，然后将该平均值作为趋势线中的一个点。例如，"周期"设置为2，说明头两个数据点的平均值是移动平均趋势线中的第一个点。第二个和第三个数据点的平均值就是趋势线的第二个点，依此类推。

本例中选择多项式趋势线，顺序选择"3"即可，效果如图4—117所示，用户可根据需要更改"趋势线名称"、"趋势预测"等项的内容，单击"确定"按钮。

图4—116　"设置趋势线格式"对话框

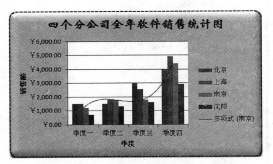

图4—117　为南京添加多项式趋势线

（2）修改趋势线。如对已设置的趋势线不满意可以修改趋势线的设置，步骤如下：

①选择要修改的趋势线。

②双击鼠标，或从快捷菜单中选择"设置趋势线格式"选项，弹出"设置趋势线格式"对话框，在此对话框直接修改即可。

（3）删除趋势线。选中要删除的趋势线，按Delete键清除，或通过快捷菜单中的"删除"选项来清除趋势线。添加趋势线也可以通过"布局"选项卡下"分析"组中的"趋势线"按钮设置。

4.6　迷你图的使用

迷你图是Excel 2010的一个新增功能，它是绘制在单元格中的一个微型图表，用迷你图可以直观地反映数据系列的变化趋势。与图表不同的是，当打印工作表时，单元格中的迷你图会与数据一起进行打印。创建迷你图后还可以根据需要对迷你图进行自定义，如高亮显示最大值和最小值、调整迷你图颜色等。

4.6.1　迷你图的创建

迷你图包括折线图、柱形图和盈亏三种类型，在创建迷你图时，需要选择数据范围和放置迷你图的单元格，如图4—118所示为某公司各分公司的销售情况以迷你图的形式直观显示的效果图。

若要完成如图4—118所示的迷你图效果，操作步骤如下：

（1）鼠标单击当前销售表格所在工作表的任意单元格，单击"插入"选项卡下"迷你

	A	B	C	D	E	F
1	某公司全年软件销售统计表					
2					单位：万元	
3		季度一	季度二	季度三	季度四	迷你图
4	北京	￥1,900.00	￥1,500.00	￥3,300.00	￥3,000.00	
5	上海	￥2,500.00	￥2,800.00	￥3,550.00	￥3,900.00	
6	南京	￥2,200.00	￥1,800.00	￥2,600.00	￥3,400.00	
7	沈阳	￥700.00	￥1,300.00	￥1,600.00	￥2,900.00	

图 4—118　迷你图效果图

图"组下的"折线图"按钮，弹出"创建迷你图"对话框，如图 4—119 所示，单击"数值范围"后面的![]按钮，选取创建迷你图所需的数据范围，本例先为北京分公司创建迷你图，则数据范围选择 B4：E4，放置迷你图的位置范围选择＄F＄4，单击"确定"按钮完成迷你图的创建，效果如图 4—120 所示，Excel 自动切换到迷你图工具的"设计"选项卡。

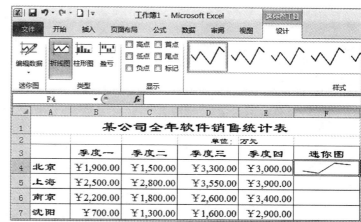

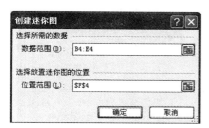

图 4—119　"创建迷你图"对话框

图 4—120　为北京分公司创建迷你图

（2）其他分公司迷你图的创建与北京分公司方法相同，则可以通过选中 F4 单元格，拖动单元格右下角的十字型填充手柄复制获得，效果如图 4—121 所示。

	A	B	C	D	E	F
1	某公司全年软件销售统计表					
2					单位：万元	
3		季度一	季度二	季度三	季度四	迷你图
4	北京	￥1,900.00	￥1,500.00	￥3,300.00	￥3,000.00	
5	上海	￥2,500.00	￥2,800.00	￥3,550.00	￥3,900.00	
6	南京	￥2,200.00	￥1,800.00	￥2,600.00	￥3,400.00	
7	沈阳	￥700.00	￥1,300.00	￥1,600.00	￥2,900.00	

图 4—121　为所有分公司创建迷你图

4.6.2　迷你图的编辑

在创建迷你图后，用户可以对其进行编辑，如更改迷你图的类型、应用迷你图样式、在迷你图中显示数据点、设置迷你图和标记的颜色等，以使迷你图更加美观，具体方法如下。

1. **为迷你图显示数据点**

选中迷你图，勾选"设计"选项卡"显示"组中的"标记"复选框，则迷你图自动显示数据点，如图 4—122 所示。

2. **更改迷你图类型**

在"设计"选项卡"类型"组可以更改迷你图类型，可更改为柱形图或盈亏图，如图 4—122 所示。

3. **更改迷你图样式**

在"设计"选项卡"样式"组可以更改迷你图样式，单击迷你图样式快翻按钮，在展开的迷你图样式中选择所需的样式。

4. **迷你图颜色设置**

在"设计"选项卡"样式"组下可以修改迷你图颜色，单击■标记颜色·按钮可以修改标记颜色，如图 4—123 所示。

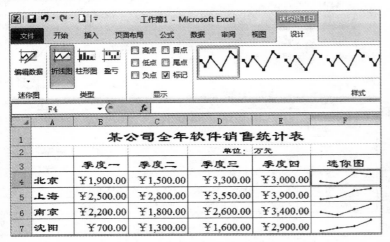

图 4—122　为迷你图显示数据点　　　　图 4—123　标记颜色菜单

5. **迷你图源数据及位置更改**

迷你图创建完成后可以更改迷你图的源数据及显示位置，单击"设计"选项卡下的"迷你图"组中的"编辑数据"按钮菜单，在弹出的级联菜单中可以更改所有迷你图或单个迷你图的源数据和显示位置，重新选取即可。

6. **迷你图的清除**

迷你图的清除并不能像单元格内其他文本或图表一样，按 Delete 键直接清除，而是需要右键在弹出的快捷菜单中选择"迷你图"级联菜单中的"清除所选的迷你图"或"清除所选的迷你图组"删除迷你图，或者单击"设计"选项卡"分组"中的"清除"按钮，选择"清除所选的迷你图"或"清除所选的迷你图组"删除迷你图。

4.7　数据管理

对于工作表中的数据，用户可能不仅仅满足于自动计算，实际工作中往往还需要对这些数据进行动态的、按某种规则进行的分析处理。Excel 工作表提供了强大的数据分析和数据处理功能，其中包括对数据的筛选、排序和分类汇总等，恰当地使用这些功能可以极大地提高用户的日常工作效率。

4.7.1 数据列表

1. 数据清单

数据清单是指工作表中一个连续存放了数据的单元格区域。可把一个二维表格看成是一个数据清单。例如，一张考试成绩单，包含学号、姓名、各科成绩、总成绩、平均成绩等多列数据，如图 4—124 所示。

	学号	姓名	性别	数学	英语	应用技术	硬件技术	总分	平均分
						班级：20701			
001	陈代虹	女	78	76	85	43	282	70.50
002	陈汉	男	65	88	78	76	307	76.75
003	陈洁	男	68	64	70	70	272	68.00
004	何汉	男	89	76	80	85	330	82.50
005	黄京华	女	76	80	65	66	287	71.75
006	江南	女	84	77	90	74	325	81.25
007	李先开	男	92	67	87	69	315	78.75
008	林森	男	54	76	80	79	289	72.25
009	刘芬	女	68	85	50	85	288	72.00
010	刘磊达	女	77	90	87	88	342	85.50

图 4—124　考试成绩数据清单

数据清单作为一种特殊的二维表格，其特点如下：

（1）清单中的每一列为一个字段，存放相同类型的数据。每列必须有列标题，且这些列标题必须唯一，每个列标题还必须在同一行上。

（2）列标题必须在数据的上面。

（3）每一行为一个记录，即由各个字段值组合而成。

（4）清单中不能有空行或空列，最好不要有空单元格。

数据清单的建立和编辑与一般的工作表的建立和编辑方法类似。此外，为了方便编辑数据清单中的数据，Excel 还提供了数据记录单功能。用户创建了数据库后，系统自动生成记录单，可以利用记录单来管理数据，如对记录方便地查找、添加、修改及删除等操作。

Excel 2010 的记录单并未显示在可见功能区内，若要显示可以单击"文件"选项卡下的"选项"命令，弹出"Excel 选项"对话框，如图 4—125 所示，单击左侧的"快速访问工具栏"，在右侧的"从下列位置选择命令"下面的下拉式列表中选择"不在功能区中的命令"，在下面的列表中找到"记录单"功能，单击"添加"按钮，将记录单功能添加到右侧的快速访问工具栏，则在 Excel 标题栏左侧的快速访问工具栏中出现"记录单"按钮 。

2. 查找记录

使用记录单查找记录的操作步骤如下：

（1）选择数据清单内的需要放在记录单中的单元格区域，本例选择 A3：I13 单元格区域。

（2）单击"快速访问工具栏"中的"记录单"命令，弹出"记录单"对话框，如图 4—

126 所示。

在"记录单"对话框中，对话框左侧显示各字段名称及当前记录的各字段内容，内容为公式的字段显示公式计算的结果，右侧分别显示"新建"、"上一条"、"条件"等控制按钮，其中右上角显示的"1/10"的含义为共有10条记录，当前是第一条。

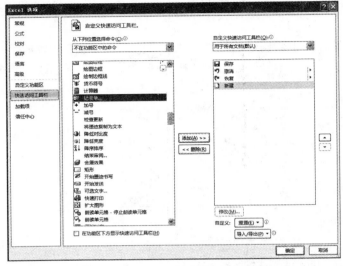

图 4—125　　"Excel 选项"对话框　　　　图 4—126　　"记录单"对话框

（3）单击"上一条"、"下一条"按钮可查看各记录内容，此外，利用滚动条也可以快速浏览记录。

（4）如果要快速查找符合一定条件的记录，则单击"条件"按钮，此时每个字段值的文本框均为空，同时"条件"按钮变成"表单"按钮，在相应的文本框中输入查找条件。例如，查找数学成绩在 70 分以上、英语成绩在 89 分以上的学生记录，可在"数学"字段后对应的文本框中输入"＞70"，在"英语"字段后输入"＜89"的条件。

（5）单击"表单"按钮结束条件设置。

（6）单击"上一条"或"下一条"按钮，从当前记录开始向上或向下查看符合条件的记录。

如果要取消所设置的条件，需在设置条件窗口中单击"清除"按钮，删除条件。

3．编辑记录

Excel 2010 中的记录单功能用于管理表格中数据清单的每一条记录内容，可以很方便地添加、修改和删除记录，以提高工作效率。

（1）添加记录。

在"记录单"对话框中，单击"新建"按钮，对话框中会出现一个空的记录单。在各字段的文本框中输入数据。输入完成后单击"关闭"按钮完成记录的添加，如还需要添加其他记录内容，则重新执行上面的操作，最后返回到工作表中，新建记录位于列表的最后。如果添加含有公式的记录，直到按下回车键或单击"关闭"或"新建"按钮之后，公式结果才被计算。

（2）修改记录。

用记录单编辑记录的方法是选定数据库中的任意一个单元格，打开记录单，拖动滚动条或单击"上一条"和"下一条"按钮定位到需要修改的记录，对需修改的字段进行修改，完成修改后按回车键，当字段内容为公式时不可修改和输入。

（3）删除记录。

当要删除某条记录时，可先找到该记录，然后单击"删除"按钮，记录删除后不可恢复，因此，Excel 2010 会显示一个"警告"对话框，用户执行进一步确认操作。如果要取消对记录单中当前记录所做的任何修改，只要单击"还原"按钮，还原为原来的数值。

4.7.2 数据排序

排序是数据库的基本功能之一，为了数据查找方便，往往需要对数据清单进行排序而不再保持输入时的顺序。使用排序命令，可以根据数据清单中的数值对数据清单的行列数据进行排序。排序的方式有升序和降序两种。使用特定的排序次序，对单元格中的数据进行重新排列，方便用户对整体结果的比较。

1. 排序原则

为了保证排序正常进行需要注意排序关键字的设定和排序方式的选择。排序关键字是指排序所依照的数据字段名称，由此作为排序的依据，Excel 2010 提供了多层排序关键字，即主要关键字、次要关键字多个，按照先后顺序优先。在进行多重条件排序时，只有主要关键字相同的情况下，才按照次要关键字进行排序，否则次要关键字不发挥作用，后面的次要关键字依此类推。

2. 按单关键字排序

如果只需要根据一列中的数据值对数据清单进行排序，则只要选中该列中的任意一个单元格，然后单击"常用"工具栏中的"升序"按钮或"降序"按钮完成排序。例如，在图 4—124 所示的数据清单中，对班级学生进行成绩总体排名，按总分由高到低对数据清单进行排序，在本案例中，有标题和班级行，所以要选中单元格区域 A3：I13，依次单击"数据→排序和筛选→排序"按钮，弹出"排序"对话框，如图 4—127 所示，在"主要关键字"下拉式列表中选择"总分"列，"排序依据"选择"数值"，次序选择"降序"，单击"确定"按钮完成排序，最终效果如图 4—128 所示。

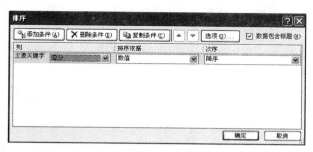

图 4—127　"排序"对话框

提示：如"学号"等列名在第一行，则单击"总分"字段列中的任意单元格，然后单击降序按钮"🔽"即可完成总分的降序排列。

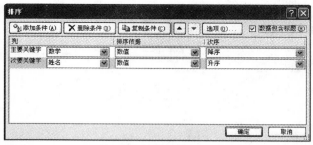

图 4—128 按总分排序后效果图

3. 按多关键字排序

有时按单个关键字排序后，会出现两个或两个以上数值相同的情况，如想排数学单科成绩，有两名学生的分数是一样的，这时就需要再设定一个排序依据，即按多关键字排序，也叫多重排序。在图 4—124 所示的案例中，要排数学成绩从高分到低分，并且如果数学成绩相等，按姓名姓氏笔画升序排序，其方法如下：

（1）选中单元格区域 A3：I13，单击"数据"选项卡下"排序和筛选"组下的"排序"按钮。

（2）弹出"排序"对话框，在对话框的"主要关键字"下拉式列表中选择"数学"字段，"排序依据"选择"数值"，次序选择"降序"。

（3）单击"添加条件"按钮，在下面的关键字框中新增一行"次要关键字"排序设置，"次要关键字"下拉式列表中选择"姓名"字段，"排序依据"选择"数值"，次序选择"升序"，如图 4—129 所示。

（4）单击"选项"按钮，弹出"排序选项"对话框，如图 4—130 所示，在"方向"中选择"按列排序"单选按钮，在"方法"中选择"笔划排序"单选按钮，单击"确定"按钮。

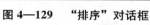

图 4—129 "排序"对话框　　　　图 4—130 "排序选项"对话框

为避免字段名也成为排序对象，在每次单击"确定"按钮前应选中"排序"对话框第一行的"数据包含标题"复选框，后面的次要关键字效果类似。

4.7.3　数据筛选

数据筛选功能是查找和处理数据列表中数据子集的快捷方法，将数据清单中满足条件的

164

记录显示出来，而将不满足条件的记录暂时隐藏。使用筛选功能可以提高查询效率，实现的方法是使用筛选命令的"自动筛选"或"高级筛选"。

1. 自动筛选

自动筛选是进行简单条件的筛选。例如，图 4—131 所示为教师 3 月份工资表，若要筛选出所有副教授的工资信息，则操作步骤如下：

	A	B	C	D	E	F	G	H
1				教师工资表				
2							月份：三月	
3	教师编号	姓名	性别	学历	职称	工资	加班费	奖金
4	0001	刘淼	女	博士研究生	教授	4500	360	3100
5	0002	赵刚	男	硕士研究生	副教授	3500	250	2800
6	0003	董倩	女	本科	讲师	2156	250	1539
7	0004	李子明	男	硕士研究生	副教授	3820	325	3050
8	0005	梦庆彤	女	本科	助教	1355	238	1265
9	0006	王兵	男	本科	讲师	2030	160	1800
10	0007	孙庆瑞	男	硕士研究生	副教授	3900	230	2465
11	0008	王晓亮	男	本科	讲师	1890	150	1600
12	0009	李立	女	大专	助教	1430	250	1560
13	0010	黄美华	女	硕士研究生	讲师	1768	320	1480
14	0011	王义	男	本科	助教	1354	200	1536
15	0012	董魏	男	博士研究生	教授	5000	420	3900
16	0013	许志远	男	大专	助教	1560	300	2100

图 4—131　教师工资表

（1）选择数据区域 A3：H16，单击"数据"选项卡下"排序和筛选"组下的"筛选"按钮，在数据清单各字段头右侧出现下拉箭头 ▼，如图 4—132 所示。

	A	B	C	D	E	F	G	H
1				教师工资表				
2							月份：三月	
3	教师编▼	姓名▼	性别▼	学历▼	职称▼	工资▼	加班费▼	奖金▼
4	0001	刘淼	女	博士研究生	教授	4500	360	3100
5	0002	赵刚	男	硕士研究生	副教授	3500	250	2800
6	0003	董倩	女	本科	讲师	2156	250	1539
7	0004	李子明	男	硕士研究生	副教授	3820	325	3050
8	0005	梦庆彤	女	本科	助教	1355	238	1265
9	0006	王兵	男	本科	讲师	2030	160	1800
10	0007	孙庆瑞	男	硕士研究生	副教授	3900	230	2465
11	0008	王晓亮	男	本科	讲师	1890	150	1600
12	0009	李立	女	大专	助教	1430	250	1560
13	0010	黄美华	女	硕士研究生	讲师	1768	320	1480
14	0011	王义	男	本科	助教	1354	200	1536
15	0012	董魏	男	博士研究生	教授	5000	420	3900
16	0013	许志远	男	大专	助教	1560	300	2100

图 4—132　自动筛选

> 提示：如表头字段名为首行，则选取数据清单中的任意单元格，单击"筛选"按钮即可完成上述操作，但如果表头字段不是首行，就必须选中以表头开始的数据区域。

（2）选择筛选条件产生字段旁的 ▼ 按钮，本例选择"职称"字段旁的 ▼ 按钮，弹出如图 4—133 所示筛选条件框。

（3）在筛选条件框中选择所需条件，本例选择"副教授"，筛选后效果如图 4—134 所示，"职称"列只显示满足"副教授"职称的教师工资信息，其他行隐藏，此时"职称"字段旁的按钮 ▼ 向下箭头变成 ▼ 形状，对应行的行号也变成了蓝色。

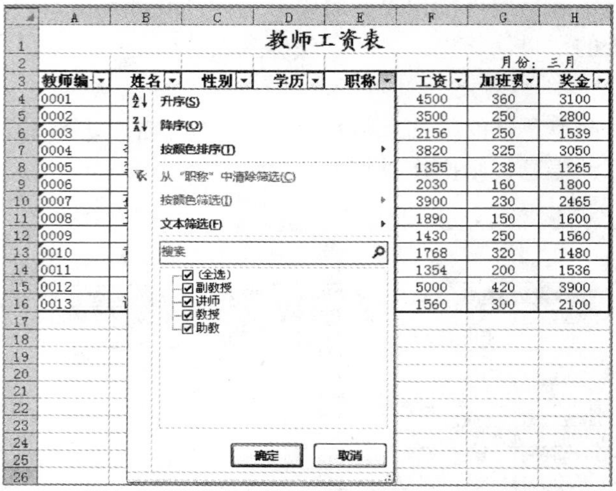

图 4—133　职称筛选下拉式列表

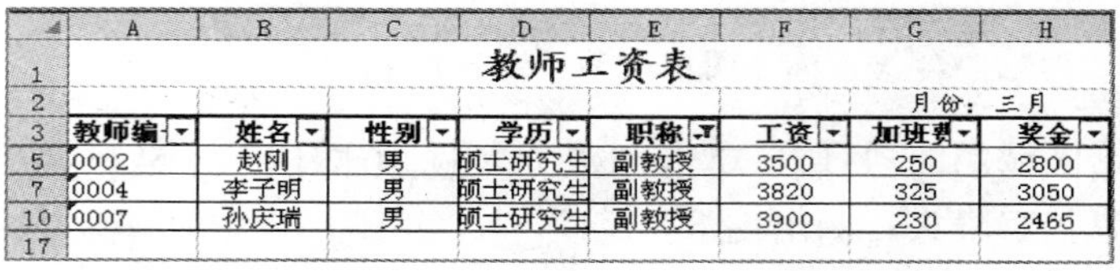

图 4—134　职称筛选后效果图

筛选列表中各项的操作方法如下：

方法一：将列表中某一数据复选框勾选上，筛选出与被单击数据相同的记录。

方法二：单击"升序排列"或"降序排列"，则整个数据清单按该列排序。

方法三：单击"全选"复选框，可显示所有行，即取消对该列的筛选。

方法四：因"职称"列为文本内容，则菜单中有"文本筛选"选项，如图 4—135 所示，可筛选出符合关系运算符的记录，此选项根据所选列的类型名称不同，如数值列此选项为"数字筛选"，日期列为"日期筛选"。

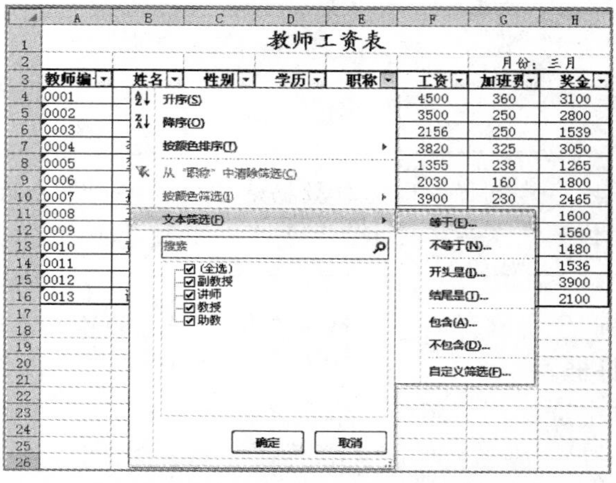

图 4—135　"文本筛选"级联菜单

166

方法五：单击"文本筛选"级联菜单中的"自定义筛选"，可自己定义筛选条件，可以是简单条件也可以是组合条件。

例如，需要显示3月份教师工资为3 000～4 000元之间的教师工资信息，操作步骤如下：

①选择数据区域A3：H16，执行"数据"选项卡下"排序和筛选"组下的"筛选"命令。

②选择"工资"字段旁的按钮▼，选择"数字筛选"选项，在级联菜单中选择"自定义筛选"命令，弹出"自定义自动筛选方式"对话框，如图4—136所示。

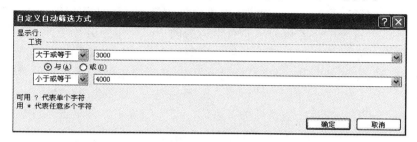

图4—136　"自定义自动筛选方式"对话框

③在弹出的"自定义自动筛选方式"对话框中，在第一个条件左边的下拉式列表中选择运算符为"大于或等于"，比较值为"3000"；在第二个条件左边的下拉式列表中选择运算符为"小于或等于"，比较值为"4000"；确定两个条件的逻辑运算关系为"与"运算，单击"确定"按钮完成，显示效果如图4—137所示。

	A	B	C	D	E	F	G	H
1				教师工资表				
2							月份：三月	
3	教师编▼	姓名▼	性别▼	学历▼	职称▼	工资▼	加班费▼	奖金▼
5	0002	赵刚	男	硕士研究生	副教授	3500	250	2800
7	0004	李子明	男	硕士研究生	副教授	3820	325	3050
10	0007	孙庆瑞	男	硕士研究生	副教授	3900	230	2465

图4—137　工资筛选后效果图

> 提示：在"自定义自动筛选方式"对话框中，查询条件中可以使用通配符进行模糊筛选，其中，"？"代表单个字符，"＊"代表任意多个字符。例如，查询所有姓王的教师，则为"王＊"；查询"王某"的信息，则为"王？"。

若需要取消自动筛选，只需要将选中的"数据"选项卡下的"排序和筛选"组下的"筛选"按钮取消即可。

2. 高级筛选

自动筛选一次只能对一个字段进行筛选，不能使用多个字段太复杂的条件，如果要对多个字段执行复杂的条件，用自动筛选就要执行多次，稍显复杂，此时就必须使用高级筛选。

高级筛选设置的条件较复杂，系统规定必须创建一个矩形的筛选条件单元格区域，用来输入高级筛选条件，在筛选条件区域设置筛选条件时，必须具备以下条件：

方法一：条件区域中可以包含多列，并且每个列必须是数据库中某个列标题及条件，即上下各占一单元格。

方法二：条件区域中的列标题行及条件行之间不能有空白单元格。

方法三：其他各条件可以与第一个条件同行或同列，多个条件同行时，各条件间为逻辑与的关系；多个条件同列时，各条件间为逻辑或的关系。

方法四：条件行单元格中的条件格式是：比较运算符（如>、=、<、>=……）后面跟一个数据，不写比较运算符表示"="，但不允许用汉字表示比较，如"大于"。

例如，在教师工资表中，若要显示所有学历为硕士研究生的男教师且奖金在"2500"以上的教师工资信息。本案例条件为多重条件，使用高级筛选可以简化操作步骤。本例中涉及条件字段为"学历"、"性别"和"奖金"，首先要选择筛选条件数据区，设置三个条件，第一个条件是："学历"为"硕士研究生"；第二个条件是："性别"为"男"；第三个条件是："奖金"为"＞＝2500"，并且三组条件的关系为"与"的关系。在筛选条件数据区中设置的条件如图4—138所示。

完成本案例的操作步骤如下：

（1）选择工作表表格数据区域以外的区域，设置如图4—138所示的筛选条件。

（2）选择3月工资表数据区域A3：H16，单击"数据"选项卡下"排序和筛选"组下的"高级"按钮 ，弹出"高级筛选"对话框，如图4—139所示。

	A	B	C	D	E	F	G	H
1				教师工资表				
2							月份：三月	
3	教师编号	姓名	性别	学历	职称	工资	加班费	奖金
4	0001	刘淼	女	博士研究生	教授	4500	360	3100
5	0002	赵刚	男	硕士研究生	副教授	3500	250	2800
6	0003	董倩	女	本科	讲师	2156	250	1539
7	0004	李子明	男	硕士研究生	副教授	3820	325	3050
8	0005	梦庆彤	女	本科	助教	1355	238	1265
9	0006	王兵	男	本科	讲师	2030	160	1800
10	0007	孙庆瑞	男	硕士研究生	副教授	3900	230	2465
11	0008	王晓亮	男	本科	讲师	1890	150	1600
12	0009	李立	女	大专	助教	1430	250	1560
13	0010	黄美华	女	硕士研究生	讲师	1768	320	1480
14	0011	王义	男	本科	助教	1354	200	1536
15	0012	董巍	男	博士研究生	教授	5000		
16	0013	许志远	男	大专	助教	1560		
17								
18				学历	性别	奖金		
19				硕士研究生	男	>=2500		
20								

条件区域

图4—138 定义筛选条件区域

图4—139 "高级筛选"对话框

（3）在"高级筛选"对话框中可以选择"在原有区域显示筛选结果"单选按钮，筛选结果将显示在原数据库所在位置；选择"将筛选结果复制到其他位置"单选按钮，将把筛选结果显示到"复制到"所选中的位置。在"列表区域"编辑框中可以输入要筛选的数据区域，也可以单击 按钮在工作表中重新选择数据区域；在"条件区域"编辑框中可以输入前面设置的条件区域。如选中"选择不重复的记录"复选框，则重复记录只显示一条，否则重复的记录会全部显示出来。

本案例中，方式选择"在原有区域显示筛选结果"单选按钮，单击"确定"按钮，得到如图4—140所示的筛选结果。

提示：如选择"将筛选结果复制到其他位置"单选按钮，在选择"复制到"单元格时，需选取显示结果的位置，此时可以只选中一个空白单元格，且此行及显示结果所占用的行均是空白单元格，如选中单元格区域，不可选中比显示内容小的区域，否则数据会丢失。

如需取消高级筛选，需单击"数据"选项卡下"排序和筛选"组下的"清除"按钮，即可恢复到筛选前的状态。

4.7.4　分类汇总

分类汇总是对数据表格进行管理的一种方法。汇总的内容由用户指定，既可以汇总同一类记录的记录总数，也可以对某些字段值进行计算，通过对数据进行汇总可以完成一些基本的统计工作。

例如，对教师工资表进行分类汇总，查询每个职称的平均工资，利用分类汇总的方法效果便会一目了然。

1. 分类汇总的前提条件

先排序后汇总。必须先按照分类字段进行排序，针对排序后的数据记录进行分类汇总，针对本案例，先对职称进行排序。

2. 分类汇总方法

（1）选择数据区 A3：H16，单击"数据"选项卡下"分级显示"组下的"分类汇总"按钮，弹出"分类汇总"对话框，如图 4—141 所示。

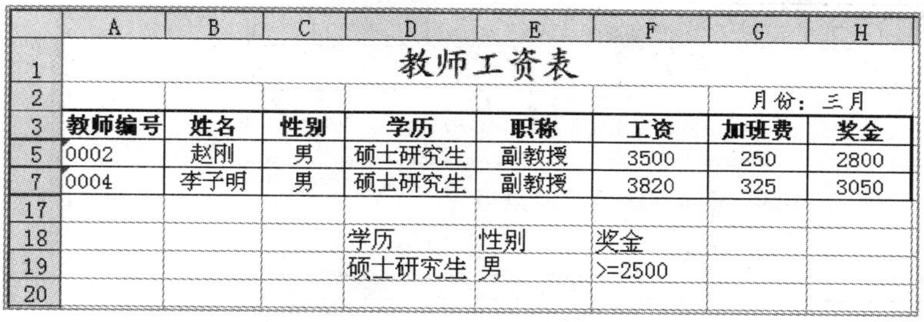

图 4—140　高级筛选结果

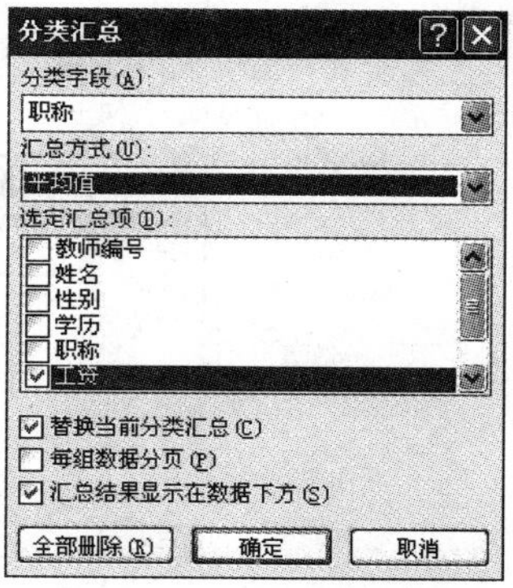

图 4—141　"分类汇总"对话框

（2）在"分类汇总"对话框中可以进行以下操作："分类字段"下拉式列表中选择一个分类字段，这个分类字段必须是进行排序的关键字段；"汇总方式"下拉式列表中选择一种汇总方式，如求和、平均值、最大值、最小值、计数等；"选定汇总项"列表框选择需要进行计算的字段，可以选择一个或多个字段；如选中"替换当前分类汇总"复选框，以前设置过的分类汇总将被替换，反之则新建一个分类汇总结果；如选中"汇总结果显示在数据下方"复选框，汇总的结果将放在数据下方，否则汇总结果放在数据上方。

本案例先按"职称"字段进行排序，在"分类字段"下拉式列表中选择"职称"字段，在"汇总方式"下拉式列表中选择"平均值"，在"选定汇总项"列表框中选择"工资"字段，如图4—141所示。

单击"确定"按钮，效果如图4—142所示，生成分类汇总记录，其中在行号左侧的■标记表示数据记录处于展开状态，■标记表示数据记录处于折叠状态。同时与列标同行的最左端有三个按钮■1■2■3，分别单击这些按钮可以显示不同级别的分类汇总，选中■3按钮效果如图4—142所示，选中■2按钮效果如图4—143所示，选中■1按钮效果如图4—144所示，也可以通过"数据"选项卡下"分级显示"组下的"显示明细数据"按钮■或"隐藏明细数据"按钮■进行汇总数据显示明细的显示和隐藏。

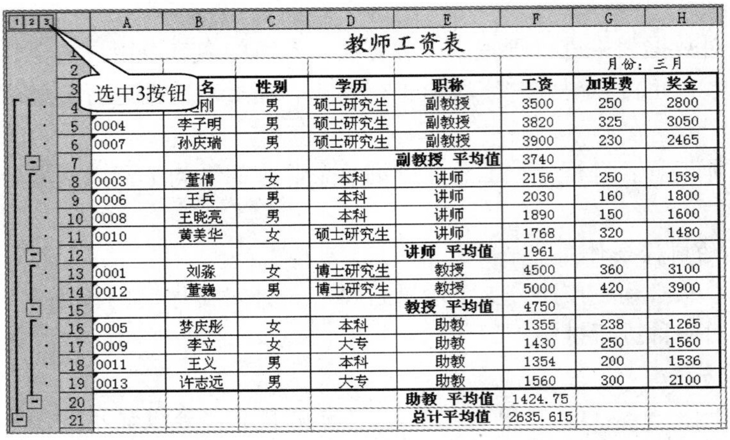

图4—142　分类汇总效果图

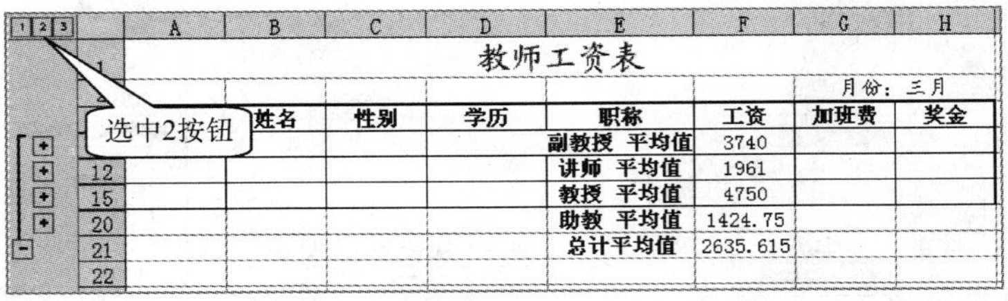

图4—143　显示每一项汇总结果

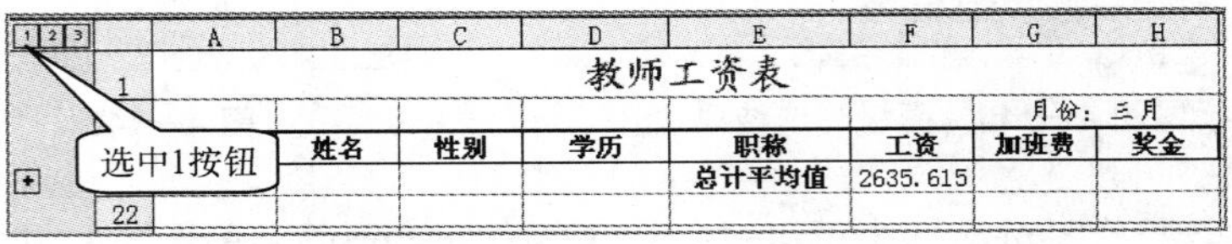

图4—144　显示总计数据

如想删除分类汇总，只需选中数据区域，在弹出的"分类汇总"对话框中选择"全部删除"按钮即可。

4.7.5　数据透视表与透视图

数据透视表是一种能够对大量数据进行快速汇总和建立交叉列表的交互式表格。Ex-

170

cel 2010 的数据透视表综合了"排序"、"筛选"、"分类汇总"等功能，通过数据透视表用户可以从不同的角度对原始数据或单元格数据区域进行分类、汇总和分析，从中提取出所需信息并用表格或图表直观表示出来查看源数据的不同汇总结果，通常情况下，数据库表格中的字段有两种类型：数据字段（含有数据的字段）和类别字段（用以描述数据的字段）。数据透视表中可以包括任意多个数据字段和类别字段。创建数据透视表的目的是为了查看一个或多个数据字段的汇总结果。类别字段中的数据以行、列或页的形式显示在数据透视表中。

1. 数据透视表的创建

例如，将教师工资表进行整体清晰明了的总体分析，分析每个教师不同学历不同职称的平均工资比较，需要用透视表或透视图方能得到原本复杂的过程。具体步骤如下：

（1）选择数据区域 A3：H16，单击"插入"选项卡下的"数据透视表"按钮，在展开的菜单中选择"数据透视表"，弹出"创建数据透视表"对话框，如图 4—145 所示，在此对话框中包含分析的数据和透视表位置两个部分，本例中分析数据中选择"选择一个表或区域"单选按钮，因已选择了数据区域，则在"表/区域"后显示了分析的数据区域，在透视表位置处选择"新工作表"单选按钮，单击"确定"按钮。

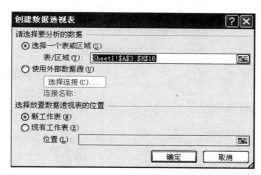

图 4—145　"创建数据透视表"对话框

（2）Excel 自动切换到新工作表中，此时可以看到该工作表中显示了创建的空数据透视表，以及"数据透视表工具"选项卡，如图 4—146 所示。

（3）在右侧"数据透视表字段列表"窗格中的"选择要添加到报表的字段"列表中将需要字段勾选上，本案例中需要显示的信息有：姓名、学历、职称和工资，所以将这四个字段勾选上，可以看到所选字段已经添加到透视表中，如图 4—147 所示。

（4）上一步操作直接将所需字段勾选上创建的数据透视表有点乱，此种勾选将所选字段直接放在了默认的位置上，不能清晰显示出所要看到的效果，需要做位置的调整。在透视表布局中，需设定透视表的页、行、列及数据，"数据透视表字段列表"窗格中的"在以下区域间拖动字段"栏下已经将勾选的字段显示在了相应位置，只需重新调整位置即可，同样拖拽后感觉不合适也可以从相应板块拖出，在本案例中，将"姓名"字段拖拽到"报表筛选"区域、将"职称"字段拖拽到"列标签"区域、将"工资"字段拖拽到"数据"区域，如图 4—148 所示，此时工资默认为求和项，本例要求平均工资，单击 求和项:工资 ▼ 按钮，在弹出的菜单中选择"值字段设置"选项，弹出"值字段设置"对话框，如图 4—149 所示，"计算类型"选择"平均值"，单击"确定"按钮。

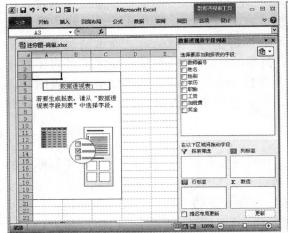

图 4—146　空数据透视表

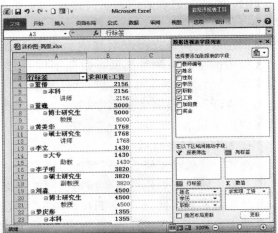

图 4—147　为数据透视表添加字段

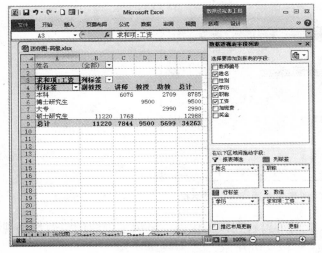

图 4—148　移动字段位置

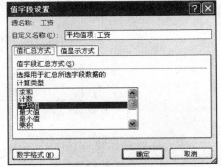

图 4—149　"值字段设置"对话框

（5）在"在以下区域间拖动字段"栏下的"数值"区域中的 求和项:工资 ▼ 按钮变成了 平均值项:工资 ▼ 按钮，图 4—150 所示为设置好的数据透视表。单击"姓名"、"行标签"、"列标签"旁的 ▼ ，即可选择相应的项目进行显示，图 4—151 所示为选择"李子明"老师的数据透视表。

提示：在创建数据透视表时，在右侧"数据透视表字段列表"窗格中的"选择要添加到报表的字段"列表中的字段可以直接将需要字段拖拽至下方的"在以下区域间拖动字段"栏中的相应板块上。

2. 数据透视表的编辑

创建数据透视表后，可以根据需要对其进行设置，重新显示所需内容，并且当源数据中的数据发生变化时更新数据透视表。

（1）添加和删除字段。

在已完成的数据透视表中如需删除一个字段，或添加一个字段，可用鼠标拖动字段选项的进行设置。操作步骤如下：

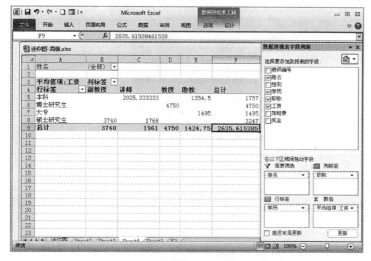

图4—150　数据透视表完整效果图　　　　图4—151　满足条件的数据透视表

①删除字段。单击数据透视表编辑区域中的任意单元格，在右侧显示"数据透视表字段列表"窗格，单击"在以下区域间拖动字段"栏中的相应板块中将需要删除的字段按钮，在弹出的菜单中选择"删除字段"选项，或直接将需要删除的字段按钮拖动到板块区域外鼠标变成 时松开鼠标，也可实现删除透视表中字段的效果。

②添加字段。添加字段的方法与创建透视表中将所需字段勾选或拖动到"在以下区域间拖动字段"栏中的相应板块方法一致，只需将新增字段拖动到需要显示的板块即可，这里不再赘述。

（2）更新数据。

当工作表中的源数据发生变化时，需更新数据透视表，有如下两种方法：

方法一：单击数据透视表编辑区的任意单元格，右键单击弹出快捷菜单，选择"刷新"命令。

方法二：单击数据透视表工具下的"选项"选项卡"数据"组下的"刷新"按钮，在展开的菜单中选择"刷新"命令。

> 提示：若单击"选项"选项卡"数据"组下的"全部刷新"按钮，则本工作簿中的所有数据透视表或数据透视图的数据都更新。

（3）显示/隐藏数据。

在页、行、列字段下拉式按钮中可以通过字段复选框是否选中来显示和隐藏满足条件的数据，同时也可以显示和隐藏数据透视表中无法看到的明细数据并生成新的工作表，在本例中若要显示"学历"字段明细数据后隐藏，操作步骤如下：

①选中行或列标签中的数据。本例选中行标签下的任意字段名，如"本科"，单击右键，在弹出的快捷菜单中选择"展开/折叠"级联菜单中的"展开"选项，弹出"显示明细数据"对话框，如图4—152所示。

图4—152　显示明细数据设置

②本例选择"性别"字段，单击"确定"按钮，如图4—153所示，含义为学历是本科的教师按性别显示的工资明细效果，若选择"展开/折叠"级联菜单中的"展开整个字段"选项，则所有学历字段均显示性别明细数据。

平均值项:工资	列标签				
行标签	副教授	讲师	教授	助教	总计
本科		2025.333333		1354.5	1757
男		1960		1354	1758
女		2156		1355	1755.5
博士研究生			4000		4000
大专				1495	1495
硕士研究生	3740	1768			3247
总计	3740	1961	4000	1424.75	2520.230769

图4—153　显示"本科"学历教师按性别显示的明细效果

③隐藏明细操作同显示类似，只需选择"展开/折叠"级联菜单中的"折叠"或"折叠整个字段"。

> 提示："展开整个字段"和"折叠整个字段"也可使用"数据"选项卡下"分级显示"组中的"展开"按钮和"折叠"按钮。

当双击数据区域的数据单元格，则会自动生成一个工作表显示此生成数据的明细数据。

（4）筛选数据。

数据透视表中也可进行筛选，可以单击数据透视表中行标签或列标签的向下箭头，或鼠标放在"数据透视表字段列表"窗格中的"选择要添加到报表的字段"列表中作为行标签或列标签的字段，单击向下箭头，在展开的菜单中选择"标签筛选"可以筛选出所选的行标签或列标签符合筛选条件的记录，选择"值筛选"可以筛选出放在"数值"板块中的字段符合筛选条件的数据，或直接通过下方数据复选框的勾选和取消来筛选符合条件的记录，如图4—154所示。

3. 数据透视表的删除

删除数据透视表步骤如下：

（1）单击数据透视表中的任意单元格。

（2）单击数据透视表工具中"选项"选项卡下"操作"组中的"选择"按钮，在展开的菜单中选择"整个数据透视表"命令，则数据透视表被全部选中，按Delete键则可删除整个数据透视表。

注： 删除数据透视表不影响工作表中的源数据。

4. 数据透视图的创建

单击数据透视表中的任意一个单元格，单击数据透视表工具中"选项"选项卡下"工具"组中的"数据透视图"按钮，弹出"插入图表"对话框，此步与图表的插入方法类似，本例选择"簇状柱形图"，则自动插入此透视表对应的数据透视图，如图4—155所示为本案例对应的数据透视图，用户可以通过"姓名"后面的向下按钮显示某位教师的工资情况，通过"学历"、"职称"后面的向下按钮进行数据筛选等操作。

图4—154　筛选数据

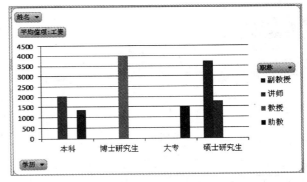

图4—155　数据透视图

5. 数据透视图的修改

可以为数据透视图设置图表效果，如更改图表类型、设置图表标题、设置图表填充效果等，对数据透视图的格式的修改与图表的格式修改方法类似，用户可以使用数据透视图工具下的"设计"选项卡来更改数据透视图的图表类型、图表样式、图表位置等；使用"布局"选项卡来更改数据透视图的标签格式、坐标轴格式、趋势线等；使用"格式"选项卡来更改数据透视表的形状样式等；使用"分析"选项卡来更改数据透视表的显示/隐藏等。

6. 数据透视图的删除

选中数据透视图，按Delete键即可。

4.8　页面设置和打印

工作表设计完成后，最终结果也许需要打印出报表，为了打印出精美而准确的工作报表，以下将要介绍打印的相关设置。

4.8.1 页面设置

文件打印之前要对文件进行页面设置，包括打印方向、缩放比例、页边距、纸张大小、页眉/页脚设置等一系列设置，单击"页面布局"选项卡下的"页边距"按钮，展开的菜单中选择"自定义边距"选项，弹出"页面设置"对话框，如图4—156所示，页面设置包含"页面"、"页边距"、"页眉/页脚"、"工作表"四个选项卡。

1. 页面的设置

通过页面的设置可以设置页面纸张的方向、缩放比例、纸张大小、打印质量和起始页码。

2. 页边距的设置

通过"页边距"选项卡的设置，可以设置页的上下左右边距、页眉页脚边距及页面的水平和垂直居中方式，如图4—157所示。

图4—156 "页面设置"对话框

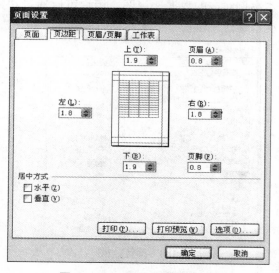

图4—157 "页边距"选项卡

3. 页眉/页脚的设置

在"页眉/页脚"选项卡中可以对页面/页脚内容进行设置，"页眉/页脚"选项卡如图4—158所示。

在"页眉"、"页脚"下拉菜单中可以设置预定义好的页眉页脚格式，单击"自定义页眉"按钮，弹出如图4—159所示的"页眉"对话框，可以在"左"、"中"、"右"三个列表框中直接输入相应位置需显示的内容，设置完成单击"确定"按钮回到"页眉/页脚"选项卡。

单击"自定义页脚"按钮，弹出"页脚"对话框，如图4—160所示，可同自定义页眉一样直接输入页脚内容。其中"页眉"对话框中间一排按钮的含义如表4—1所示。

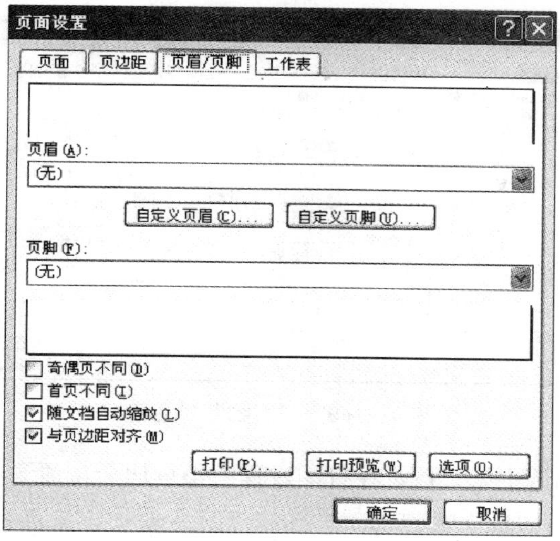

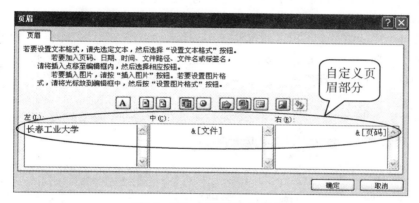

图 4—158　"页眉/页脚"选项卡

图 4—159　"页眉"对话框

表 4—1　　　　　　　　　自定义页眉按钮功能表

按钮	功能	按钮	功能
A	定义页眉中的字体		插入页码
	插入总页码		插入当前日期
	插入当前时间		插入当前工作簿路径和文件名
	插入工作簿名		插入工作表名
	插入图片		对插入图片格式设置

在"页眉页脚"选项卡下，单击"打印预览"按钮可以看到预览效果。

4．标题行和标题列的设置

在"工作表"选项卡下，可以设置打印区域、打印顶端标题行、左端标题行、打印顺序等，如图 4—161 所示，如对学生成绩表而言，学生人数超过一页，则在打印时第二页及以后各页自动添加标题，则可单击"打印标题"中的"顶端标题行"后面的　按钮，选中需要设

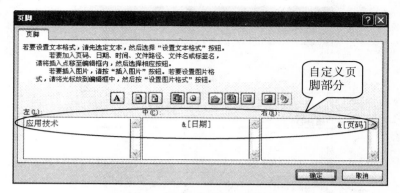

图 4—160 "页脚"对话框

置成顶端标题的行，本例选中第三行，在打印过程中每页均会在顶端显示学号、姓名等字段。

4.8.2 打印输出

页面设置完成后，在打印预览中没有问题，则要进行打印设置，单击"页面设置"对话框中的"打印"按钮，或执行"文件"选项卡下的"打印"命令，进入打印页面，如图 4—162 所示，在"设置"中的第一个下拉式列表中有"打印活动工作表"、"打印整个工作簿"、"打印选定区域"三个选项，用户可根据需要选择打印范围；在"份数"中可设定打印份数；"页数"后可设定打印页面，以及打印纸张、页边距等，根据需要进行设置，单击"确定"按钮打印。

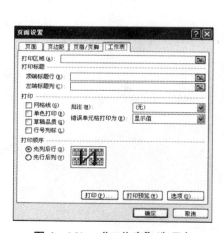

图 4—161 "工作表"选项卡

图 4—162 打印设置

习　题

1. 建立校园书店图书库存单，效果如图 4—163 所示。

2. 利用单元格引用制作九九乘法表，效果如图 4—164 所示。

3. 根据第一题的校园书店图书库存单，制作一个表示每种图书的销售单价和销售数量的图表，图表类型为柱形圆柱图，效果如图 4—165 所示。

校园书店图书库存单

编号	书名	出版社	供应商	单价	数量	金额
0101	计算机硬件基础	清华大学出版社	A公司	25	150	￥ 3,750.00
0213	Java实用教程	机械工业出版社	B公司	38	280	￥ 10,640.00
0103	SQL Server技术基础	电子工业出版社	B公司	38.5	90	￥ 3,465.00
0923	Flash入门与提高	清华大学出版社	A公司	31	200	￥ 6,200.00
0105	计算机安全	清华大学出版社	B公司	40	50	￥ 2,000.00
0452	计算机网络系统管理	电子工业出版社	C公司	24	60	￥ 1,440.00
0107	网页制作进阶教程	机械工业出版社	A公司	35.6	350	￥ 12,460.00
1201	计算机病毒防护	清华大学出版社	C公司	21.8	80	￥ 1,744.00
0109	C语言程序设计案例汇编	机械工业出版社	C公司	25	102	￥ 2,550.00

图 4—163

九九乘法表

	1	2	3	4	5	6	7	8	9
1	1	2	3	4	5	6	7	8	9
2	2	4	6	8	10	12	14	16	18
3	3	6	9	12	15	18	21	24	27
4	4	8	12	16	20	24	28	32	36
5	5	10	15	20	25	30	35	40	45
6	6	12	18	24	30	36	42	48	54
7	7	14	21	28	35	42	49	56	63
8	8	16	24	32	40	48	56	64	72
9	9	18	27	36	45	54	63	72	81

图 4—164

每种图书的单价及数量

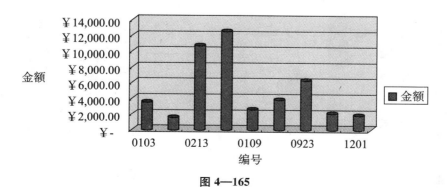

图 4—165

4. 根据第一题的校园书店图书库存单，对供应商进行分类汇总，显示每个供应商的库存总数量及总金额，效果如图4—166所示。

5. 根据第一题的校园书店图书库存单，制作一个数据透视表和透视图，显示每种出版

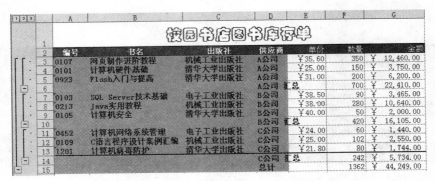

图 4—166

社图书的库存数量、书名、供应商名和库存总量，效果如图 4—167、图 4—168 所示：

出版社	（全部）▼			
求和项:数量	供应商 ▼			
书名 ▼	A公司	B公司	C公司	总计
C语言程序设计案例汇编			102	102
Flash入门与提高	200			200
Java实用教程		280		280
SQL Server技术基础		90		90
计算机安全		50		50
计算机病毒防护			80	80
计算机网络系统管理			60	60
计算机硬件基础	150			150
网页制作进阶教程	350			350
总计	700	420	242	1362

图 4—167

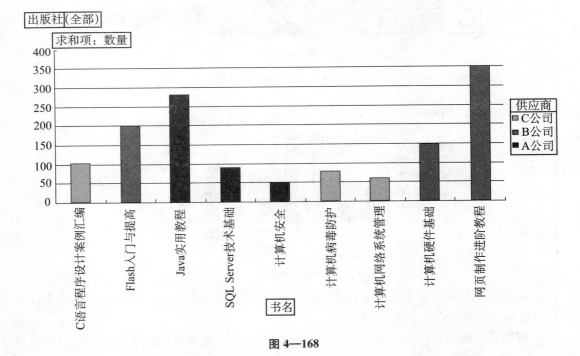

图 4—168

第 5 章　演示文稿 PowerPoint 2010

教学重点

- Powerpoint 2010 的工作环境。
- 幻灯片的创建、修改和删除，设置幻灯片的编辑方法，如编辑文本、设置超链接、设置段落格式、插入公式和符号、插入图片和艺术字。
- 在 PowerPoint 2010 中学习用文本、对象和动作按钮创建超链接。

教学难点

- 幻灯片模板的便用；
- 幻灯片母版的制作；
- 幻灯片设计中配色方案的使用；
- 幻灯片中视频、音频的嵌入方法；
- Powerpoint 2010 中对象的使用；
- 幻灯片动画效果的制作；
- 超链接使用；
- 演示文稿的放映与打印。

教学目标

- 能够独立完成含有超链接、文字、图表、图形、图像和声音的幻灯片作品。
- 了解 PowerPoint 2010 制作课件的优势，制作出融字、图、表、声、像等于一体的演示型和交互型课件。

5.1　PowerPoint 2010 概述

PowerPoint 2010 是一种进行电子文稿制作和演示的软件，由于文稿中可以带有文字、图像、声音、音乐、动画和影视文件，并且放映时以幻灯片的形式演示，所以在教学、学术报告和产品演示等方面应用非常广泛。PowerPoint 2010 软件功能强大，即使从未使用过 Microsoft office 2010 的办公软件，也很容易上手。借助它可以在最短的时间内完成一份图文并茂、生动活泼的演示文稿，还可以设置声音与动画效果，让文稿不再是一成不变的文字内容。PowerPoint 2010 是美国微软公司生产的 Microsoft Office 2010 办公自动化套装软件之一，其操作使用比较简便，通过短期学习即可掌握电子文稿的使用和制作过程。

5.1.1　PowerPoint 2010 的功能

PowerPoint 2010 与早期的 PowerPoint 版本相比新增了许多功能，主要表现在以下三个方面。

1. 轻松快捷的制作环境

（1）可通过幻灯片中插入的图片等对象自动调整幻灯片的版面设置。

（2）通过快捷的任务窗格对演示文稿进行编辑和美化。

（3）提供了可见的辅助网格功能。

（4）在打印之前可以预览输出的效果。

（5）在幻灯片视图中，可以通过左侧列表的幻灯片缩略图快速浏览幻灯片内容。

（6）文字自动调整功能，同一演示文稿可用多个设计模板效果。

2. 强大的图片处理功能

（1）可以同时改变多个图片的大小，自动自由旋转。

（2）可以插入种类繁多的组织结构图和图表等，并添加样式、文字和动画等效果。

（3）可以将背景或选取的部分内容直接保存为图片，并可创建 PowerPoint 2010 相册，从而方便以后图片的插入和选取。

3. 全新的动画效果和动画方案

（1）提供了比旧版本 PowerPoint 更加丰富多彩的动画效果。

（2）提供了操作便捷的动画方案任务窗格，只需选择相应的动画方案即可创建出专业的动画效果。

（3）可以自定义个性化的任务窗格。

5.1.2　PowerPoint 2010 的启动和退出

1. PowerPoint 2010 的启动

通常用以下三种方法启动 PowerPoint。

方法一：利用"开始"菜单启动。单击"开始"菜单，选择"程序"中的"Microsoft Office"，然后选择右侧菜单中的"Microsoft PowerPoint 2010"命令即可启动 PowerPoint 2010，如图 5—1 所示。

方法二：利用已有的 PowerPoint 演示文稿启动。双击已有的 PowerPoint 演示文稿。

方法三：利用快捷方式启动。双击桌面上已经建立的快捷方式，可以直接启动 PowerPoint 2010。

2. PowerPoint 2010 的退出

通常使用以下三种方法退出 PowerPoint。

方法一：单击"文件"功能区，在弹出的下拉菜单中单击"退出"命令，如图 5—2 所示。

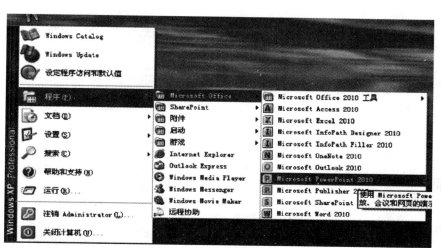

图 5—1 PowerPoint 2010 启动界面

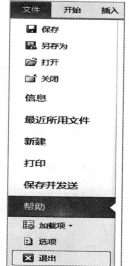

图 5—2 退出选项

方法二：单击标题栏中的"关闭"按钮退出。

方法三：单击 PowerPoint 2010 窗口，按 Alt＋F4 快捷键退出。

5.1.3 PowerPoint 2010 窗口的组成

PowerPoint 2010 的窗口由快速访问工具栏、标题栏、功能区、"帮助"按钮、工作区、状态栏和视图栏等组成，如图 5—3 所示。

1. 标题栏

标题栏位于窗口最上方，用来显示应用程序的名字和当前正在编辑文档的名称。单击最左边的 PowerPoint 2010 的图标，在弹出的下拉菜单中可以关闭窗口。最右方的三个图标 ▭◻✕ 分别为"最小化"、"最大化"、"关闭"的命令，单击"最大化"可以变成"还原"按钮 ◳，这三个图标可以改变窗口的大小、还原或关闭窗口。

2. 快速访问工具栏

快速访问工具栏位于 PowerPoint 2010 工作界面的左上角，由最常用的工具按钮组成，如"保存"按钮、"撤销"按钮和"恢复"按钮等。

3. 功能区

功能区位于快速访问工具栏的下方，功能区所包含的选项卡主要有"开始"、"插入"、"设计"、"转换"、"动画"、"幻灯片放映"、"审阅"、"视图"和"加载项"等 9 个选项卡，如图 5—4 所示。

（1）"开始"选项卡：包括"剪贴板"、"幻灯片"、"字体"、"段落"、灯片的字体和段落进行相应的设置，如图 5—5 所示。

（2）"插入"选项卡：包括"表格"、"图像"、"插图"、"链接"、"文本"、"符号"和

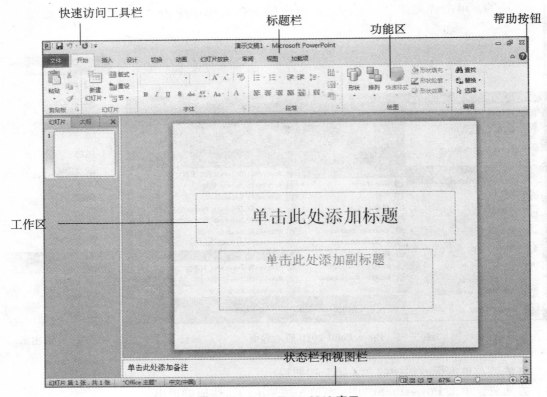

图 5—3 PowerPoint 2010 窗口

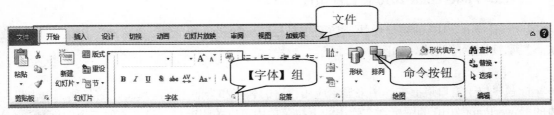

图 5—4 "功能区"选项卡

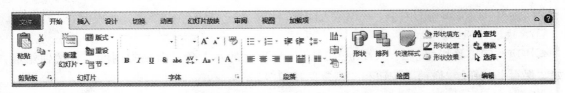

图 5—5 "开始"选项卡

"媒体"等。通过"插入"选项卡的相关"表格"和"图像"等相关设置，可以将幻灯片图文并茂地显示在浏览者的眼前，如图 5—6 所示。

（3）"设计"选项卡：包括"页面设置"、"主题"和"背景"等。通过"设计"选项卡，可以设置幻灯片的页面和颜色，如图 5—7 所示。

（4）"切换"选项卡：包括"预览"、"切换到此幻灯片"和"计时"等。通过"切换"

图 5—6　"插入"选项卡

图 5—7　"设计"选项卡

选项卡，可以对幻灯片进行切换、更改和删除等操作，如图 5—8 所示。

图 5—8　"切换"选项卡

（5）"动画"选项卡：包括"预览"、"动画"、"高级动画"和"计时"等。通过"动画"选项卡，可以对动画进行增加、修改和删除等操作，如图 5—9 所示。

图 5—9　"动画"选项卡

（6）"幻灯片放映"选项卡：包括"开始放映幻灯片"、"设置"和"监视器"等。通过"幻灯片放映"选项卡，可以对幻灯片的放映模式进行设置，如图 5—10 所示。

图 5—10　"幻灯片放映"选项卡

（7）"审阅"选项卡：包括"校对"、"语言"、"中文简繁转换"、"批注"及"比较"等。通过"审阅"选项卡可以检查拼写、更改幻灯片中的语言，如图 5—11 所示。

（8）"视图"选项卡：包括"演示文稿视图"、"母版视图"、"显示"、"显示比例"、"颜色/灰度"、"窗口"及"宏"等。使用"视图"选项卡可以查看幻灯片母版和备注母版，进行幻灯片浏览，进行相应的颜色或灰度设置等操作，如图 5—12 所示。

图 5—11　"审阅"选项卡

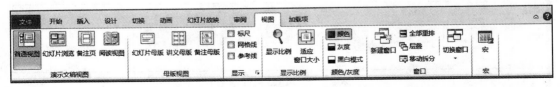

图 5—12　"视图"选项卡

（9）"加载项"选项卡："加载项"选项卡包括"菜单命令"等组，如图 5—13 所示。

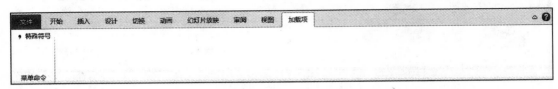

图 5—13　"加载"选项卡

4．工作区

PowerPoint 2010 的工作区包括位于左侧的"幻灯片/大纲"窗格，以及位于右侧的"幻灯片"窗格和"备注"窗格，如图 5—14 所示。

图 5—14　工作区

（1）"幻灯片/大纲"窗格：在普通视图模式下，"幻灯片/大纲"窗格位于"幻灯片"窗格的左侧，用于显示当前幻灯片的的数量和位置。"幻灯片/大纲"窗格包括"幻灯片"和"大纲"两个选项卡，单击选项卡的名称可以在不同的选项卡之间切换。

（2）"幻灯片"窗格：位于 PowerPoint 2010 工作界面的中间，用于显示和编辑当前的幻灯片，可在虚线边框标识占位符中添加文本、音频、图像和视频等对象。

（3）"备注"窗格：是在普通视图中显示的、用于输入关于当前幻灯片的备注。

5. 状态栏

状态栏提供了正在编辑的文稿所包含幻灯片的总张数（分母），当前处于第几张幻灯片（分子），以及该幻灯片使用的设计模板名称。

5.1.4 PowerPoint 2010 的视图

视图是演示文稿在屏幕上的显示方式。PowerPoint 2010 提供了六种模式的视图，分别是普通视图、幻灯片浏览视图、备注页视图、幻灯片放映视图、阅读视图和母版视图。

1. 普通视图

普通视图是主要的编辑视图，可用于书写和设计演示文稿。普通视图包含"幻灯片"选项卡、"大纲"选项卡、"幻灯片"窗格和"备注"窗格 4 个工作区域，如图5—15 所示。

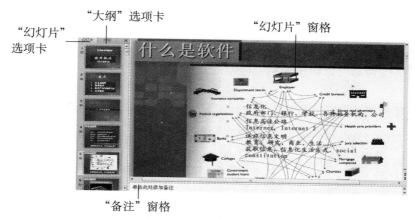

图5—15 普通视图

2. 幻灯片浏览视图

幻灯片浏览视图可以查看缩略图形式的幻灯片。通过此视图，在创建演示文稿以及准备打印文稿时，可以对演示文稿的顺序进行组织，如图5—16 所示。

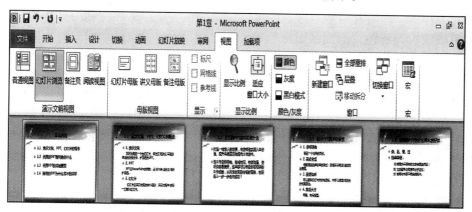

图5—16 幻灯片浏览视图

在幻灯片浏览视图的工作区空白位置或幻灯片上单击右键，在弹出的快捷菜单中选择

"新增节"选项。也可以在幻灯片浏览视图中添加节，并按不同的类别或节对幻灯片进行排序，如图5—17、图5—18所示。

图5—17　新增节（1）

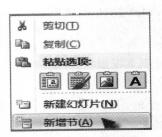

图5—18　新增节（2）

3．阅读视图

在"视图"选项卡上的"演示文稿视图"组中单击"阅读视图"按钮，或单击状态栏上的"阅读视图"按钮都可以切换到阅读视图模式。

4．母版视图

通过幻灯片母版视图可以制作和设计演示文稿中的背景、颜色和视频等，操作步骤如下：

（1）单击"视图"选项卡"母版视图"组中的"幻灯片母版"按钮，如图5—19所示。

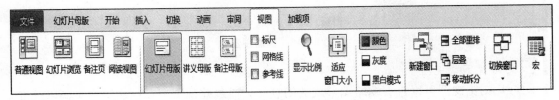

图5—19　幻灯片模板

（2）在弹出的"幻灯片母版"选项卡可以设置颜色、显示的比例和幻灯片的方向等。母版的背景可以设置为纯色、渐变或图片等效果。

（3）在"幻灯片母版"选项卡"背景"组中单击"背景样式"按钮。在弹出的下拉式列表中选择合适的背景样式，如图5—20所示。

（4）选择合适的背景颜色或背景图片，就可应用在当前的幻灯片上，如图5—21所示。

（5）在"开始"选项卡对"字体"组和"段落"组进行相应的设置。例如，对文本设置字体、字号和颜色的设置。对段落进行段落对齐的设置等，如图5—22所示。

5．讲义母版视图

讲义母版视图的用途就是可以将多张幻灯片显示在同一页面中，方便打印和输出。讲义母版视图的设置操作步骤如下：

（1）单击"视图"选项卡"母版视图"组中的"讲义母版"按钮。

（2）单击"插入"选项卡"文本"组中的"页眉和页脚"按钮。

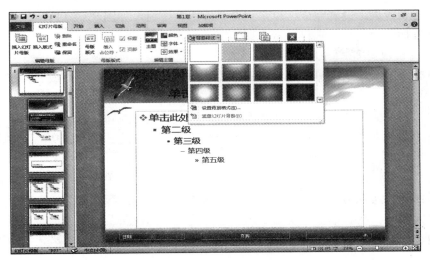

图 5—20　背景样式

图 5—21　选择合适背景颜色或图片

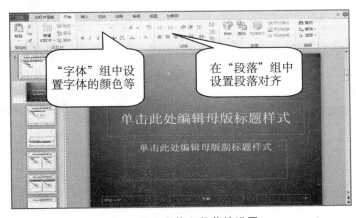

图 5—22　字体和段落的设置

（3）在弹出的"页眉和页脚"对话框中单击"备注和讲义"选项卡，为当前讲义母版中添加页眉和页脚效果。设置完成后单击"全部应用"按钮，如图 5—23 所示。

（4）新添加的页眉和页脚将显示在编辑窗口上。

6. 备注母版视图

备注母版视图主要用于显示用户为幻灯片添加的备注，可以是图片或表格等。备注模板的设置操作步骤如下：

（1）单击"视图"选项卡"母版视图"组中的"备注母版"按钮。

（2）选中备注文本区的文本，单击"开始"选项卡，在此选项卡的功能区中用户可以设置字体的大小和颜色、段落的对齐方式等。

（3）单击"备注母版"选项卡，在弹出的功能区中单击"关闭母版视图"按钮。

（4）返回到普通视图，在"备注"窗格中输入要备注的内容。

（5）输入完毕，然后单击"视图"选项卡"演示文稿视图"组中的"备注页"按钮，查看备注的内容及格式。

5.2 演示文稿的创建

1. 空白演示文稿的创建

幻灯片的新建通常有三种方法。

方法一：通过功能区的"开始"选项卡新建幻灯片。单击"开始"选项卡，在"幻灯片"组中单击"新建幻灯片"按钮，即可直接创建一个新的幻灯片。

方法二：使用快捷菜单新建幻灯片。在"幻灯片/大纲"窗格的"幻灯片"选项卡的缩略图或空白位置上右键单击，在弹出的中选择"新建幻灯片"选项。创建一个新的幻灯片，如图 5—24 所示。

方法三：使用"Ctrl＋M"快捷键创建新的幻灯片。

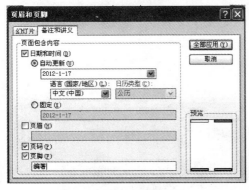

图 5—23 页眉页脚的设置

图 5—24 新建幻灯片

5.3 演示文稿的制作

PowerPoint 2010 对演示文稿的制作主要包括：幻灯片编辑、幻灯片复制、幻灯片删除。

5.3.1 演示文稿的编辑

1. 幻灯片的复制

复制幻灯片的常用两种方法。

方法一：

（1）在"幻灯片/大纲"窗格的"幻灯片"选项卡下的缩略图上右键单击，在弹出的菜单中选择"复制幻灯片"选项。

（2）系统会自动添加一个与复制的幻灯片具有相同布局的新幻灯片。其位置位于所复制的幻灯片的下方，如图5—25所示。

方法二：

（1）单击"开始"选项卡中"剪贴板"组中的"复制"命令或在"幻灯片/大纲"窗格的"幻灯片"选项卡下的缩略图上右键单击，在弹出的菜单中选择"复制"选项，完成幻灯片的复制操作。

（2）通过"开始"选项卡中"剪贴板"组中的"粘贴"命令或在"幻灯片/大纲"窗格的"幻灯片"选项卡的缩略图上右键单击，在弹出的菜单中选择"粘贴"选项，都可完成幻灯片的粘贴操作。

2. 幻灯片的删除

操作步骤如下：

（1）选择要删除的幻灯片。

（2）在缩略图上右键单击，在弹出的快捷菜单中选择"删除幻灯片"命令或按Delete键。

3. 幻灯片的移动

操作步骤如下：

（1）在"幻灯片/大纲"窗格的"幻灯片"选项卡下的缩略图上选择要移动的幻灯片。

（2）按住鼠标左键不放，将其拖动到相应的位置，然后松开鼠标即可，如图5—26所示。

图5—25 复制幻灯片

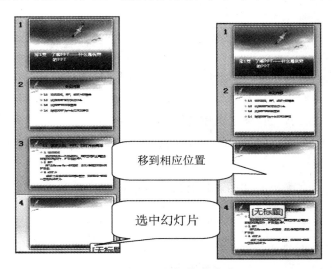

图5—26 幻灯片移动后

提示：如果同时选择多个不连续幻灯片，可以单击某个要移动的幻灯片，然后按住
"Ctrl"键的同时依次选中要移动的其他幻灯片。

5.3.2　幻灯片的编辑

文字和符号是幻灯片中主要的信息载体，幻灯片的文本编辑与处理的方法，包括在文本框中输入文本、编辑文本、设置超链接文本、设置段落格式、插入公式和符号、插入图片和艺术字。

1. 文本编辑

（1）文本框的插入，操作步骤如下：

①单击"插入"选项卡"文本"组的"文本框"按钮，或单击"文本框"按钮下的下拉按钮，从中选择要插入的文本框为横排文本框或垂直文本框，如图5—27所示。

②如选择横排文本框后，在幻灯片中单击，然后按住鼠标左键并拖动鼠标指针按所需大小绘制文本框，如图5—28所示。

③松开鼠标左键后显示出绘制的文本框。可以直接在文本框内输入所要添加的文本。选中文本框，当光标变为"＋"字时，就可以调整文本框的大小。

（2）文本框中的字体设置。选中要设置的文本后，可以在"开始"选项卡"字体"组中进行文本的大小、样式和颜色等的设定，如图5—29所示。

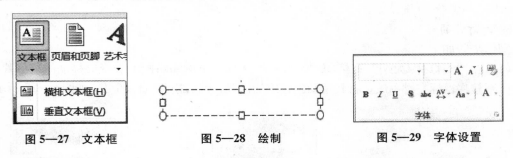

图5—27　文本框　　　　图5—28　绘制　　　　图5—29　字体设置

也可以单击"字体"组右下角的小斜箭头，打开"字体"对话框，对文字进行设置。

（3）文本超链接添加。操作步骤如下：

①在普通视图中选中要链接的文本。

②单击"插入"选项卡"链接"组中的"超链接"按钮，弹出"插入超链接"对话框，如图5—30所示。

③在弹出的"插入超链接"对话框中选择要链接的演示文稿的位置。

2. 段落格式的设置

在PowerPoint 2010中，可以设置段落的对齐方式、行间距和缩进量等。对段落的设置，单击"开始"选项卡"段落"组中的各命令按钮来执行，如图5—31所示。

（1）对齐方式的设置。单击"开始"选项卡"段落"组中的"左对齐"按钮，即可将文本进行左对齐。

图 5—30　段落设置

同理，可以设置文本的右对齐，居中对齐，两端对齐和分散对齐。

（2）缩进的设置。段落的缩进方式主要包括左缩进、右缩进、悬挂缩进和首行缩进。本节主要介绍悬挂缩进和首行缩进。

①悬挂缩进的设置。操作步骤如下：

a. 将光标定位在要设置的段落中，单击"开始"选项卡"段落"组右下角的按钮，弹出"段落"对话框，如图 5—32 所示。

b. 在"段落"对话框的"缩进"区域的"特殊格式"下拉式列表中选择"悬挂缩进"选项，在"文本之前"文本框中输入"2 厘米"，"度量值"文本框中输入"2 厘米"。

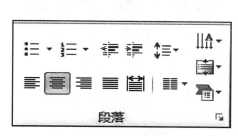

图 5—31　"段落"对话框

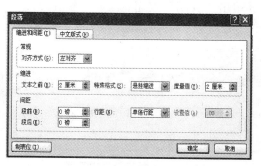

图 5—32　悬挂缩进效果

c. 单击"确定"按钮，完成段落的悬挂缩进。效果如图 5—33 所示。

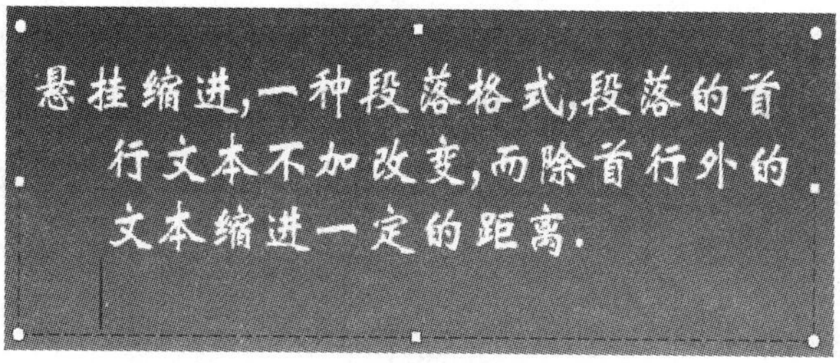

悬挂缩进,一种段落格式,段落的首行文本不加改变,而除首行外的文本缩进一定的距离。

图 5—33　悬挂缩进效果

②首行缩进的设置。操作步骤如下：

a. 将光标定位在要设置的段落中，单击"开始"选项卡"段落"组右下角的按钮 ，弹出"段落"对话框。

b. 在"段落"对话框的"缩进"区域的"特殊格式"下拉式列表中选择"首行缩进"选项，在"度量值"文本框中输入"2 厘米"。

c. 单击"确定"按钮，完成段落的首行缩进，如图 5—34 所示。

（3）行间距的设置。操作步骤如下：

①将光标定位在要设置的段落中，单击"开始"选项卡"段落"组右下角的按钮 ，弹出"段落"对话框。

②在"段落"对话框的"间距"区域的"段前"和"段后"文本框中分别输入"10"和"10"，在"行距"下拉式列表中选择"1.5 倍行距"选项。

③单击"确定"按钮。

3. 符号和公式的插入

在 PowerPoint 2010 中，可以通过"插入"选项卡"符号"组中的"公式"和"符号"选项来完成公式和符号的插入操作。

（1）符号的插入。操作步骤如下：

①单击"插入"选项卡"符号"组中的符号按钮，弹出"符号"对话框，如图 5—35 所示。

②在弹出的"符号"对话框中选择相应的符号，单击"插入"按钮。

③单击"关闭"按钮。

图 5—34　首行缩进效果图　　　　　　图 5—35　"符号"对话框

（2）公式的插入。操作步骤如下：

①单击"插入"选项卡"符号"组中的公式按钮 π。可以在文本框中利用功能区出现的"公式工具"中的"设计"选项卡下各组中的选项直接输入公式，如图 5—36 所示。

②单击"插入"选项卡"符号"组中的"公式"按钮，从弹出的快捷菜单中选择相应的公式，如图 5—37 所示。

4. 图片的设置

（1）图片的插入。

方法一：选中要插入图片的幻灯片，单击"幻灯片"窗格中的"插入来自文件的图片"按钮 。

方法二：单击"插入"选项卡的"图片"、"剪贴画"、"屏幕截图"和"相册"按钮。

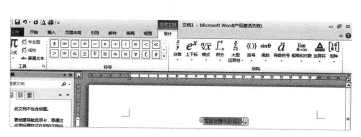

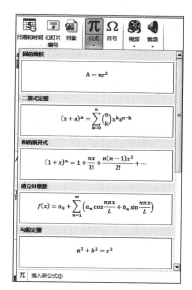

图 5—36　输入公式　　　　　　　图 5—37　插入公式

（2）图片的编辑。PowerPoint 2010 可以调整图片的大小、裁剪图片和为图片设置效果。

①图片大小的调整。操作步骤如下：

a. 选中插入的图片，将鼠标指针移至图片的尺寸控制点上。

b. 按住鼠标左键进行拖动，就可以更改图片的大小。

c. 松开鼠标即可完成调整的操作。

②裁剪图片。操作步骤如下：

a. 裁剪图片时必须先选中该图片，然后在"图片工具"中的"格式"选项卡"大小"组中单击"裁剪"按钮，进行裁剪操作。

b. 单击"大小"组中"裁剪"按钮的下三角按钮，弹出下拉式列表，如图 5—38 所示。

裁剪的方式有"裁剪"、"裁剪为形状"、"纵横比"、"填充"和"调整"。如果需要将图片裁剪为特定的形状，选择"裁剪为形状"，在子菜单中选择一个特定的形状。

（3）图片效果的设置。

①图片样式的设置。操作步骤如下：

a. 选中要添加效果的图片。

b. 单击"图片工具—格式"选项卡"图片样式"组的"其他"按钮，在弹出的菜单中选择相应的图片样式。

②图片效果的设置。操作步骤如下：

a. 选中要添加效果的图片。

b. 单击"图片工具"中的"格式"选项卡"图片样式"组中的"图片效果"按钮，在弹出的下拉菜单中选择相应的图片效果，如图 5—39 所示。

③艺术效果的设置。操作步骤如下：

a. 选中幻灯片中的图片。

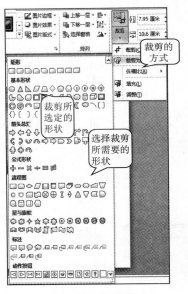

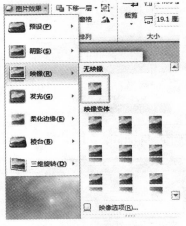

图 5—38　裁剪样式　　　　　　　　　图 5—39　图片效果

　　b. 单击"图片工具—格式"选项卡"调整"组中的"艺术效果"按钮。在弹出的下拉式列表选中其中的一个艺术效果选项，如图 5—40 所示。

　　5. 艺术字的设置

　　（1）艺术字的插入。操作步骤如下：

　　①单击"插入"选项卡"文本"组中的"艺术字"按钮 A。

　　②在弹出的"艺术字"下拉式列表中选择一个艺术字的样式，如图 5—41 所示。

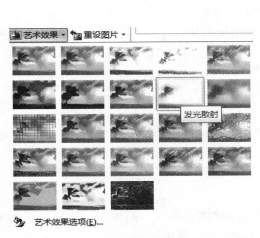

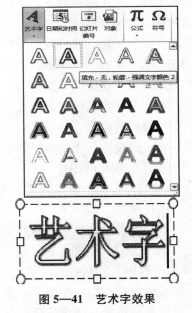

图 5—40　图片艺术效果　　　　　　　图 5—41　艺术字效果

　　③在幻灯片中即可自动生成一个艺术字框。单击文本框，输入相关的内容，单击幻灯片

其他地方即可完成艺术字的添加。

（2）艺术字样式的设置。操作步骤如下：

①单击"绘图工具—格式"选项卡"艺术字样式"组中的"其他"按钮，在弹出的菜单中可以选择文字所需要的样式。

②单击"艺术字样式"组中的"文本填充"按钮 **A** 和"文本轮廓"按钮右侧的下三角按钮，分别弹出相应的下拉菜单，如图5—42、图5—43所示，可以用来设置填充文本的颜色和文本轮廓的颜色等。

③艺术字的最终的效果如图5—44所示。

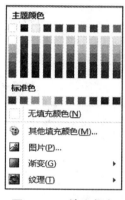
图5—42　填充颜色

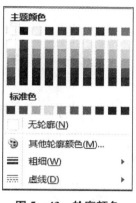
图5—43　轮廓颜色

图5—44　最终效果

5.3.3　幻灯片背景设置和填充颜色

PowerPoint 2010在幻灯片版式设置上的功能强大、用于修饰、美化演示文稿，使演示文稿更加漂亮。还为用户提供了幻灯片的背景、文本、图形及其他对象的颜色，对文稿进行合理、美观的搭配。幻灯片背景除了可以设置、填充颜色以外，还可以添加底纹、图案、纹理或图片。

幻灯片背景和填充颜色的设置，操作步骤如下：

（1）选中幻灯片，单击"设计"选项卡"背景"组在"背景样式"下三角按钮，在弹出的下拉式列表中选择"设置背景格式"命令，弹出"设置背景格式"对话框，如图5—45所示。

（2）在"填充"区域中，可以设置"纯色填充"、"渐变填充"、"图片或纹理填充"、"图案填充"和"隐藏背景图形"的填充效果。

（3）单击"全部应用"按钮。

（4）单击"关闭"按钮。

5.3.4　设计模板的使用

操作步骤如下：

（1）单击"文件"选项卡，从弹出的菜单中选择"新建"命令。

（2）在"新建"菜单命令的右侧弹出"可用的模板和主题"窗口。

（3）单击选择"样本模板"选项，即可从弹出的样本模板中选择需要创建的模板，如图5—46所示。

图5—45　填充背景样式

图5—46　选择要创建的模板

（4）幻灯片所应用的模板效果如图5—47所示。

图5—47　应用幻灯片模板效果

5.3.5　幻灯片母版的制作

制作一份演示文稿的时候，通常不可能只有一张幻灯片，大多数情况都会需要许多张幻灯片来描述一个主题。PowerPoint 2010中提供了"母版"的功能，可以一次将多张幻灯片设定为统一的格式。操作步骤如下：

（1）单击"视图"选项卡"母版视图"组中的"幻灯片母版"按钮。

（2）系统会自动切换到幻灯片母版视图，单击"幻灯片母版"选项卡"编辑主题"组中的"主题"下三角按钮 主题 ，在弹出的下拉式列表中选择相应的主题，如图5—48所示。

（3）系统即会自动地为演示文稿添加相应的幻灯片母版，如图5—49所示。

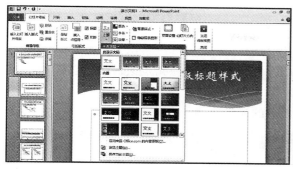

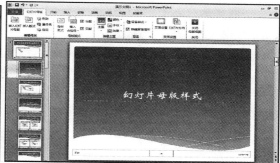

图 5—48　选择主题　　　　　　　　　　　图 5—49　添加的幻灯片母版

（4）单击"幻灯片母版"选项卡"关闭"组中的"关闭母版视图"按钮，返回普通视图。

5.3.6　配色方案的使用

幻灯片设计中使用颜色的配色方案，分别用于背景、文本、线条、阴影、标题文本、填充、强调和超链接，用户可根据幻灯片需要进行颜色设计。

应用标准配色方案在制作演示文稿时，通常利用系统提供的幻灯片标准配色方案。操作步骤如下：

（1）单击"设计"选项卡。

（2）在"主题"组列表中，选取一个模板。

（3）在选中的模板上单击右键，在弹出的快捷菜单中选择相应的设置，可以设置相应的配色方案，如图 5—50 所示。

如果要把某种配色方案应用于所有幻灯片，选择"应用于所有幻灯片"。如果要把某种配色方案只应用于当前一张幻灯片，在弹出的快捷菜单中选择"应用于选定幻灯片"即可。如果要把某种配色方案设置为默认的主题，在弹出的快捷菜单中选择"设置为默认主题"。

5.3.7　影音文件的插入

在幻灯片设计中，有时需要插入影音文件，添加视频对象，使得幻灯片放映时产生很好的效果，更具有感染力。

1. 视频格式

PowerPoint 2010 支持的视频格式如表 5—1 所示。

表 5—1　　　　　　　　　　　　**PowerPoint 2010 支持的视频格式**

视频	视频格式
Windows Media 文件（asf）	＊.asf、＊.asx、＊.wpl、＊.wm、＊.wmx、＊.wmd、＊.wmz
Windows 视频文件（avi）	＊.avi
电影文件（mpeg）	＊.mpeg、＊.mpg、＊.mpe、＊.mlv、＊.m2v、＊.mod、＊.mp2、＊.mpv2、＊.mp2v、＊.mpa
Windows Media 视频文件（wmv）	＊.wmv、＊.wvx
QuickTime 视频文件	＊.qt、＊.mov、＊.3g2、＊.3pg、＊.dv、＊.m4v、＊.mp4
Adobe Flash Media	＊.swf

199

2. 视频的嵌入

操作步骤如下：

（1）在普通视图下，单击要向其嵌入视频的幻灯片。

（2）在"插入"选项卡的"媒体"组中，单击"视频"的下三角按钮，单击"文件中的视频"命令，弹出"插入视频文件"对话框，如图5—51所示。

（3）在"插入视频文件"的对话框中选择相应的视频文件，单击"插入"按钮。

图5—50　主题配色方案应用于幻灯片

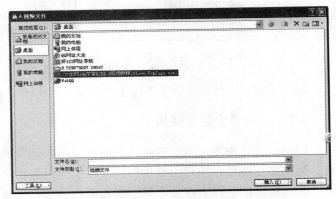

图5—51　"插入视频文件"对话框

3. 音频格式

PowerPoint 2010支持的音频格式如表5—2所示。

表5—2　　　　　　　　　　　PowerPoint 2010 支持的音频格式

音频文件	音频格式
AIFF 音频文件（aiff）	＊.aif、＊.aifc、＊.aiff
AU 音频文件（au）	＊.au、＊.snd
MIDI 文件（midi）	＊.mid、＊.midi、＊.rmi
MP3 音频文件（mp3）	＊.mp3、＊.m3u
Windows 音频文件（wma）	＊.wav
Windows Media 音频文件（wma）	＊.wma、＊.wax
QuickTime 音频文件（aiff）	＊.3g2、＊.3gp、＊.aac、＊.m4a、＊.m4b、＊.mp4

4. 音频的嵌入

操作步骤如下：

（1）在普通视图下，单击要向其嵌入音频的幻灯片。

（2）在"插入"选项卡的"媒体"组中，单击"视频"的下三角按钮，单击"文件中的音频"命令，弹出"插入音频"对话框，如图5—52所示。

（3）在"插入音频"对话框中，单击要嵌入的音频文件，单击"插入"按钮。

5.3.8　对象的使用

1. 表格的插入

PowerPoint 2010里创建表格常用有三种方法。

图 5—52　"插入音频"对话框

方法一：

（1）在演示文稿中选中要添加表格的幻灯片，单击"插入"选项卡"表格"组中的"表格"按钮▦。

（2）在弹出的"插入表格"下拉式列表中直接拖动鼠标指针选择相应的行数和列数，即可在幻灯片中创建表格，如图 5—53 所示。

方法二：

（1）单击"插入表格"下拉式列表中的"插入表格"选项，弹出"插入表格"对话框，如图 5—54 所示。

（2）在"行数"和"列数"文本框中分别输入要创建表格的行数和列数的数值，就可以在幻灯片中创建相应的表格。

方法三：

（1）单击"插入表格"下拉式列表中的"绘制表格"选项。

（2）在幻灯片空白位置处单击，拖动画笔，然后到适当位置释放，完成表格创建。

2. 图表的插入

在 PowerPoint 2010 中，可以插入不同形式的图表。本节主要以柱形图为例，介绍图表插入的方法。操作步骤如下：

（1）单击"插入"选项卡"插图"组中的"图表"按钮▮。

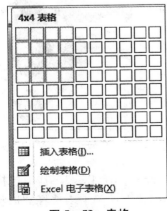

图 5—53　表格

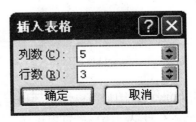

图 5—54　"插入表格"对话框

（2）在弹出的"插入图表"对话框中选择"柱形图"区域的"三维簇状柱形图"，然后单击"确定"按钮。

（3）系统自动弹出 Excel 软件的界面，在单元格中输入相关的数据，如图 5—55 所示。

（4）输入完毕后关闭 Excel 表格即可在幻灯片中插入一个柱形图，如图 5—56 所示。

图 5—55　在 Excel 中输入

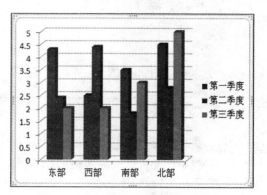

图 5—56　柱形图效果

3. SmartArt 图形的插入

在 PowerPoint 2010 中增加了一个"SmartArt"图形工具，SmartArt 图形主要用于演示流程、层次结构、循环或关系。操作步骤如下：

（1）单击"插入"选项卡的"插图"组中的"SmartArt"按钮，弹出的"SmartArt"对话框，看到内置的 SmartArt 图形库，如图 5—57 所示。其中提供了不同类型的模板，有列表、流程、循环、层次结构、关系、矩阵、棱锥图和图片等八大类。

（2）以插入一个循环结构的图形为例来说明 SmartArt 的基本用法。

选择"循环"中的"块循环"，单击"确定"按钮。在左边的框中输入汉字，就可以显示在图表中，如图 5—58 所示。

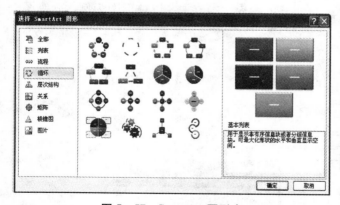

图 5—57　SmartArt 图形库

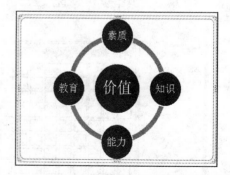

图 5—58　SmartArt 循环结构图

（3）在选中 SmartArt 图形时，工具栏就会出现"SmartArt 工具"，其中包括"设计"与"格式"两大功能区，可以对图形进行美化操作。在"格式"选项卡中选择"形状样式"组中的"形状填充"按钮，在弹出的下拉菜单中选择要填充的颜色或者图片，如图 5—59 所示。

4. 将文本转换为 SmartArt 图形

操作步骤如下：

（1）单击文字内容的占位符边框，如图 5—60 所示。

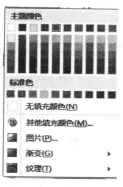

图 5—59 填充颜色

图 5—60 选中占位符边

（2）单击"开始"选项卡"段落"组中的"转换为 SmartArt 图形"按钮，在弹出的下拉菜单中选择"基本流程"选项，弹出"选择 SmartArt 图形"对话框，如图 5—61 所示。

（3）在系统自动生成的 SmartArt 图形中输入相关文本，效果如图 5—62 所示。

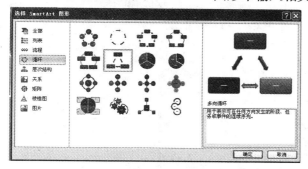

图 5—61 "选择 SmartArt 图形"对话框

图 5—62 最终效果

5.4 演示文稿的动画设置

5.4.1 创建超链接

1. 链接到同一演示文稿中幻灯片

操作步骤如下：

（1）在普通视图中选中要链接的文本。

（2）单击"插入"选项卡"链接"组中的"超链接"按钮 🌏，弹出"插入超链接"对话框，如图 5—63 所示。

（3）在"插入超链接"对话框中选择"本文档中的位置"。

（4）单击"确定"按钮，即可将幻灯片链接到另一幻灯片。

2. 链接到不同演示文稿的幻灯片

操作步骤如下：

（1）在普通视图中选中要链接的文本。

（2）单击"插入"选项卡"链接"组中的"超链接"按钮，弹出"插入超链接"对话框，如图5—63所示。

图5—63　"插入超链接"对话框

（3）在弹出的"插入超链接"对话框选择"现有文件或网页"选项，选中要作为链接幻灯片的演示文稿。

（4）单击"书签"按钮，在弹出的"在文档中选择位置"对话框中选择幻灯片标题。

（5）单击"确定"按钮，返回"插入超链接"对话框。看到选择的幻灯片标题也添加到"地址"文本框中，如图5—64所示。

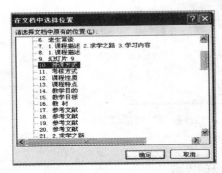

图5—64　"在文档中选择位置"对话框

（6）单击"确定"按钮，即可将选中的文本链接到另一演示文稿的幻灯片。

3. 链接到 Web 上的页面或文件

操作步骤如下：

（1）在普通视图中选中要链接的文本。

（2）单击"插入"选项卡"链接"组中的"超链接"按钮，弹出"插入超链接"对话框。在对话框左侧的"链接到"列表框中选择"现有文件或网页"选项，在"查找范围"文本框右侧单击"浏览 Web"按钮。

（3）在弹出的网页浏览器中找到并选择要链接到的页面或文件，然后单击"确定"按钮。

4. 链接到电子邮件地址

操作步骤如下：

（1）在普通视图中选中要链接的文本。

（2）单击"插入"选项卡"链接"组中的"超链接"按钮，弹出"插入超链接"对话框。

（3）在弹出的"插入超链接"对话框左侧的"链接到"列表框中选择"电子邮件地址"选项，在"电子邮件地址"文本框中输入要链接到的电子邮件地址"11768478@qq.com"，在"主题"文本框中输入电子邮件的主题"计算机学科概论"，如图5—65所示。

（4）单击"确定"按钮，即可将选中的文本链接到指定的电子邮件地址。

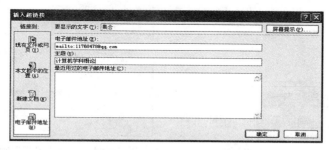

图5—65 链接到"电子邮件地址"

5. 链接到新文件

操作步骤如下：

（1）在普通视图中选中要链接的文本。

（2）单击"插入"选项卡"链接"组中的"超链接"按钮，弹出"插入超链接"对话框。

（3）在弹出的"插入超链接"对话框左侧的"链接到"列表框中选择"新建文档"选项，在"新建文档名称"文本框中输入要创建并链接到的文件的名称"计算机学科概论"，如图5—66所示。

（4）单击"确定"按钮。

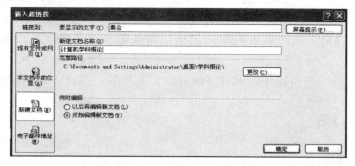

图5—66 链接到"新建文档"

5.4.2 动作按钮的使用

在PowerPoint 2010中，可以用文本或对象创建超链接，也可以用动作按钮创建超链接。操作步骤如下：

（1）选择幻灯片。

（2）单击"插入"选项卡"插图"组中的"形状"按钮，在弹出的下拉式列表选择"动作按钮"区域的"动作按钮：后退或前一项"图标，如图5—67所示。

（3）选中"动作按钮"，单击右键，选择"编辑超链接"，弹出"动作设置"对话框。选择"单击鼠标"选项卡，在"单击鼠标时动作"区域中选中"超链接到"单选按钮，并在其下拉式列表中选择"上一张幻灯片"选项，如图5—68所示。

图5—67 动作按钮　　　　　　图5—68 "动作设置"对话框

（4）单击"确定"按钮。

5.4.3 使用动画方案

在 PowerPoint 2010 演示文稿中的文本、图片、形状、表格、SmartArt 图形和其他对象制作成动画，赋予它们进入、退出、大小或颜色变化甚至移动等视觉效果。PowerPoint 2010 中有以下四种不同类型的动画效果。

（1）"进入"效果。例如，可以使对象逐渐淡入焦点、从边缘飞入幻灯片或者跳入视图中。

（2）"退出"效果。这些效果的示例包括使对象缩小或放大、从视图中消失或者从幻灯片旋出。

（3）"强调"效果。这些效果的示例包括使对象缩小或放大、更改颜色或沿着其中心旋转。

（4）"动作路径"。使用这些效果可以使对象上下移动、左右移动或者沿着星形或圆形图案移动。

1. 进入动画的创建

操作步骤如下：

（1）选中要添加动画的文本或图片。

（2）单击"动画"选项卡"动画"组中的"其他"按钮▾，在弹出的下拉式列表中选择"进入"区域的"飞入"选项，创建进入的动画效果，如图5—69所示。

（3）添加动画效果后，文字或图片对象前面会显示一个动画编号标记 。

2. 退出动画的创建

操作步骤如下：

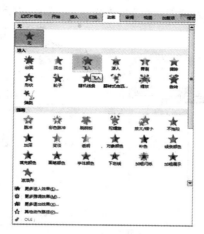
图 5—69 选择动画效果

（1）选中要添加动画的文本或图片。

（2）单击"动画"选项卡"动画"组中的"其他"按钮，在弹出的下拉式列表中选择"退出"区域的"收缩并旋转"选项，创建退出动画效果。

3. 强调动画的创建

操作步骤如下：

（1）选中要添加动画的文本或图片。

（2）单击"动画"选项卡"动画"组中的"其他"按钮，在弹出的下拉式列表中选择"强调"区域的"彩色脉冲"选项，创建强调动画效果。

4. 路径动画的创建

操作步骤如下：

（1）选中要添加动画的文本或图片。

（2）单击"动画"选项卡"动画"组中的"其他"按钮，在弹出的下拉式列表中选择"动作路径"区域的"循环"选项，创建路径动画效果。

5. 动画设置

（1）动画顺序的调整。在放映过程中也可以对幻灯片播放的顺序重新进行调整，操作步骤如下：

①在普通视图中，选择第 2 张幻灯片。

②单击"动画"选项卡"高级动画"组中的"动画窗格"按钮，弹出"动画窗格"窗口，如图 5—70 所示。

③选择"动画窗格"窗口中需要调整顺序的动画，如选择动画 2，然后单击"动画窗格"窗口下方"重新排序"命令左侧或右侧的向上按钮🔼或向下按钮🔽进行调整，如图 5—71 所示。

（2）动画时间的设置。创建动画之后，可以在"动画"选项卡上为动画指定开始、持续时间或者延迟计时。

①动画的开始计时设置。操作步骤如下：

单击"计时"组中单击"开始"菜单右侧的下三角按钮，从弹出的下拉式列表中选择所需的计时。该下拉式列表包括"单击时"、"与上一动画同时"和"上一动画之后",如图5—72所示。

图 5—70　动画窗格

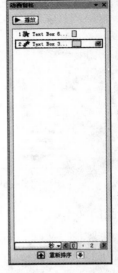
图 5—71　重新排序

②动画的持续时间及延时的设置。操作步骤如下:

a. 在"计时"组中的"持续时间"文本框中输入所需的秒数,或者单击"持续时间"文本框后面的微调按钮 ↕ ,来调整动画要运行的持续时间。

b. 在"计时"组中的"延迟"文本框中输入所需有秒数,或者使用微调按钮来调整,如图 5—73 所示。

图 5—72　设置动画的开始计时

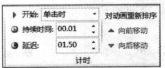
图 5—73　设置动画的延迟时间

5.5　演示文稿的放映

幻灯片的放映方式包括演讲者放映,观众自行浏览和在展台浏览。

5.5.1　设置放映方式

1. 演讲者放映的设置

操作步骤如下:

(1) 打开已编辑好的幻灯片。

(2) 单击"幻灯片放映"选项卡"设置"组中的"设置幻灯片放映"按钮,弹出"设置放映方式"对话框,如图 5—74 所示。

(3) 在"设置放映方式"对话框的"放映类型"区域中选中"演讲者放映(全屏幕)"

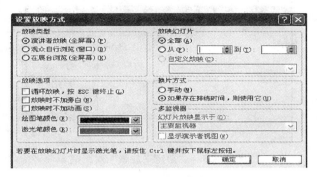

图 5—74 设置放映方式

单选按钮。

（4）在"设置放映方式"对话框的"放映选项"区域中可以设置放映时是否循环放映、放映时是否加旁白及动画等。

（5）在"放映幻灯片"区域中可以选择放映全部幻灯片，也可以选择幻灯片放映的范围。在"换片方式"区域中设置换片方式，可以选择手动或者根据排练时间进行换片。

2. 观众自行浏览的设置

操作步骤如下：

（1）打开已经编辑好的幻灯片。

（2）单击"幻灯片放映"选项卡"设置"组中的"设置幻灯片放映"按钮，弹出"设置放映方式"对话框。

（3）在"放映类型"区域中选择"观众自行浏览（窗口）"单选按钮。

（4）在"放映幻灯片"区域选择要播放的幻灯片范围。

（5）单击"确定"按钮。

3. 在展台浏览的设置

操作步骤如下：

（1）打开一张已经编辑好的幻灯片。

（2）单击"幻灯片放映"选项卡"设置"组中的"设置幻灯片放映"按钮，弹出"设置放映方式"对话框。

（3）在"放映类型"区域中选择"在展台浏览（全屏幕）"单选按钮。

（4）在"放映幻灯片"区域选择要播放的幻灯片范围。

（5）单击"确定"按钮。

5.5.2 设置自定义放映

自定义放映是指在一个演示文稿中，设置多个独立的放映演示分支，这样使一个演示文稿可以用超链接分别指向演示文稿中的每一个自定义放映。操作步骤如下：

（1）选中要放映的幻灯片。

（2）单击"幻灯片放映"选项卡"开始放映幻灯片"组中的"自定义幻灯片放映"按钮，在弹出的下拉菜单中选择"自定义放映"菜单命令，弹出"自定义放映"对话框，如图5—75所示。

图 5—75 "自定义放映"对话框

（3）在"自定义放映"对话框中单击"新建"按钮，弹出"定义自定义放映"对话框，如图 5—76 所示。

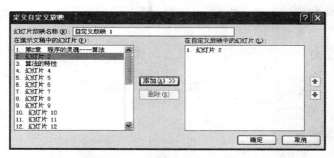

图 5—76 "自定义放映"对话框

（4）在"定义自定义放映"对话框的"在演示文稿中的幻灯片"列表框中选择需要放映的幻灯片。

（5）单击"添加"按钮。

（6）单击"确定"按钮。

5.5.3 幻灯片的切换和定位

在演示文稿放映过程中由一张幻灯片进入另一张幻灯片就是幻灯片之间的切换，为了使幻灯片更具有趣味性，在幻灯片切换时可以使用不同的技巧和效果。

1. 细微型幻灯片效果设置

操作步骤如下：

（1）选中幻灯片。

（2）单击"切换"选项卡"切换到此幻灯片"组中的"其他"按钮，在弹出的下拉式列表的"细微型"区域中选择一个细微型切换效果。

（3）单击"预览"按钮，用户就可以观看到为幻灯片添加的细微型切换效果。

2. 华丽型幻灯片效果设置

操作步骤如下：

（1）选中演示文稿中的一张幻灯片缩略图作为要添加切换效果的幻灯片。

（2）单击"切换"选项卡"切换到此幻灯片"组中的"其他"按钮，在弹出的下拉式列表的"华丽型"区域中选择一个切换效果。

（3）单击"预览"按钮，用户就可以观看到为幻灯片添加的华丽型切换效果。

3. 全部应用型幻灯片效果

操作步骤如下：

（1）单击演示文稿中的第一张幻灯片缩略图。

（2）单击"切换"选项卡"切换到此幻灯片"组中的"其他"按钮，在弹出的下拉式列表的"华丽型"区域中选择百叶窗切换效果。

（3）单击"切换"选项卡"计时"组中的"全部应用"按钮，即可为所有的幻灯片设置切换效果，如图5—77所示。

4. 幻灯片定位

在幻灯片播放过程中，单击鼠标右键出现定位幻灯片选项，选取需要切换的幻灯片。

5.5.4　设置排练计时

操作步骤如下：

（1）单击演示文稿中的一张幻灯片缩略图。

（2）在"幻灯片放映"选项卡"设计"组中，单击选择"排练计时"按钮，切换到全屏放映模式，弹出"录制"对话框，如图5—78所示。

（3）同时记录张幻灯片的放映时间，供以后自动放映。

图 5—77　选择全部应用按钮　　　　图 5—78　"录制"对话框

5.5.5　记录声音旁白

音频旁白可以增强幻灯片放映的效果。如果计划使用演示文稿创建视频，则要使视频更生动些，使用记录声音旁白是一种非常好的方法。此外，还可以在幻灯片放映期间将旁白和激光笔的使用一起录制。

记录声音旁白操作步骤如下：

（1）在"幻灯片放映"选项卡上的"设置"组中，单击"录制幻灯片演示"下三角按钮，弹出下拉菜单，如图5—79所示。

（2）选择下列选项之一："从头开始录制"命令或"从当前幻灯片开始录制"命令，弹出"录制幻灯片演示"对话框，如图5—80所示。

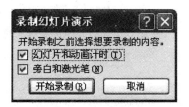

图 5—79　选择录制方式　　　　图 5—80　录制幻灯片演示

211

（3）在弹出的"录制幻灯片演示"对话框中，选中"旁白和激光笔"复选框，并根据需要选中或取消"幻灯片和动画计时"复选框。

（4）单击"开始录制"按钮，幻灯片开始放映，并自动开始计时。

（5）若要结束幻灯片放映的录制，右键单击幻灯片，单击"结束放映"按钮。

5.5.6 打包演示

如果要将幻灯片在另外一台计算机上放映，可以使用打包向导。该打包向导可以将演示文稿所需要的文件和字体打包到一起。操作步骤如下：

（1）在普通视图下打开幻灯片文件。单击"文件"选项卡，在弹出的下菜拉菜中选择"保存并发送"命令，在展开的子菜单中选择"将演示文稿打包成 CD"命令，在右侧区域中单击"打包成 CD"按钮，弹出"打包成 CD"对话框，如图 5—81 所示。

（2）在"打包成 CD"对话框中选择"要复制的文件"列表框中的选项，单击"添加"按钮。在弹出的"添加文件"对话框中选择要添加的文件，如图 5—82 所示。

（3）单击"添加"按钮，返回到"打包成 CD"对话框。

（4）单击"选项"按钮，在弹出的"选项"对话框中设置要打包文件的安全等选项，如图 5—83 所示，如设置打开和修改演示文稿的密码为"12345678"。

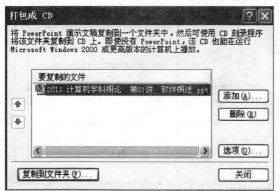

图 5—81　"打包成 CD"对话框

图 5—82　选择要添加的文件

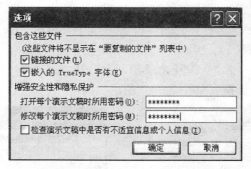

图 5—83　文件打包安全性设置

（5）单击"确定"按钮，在弹出的"确认密码"对话框中输入两次确认密码，如图 5—84 所示。

（6）单击"确定"按钮，返回到"打包成 CD"对话框。单击"复制到文件夹"按钮，在弹出的"复制到文件夹"对话框的"文件夹名称"和"位置"文本框中分别设置文件夹名称和保存位置，如图 5—85 所示。

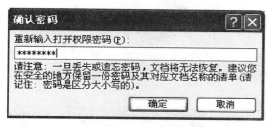

图 5—84　确认密码

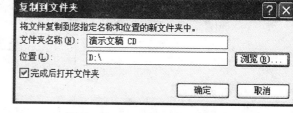

图 5—85　文件夹名称和保存位置

（7）单击"确定"按钮，弹出"Microsoft PowerPoint"提示对话框，单击"是"按钮，系统将自动复制文件到文件夹，如图 5—86 所示。

图 5—86　系统自动复制文件到文件夹

（8）复制完成后，系统自动打开生成的 CD 文件夹。如果所使用计算机上没有安装 PowerPoint，操作系统将自动运行"autorun. inf"文件，并播放幻灯片文件。

5.6　演示文稿的打印

5.6.1　页面设置

在打印之前，用户一般要对将打印的幻灯片进行页面设置。操作步骤如下：

（1）单击"文件"选项卡，在弹出的下拉菜单中选择"打印"选项，弹出打印设置界面。如图 5—87 所示。

（2）设置完成后，单击"确定"按钮。

5.6.2　页眉与页脚的设置

在母版中看到的页眉和页脚文本、幻灯片号码（或页码）及日期，它们出现在幻灯片、备注或讲义的顶端或底端。页眉和页脚是加在演示文稿中注释的内容。典型的页眉和页脚的内容是日期、时间和幻灯片的编号。

幻灯片页眉和页脚的添加。操作步骤如下：

（1）单击"文件"选项卡的"打印"命令，在展开的打印设置界面中单击"页眉和页脚"命令，弹出"页眉和页脚"对话框，如图 5—88 所示。

（2）该对话框包括"幻灯片"和"备注讲义"两个选项卡。

（3）单击"幻灯片"选项卡，选中"幻灯片编号"和"页脚"复选框，在其下文本框中输入需要在"页脚"显示的内容，如"下一页"。单击"备注和讲义"选项卡，选中所有复选框，"页眉"和"页脚"文本框中输入要显示的内容。

（4）单击"全部应用"按钮，则在视图中可以看到每张幻灯片的页脚处都有"下一页"的文字和幻灯片的编号。

图 5—87　打印设置界面

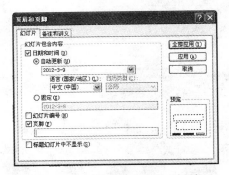

图 5—88　"页眉和页脚"对话框

5.6.3　打印预览及打印演示文稿

1. 打印预览

操作步骤如下：

（1）选择"文件"菜单下的"打印"命令，在展开的"打印设置"界面中进行相应的设置。

（2）选择"文件"菜单下的"打印"后，在最右侧的窗口显示了打印幻灯片的预览效果，如图 5—89 所示。

图 5—89　打印预览效果

2. 演示文稿打印

选择"文件"菜单下的"打印"选项,在展开的"打印设置"界面中单击"打印"命令。

5.7 典型案例

操作步骤如下:

(1) 启动 PowerPoint 2010,进入 PowerPoint 工作界面。

(2) 单击"视图"选项卡下"母版视图"中的"幻灯片母版"按钮,切换到幻灯片母版视图,并在左侧列表中单击第 1 张幻灯片,如图 5—90 所示。

(3) 单击"插入"选项卡"图像"组中的"图片"按钮,在弹出的对话框中浏览到"素材 \ 背景 .jpg",单击"插入"按钮。

(4) 插入图片并调整图片的位置。

(5) 使用工具形状在幻灯片底部绘制 1 个矩形框,并填充颜色为蓝色,如图 5—91 所示。

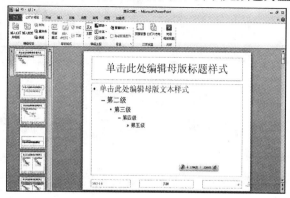

图 5—90　选择幻灯片母版

(6) 使用形状工具绘制 1 个圆角矩形,并拖动圆角矩形左上方的黄点,调整圆角角度。设置"形状填充"为"无填充颜色",设置"形状轮廓"为"白色","粗细"为"4.5 磅",如图 5—92 所示。

(7) 在左上角绘制 1 个正方形,设置"形状填充"和"形状轮廓"为"白色"并右键单击,在弹出的快捷菜单中选择"编辑顶点"选项,删除右下角的顶点,并单击斜边中点向左上方拖动,调整如图 5—93 所示。

(8) 按照上述操作,绘制并调整幻灯片其他角的形状。

(9) 选中标题,右键将标题置于顶层,如图 5—94 所示。

(10) 在幻灯片母版视图中选择左侧列表第 2 张幻灯片。

(11) 选中"幻灯片母版"选项卡"背景"组中的"隐藏背景图形"复选框。

(12) 单击鼠标右键,在弹出的"设置背景格式"对话框中的"填充"区域中选择"图片或纹理填充"单选按钮,并单击"文件"按钮,在弹出的对话框中选择"素材 \ 首页 .jpg",如图 5—95 所示。

(13) 按照以上的操作,绘制 1 个圆角矩形框,在四角绘制 4 个正方形,并调整形状顶点。最终结果如图 5—96 所示。

图 5—91 绘制矩形

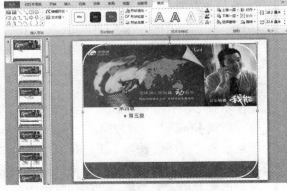

图 5—92 圆角矩形的设置

图 5—93 调整正方形的形状

图 5—94 将标题置于顶层

图 5—95 设置背景格式

图 5—96 最终效果

习　　题

1. PowerPoint 2010 新增了哪些功能？

2. 如何设置表格的颜色？如何为表格的单元格填充颜色和背景？

3. 如何为艺术字设置颜色和样式？

4. 根据自己的需要制作一张幻灯片母版。

5. 制作一个幻灯片，要求有背景填充、主题、项目编号和文本内容。

6. 制作一个幻灯片，利用标准的设计模板，其中包括插入剪贴画、表格制作。

7. 制作一个幻灯片，要求有文本和图示。幻灯片要利用动画方案。

8. 制作一个完整的演示文稿，要求用 6 张幻灯片组成，利用母版制作，其中包括文本、表格、图表、插入剪贴画和背景图片填充等。

9. 制作一个幻灯片，要求加入幻灯片的放映方式。

第6章　数据库管理系统 Access 2010

教学重点

- 创建 Access 数据库和在新数据库中创建新表；使用表模板创建数据表；使用表设计器设计表。
- Access 表的使用：主键的设置、更改与删除；数据表关系的定义；数据表的编辑。
- 查询设计：选择查询；使用"设计视图"创建选择查询；参数查询；交叉表查询。
- 窗体设计：窗体的创建；窗体的控件及使用。
- 报表设计：创建报表；报表的预览和打印。

教学难点

- 参数查询和交叉表查询的实现以及报表的创建。

教学目标

- 掌握数据库的基础知识和基本技能。
- 熟悉简单数据库应用系统的开发思路、步骤及方法。
- 培养学生利用数据库系统进行数据分析和处理的能力，为进一步学习数据库知识和数据库应用开发打下基础，使学生具有计算机信息管理的初步能力。

　　Access 2010 是 Microsoft 公司发布的中文版 Office 2010 办公系列软件中的关系数据库管理系统，是数据库应用程序设计和部署的一种工具。随着信息技术的飞速发展，利用关系数据库系统对大量的日常事务性数据进行处理加工，已成为社会各领域不可或缺的数据处理方式和手段。Access 2010 就是一款适用于中小型数据管理工作的数据库管理软件，目前已广泛应用于财务、行政、金融、经济、教育、统计和审计等众多的管理领域。

6.1 Access 2010 概述

6.1.1 Access 2010 的功能

作为 Microsoft Office 的一个重要组成部分，Access 经历了不断改进、不断发展的过程，自 1995 年末 Access 95 的发布到目前 Access 2010 的推出，期间出现了 Access 97、Access 2000、Access 2002、Access 2003 和 Access 2007 等版本，每个版本都在原有版本的基础上进行完善，增加了许多新的功能和特性，使 Access 2010 功能更加强大，使用更加方便，界面更加友好。

作为关系数据库管理系统 Access 的新版本，Access 2010 的主要功能仍是实现对数据的存储、计算和输出，但是，与以往的 Access 版本相比，在许多方面发生了一些较大的变化，如创建 Web 网络数据库、主题的改进、新的数据类型、布局视图的改进等，这些变化使得复杂的数据库管理、应用和开发工作变得更加轻松和方便，更加突出了数据共享和网络交流，同时使数据的安全性得到更好的保证。下面列举出一些相关的特色功能使用户对 Access 2010 具有一些简要的了解。

1. 轻松快速地创建数据库

Access 2010 提供了多种创建数据库的方式，现成的模板和可重复使用的组件使 Access 2010 成为最快、最简单的数据库解决方案。用户无需自定义就可以使用新的预建数据库模板，也可以使用他人 Access 在线社区中创建的模板，利用这些模板创建数据库更加方便快捷。用户还可以在这些模板的基础上根据具体需求进行修改。

使用新的模块化组件构建数据库。通过新的应用程序部件，用户可以在数据库中添加一组常用 Access 组件（如用于任务管理的表格和窗体），还可以使用新的快速启动字段在表格中添加经常使用的字段组。

2. 创建精美的窗体和报表

Access 2010 通过提供的主题工具进行数据库外观的快速设置和修改，使用协调表格、窗体和报表创建漂亮的、具有专业外观的数据库。在窗体和报表中，可以通过趋势的发现增强数据的强调效果，通过渐变填充增加值的可视性，数据栏可以应用条件格式，这些对数据的处理效果可以帮助用户做出更好的业务决策。在报表中可以使用各种来源的数据，导入和链接来自其他各种外部来源的数据，以及通过电子邮件收集和更新数据。

3. 共享 Web 网络数据库

Access 2010 增强了原有版本通过 Web 网络共享数据库的功能，使用新的 Web 浏览器控件，用户可以将动态 Web 内容添加到窗体中，并可以根据用户的自身需要检索 Web 上存储的数据。Access 2010 还提供了一种将数据库应用程序作为 Access Web 应用部署到 SharePoint 服务器的新方法。SharePoint 是 Microsoft 公司推出的用于企业门户站点和内部协同办公的、基于 Web 的平台，Access 2010 和 SharePoint 技术紧密结合，实现基于 SharePoint 的数据创建数据表，还可以与 SharePoint 服务器交换数据。

4. 直观地添加自动化和复杂表达式

Access 2010 提供了增强的表达式生成器实现表达式的智能生成，用户不用花费很多时间来考虑有关语法错误和设置相关的参数等，表达式的智能特性为用户提供了所需要的全部信息。利用改进的宏设计器，用户可以轻松地在数据库中添加基本逻辑，这些增强功能对于创建复杂逻辑来说更为直观，并使用户能够扩展自己的数据库应用程序。

5. 提供计算数据类型

在 Access 2010 中新增加的计算字段数据类型，可以实现原来需要在查询、控件、宏或 VBA 代码中进行的计算。可以使用计算数据类型在数据表中创建计算字段，使得用户可以在数据库中更方便地显示和使用计算结果。Access 2010 提供的计算数据类型把 Excel 优秀的公式计算功能移植到 Access 中，给用户带来了极大的方便。

6. 可以更有效地协作

许多数据库使用来自不同来源的数据，并由许多人更新和利用。用户可能与团队一起工作，也可能需要从其他人那里收集数据。Access 2010 为协作和利用其他来源的数据提供了新的增强功能。

7. 创建集中管理数据的位置

Access 2010 提供了集中管理数据并帮助提高工作质量的简便方式。新的技术有助于突破障碍，使用户可以共享并协作处理自己的数据库。在报表中可以使用各种来源的数据，导入和链接来自其他各种外部来源的数据，或通过电子邮件收集和更新数据，也可以连接 Web 上的数据，通过 Web 服务协议连接数据源。

6.1.2　Access 2010 的启动和退出

1. Access 2010 的启动

Access 2010 的启动主要有四种方法：

方法一：单击"开始"菜单中的"所有程序"，选择"Microsoft Office"中的"Microsoft Access 2010"命令。

方法二：如果不是第一次启动 Access 2010，则单击"开始"菜单中的快速启动项"Microsoft Access 2010"。

方法三：如果用户已创建了 Access 2010 的快捷方式，则鼠标双击 Access 2010 的快捷方式图标。

方法四：如果存在一个已创建好的 Access 2010 数据库，则鼠标双击一个已创建好的 Access 2010 数据库文件的图标。

2. Access 2010 的退出

Access 2010 的退出主要有四种方法：

方法一：单击 Access 2010 菜单栏上的"文件"菜单中的"退出"命令。

方法二：按 Alt＋F4 快捷键。

方法三：单击 Access 2010 标题栏右侧的控制按钮▨。

方法四：单击 Access 2010 标题栏左侧的"控制菜单"图标▲，或在 Access 2010 标题栏的空白位置右键单击，在打开的下拉菜单中单击"关闭"按钮。

6.1.3　Access 2010 窗口的组成

通过上一节中的前三种启动方式启动 Access 2010，系统会首先出现如图 6—1 所示的首界面，该界面提供了创建数据库的导航，此时需要用户选择该界面中给出的某种方式创建数据库（后续介绍），然后正式进入 Access 2010 的工作界面，主要包括标题栏、功能区、导航窗口、数据库对象窗口和状态栏等部分，如图 6—2 所示。

1. 标题栏

标题栏位于 Access 2010 工作界面的顶端。标题栏的中部显示的是当前正在打开的数据

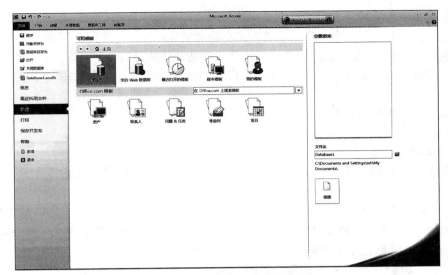

图 6—1 Access 2010 首界面

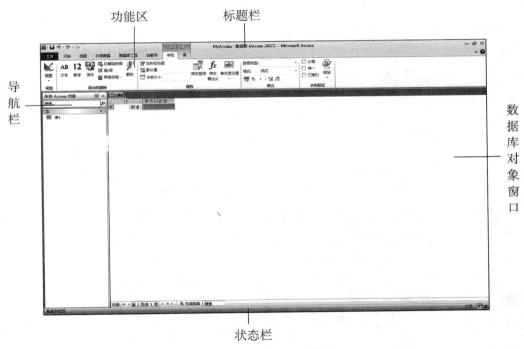

图 6—2 Access 2010 窗口

库文件（如图 6—2 中的"MyAccess"）、数据库类型说明（如图 6—2 中的"数据库（Access 2007)"）、应用程序名"Microsoft Access"。标题栏的最左侧是"控制菜单"图标 A ，单击该图标会弹出一个下拉式菜单，包括最大化、最小化、关闭等常用窗口控制命令；标题栏的最右侧是控制按钮 ⬜ ⬜ ✕ ，自左至右依次为最小化、最大化（还原）和关闭按钮。

2. 功能区

功能区是一个包含多组命令且横跨程序窗口顶部的带状选项卡区域，它替代了 Access 2007 之前的版本中存在的菜单栏和工具栏的主要功能，是 Access 2010 最突出的新界面元素。

功能区包含了多个围绕特定方案或对象进行处理的命令选项卡，每个命令选项卡上有多个命令按钮组。可以通过双击任意命令选项卡的方式在隐藏或显示功能区之间进行切换，也可以通过单击"功能区最小化/展开功能区"按钮（该按钮在功能区的最右侧）完成上述功能。

功能区主要包括：将相关常用命令分组在一起的主选项卡、只在使用时才出现的上下文命令选项卡以及自定义快速访问工具栏。需要强调的是，功能区的各命令选项卡中经常会出现下拉箭头▾，单击它可以打开一个下拉式菜单；也会出现一种按钮▣，单击它可以打开一个设置对话框。

（1）主选项卡。

主选项卡主要包括"文件"、"开始"、"创建"、"外部数据"和"数据库工具"五个命令选项卡。

"文件"选项卡是 Access 2010 新增的一个命令选项卡，主要包括对数据库文件进行各种操作和对数据库进行各种设置的命令，与其他命令选项卡的结构、布局完全不同。单击"文件"选项卡可以打开一个文件窗口，如图 6—3 所示。

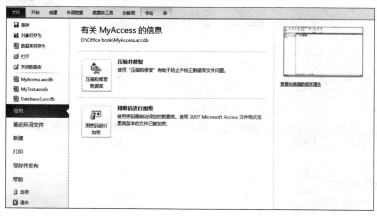

图 6—3　"文件"选项卡

文件窗口分成左右两个窗格，左侧窗格主要包括"保存"、"对象另存为"、"打开"、"新建"等命令，右侧窗格列出用户选择不同文件命令后的结果。例如，当用户在左侧窗格中选择"信息"命令时，右侧窗格中会显示出当前数据库的相关信息，如图 6—3 所示。

"开始"选项卡包括用来对数据表进行各种常用操作的命令，如图 6—4 所示。

图 6—4　"开始"选项卡

"创建"选项卡包括用来完成 Access 数据库中所有对象的创建操作的命令，如图 6—5 所示。

图 6—5　"创建"选项卡

"外部数据"选项卡包括实现对内部外部数据进行交换的命令，如图6—6所示。

图 6—6　"外部数据"选项卡

"数据库工具"选项卡是 Access 2010 提供的一个管理数据库后台的工具，如图6—7所示。

图 6—7　"数据库工具"选项卡

（2）上下文命令选项卡。

上下文命令选项卡是 Access 2010 的新界面元素，是指系统可以根据上下文环境在主选项卡旁边显示出来的一个或多个命令选项卡。例如，在表设计视图中打开一个表（第一次打开 Access 2010 的默认状态），此时在"数据库工具"选项卡旁边会显示一个上下文命令选项卡"表格工具"，如图6—8所示。

图 6—8　"表格工具"选项卡

上下文命令选项卡可以根据所选对象的状态不同，自动弹出或关闭，具有一定的智能性。

（3）自定义快速访问工具栏。

自定义快速访问工具栏 [图标] 的默认位置占用了标题栏的空白区，但不属于标题栏的组成部分。也可以将该工具栏显示在功能区的下方，此时需要单击该工具栏右侧的按钮 [图标]，在出现的下拉式菜单中选择"在功能区下方显示"菜单项，如图6—9所示。

快速访问工具栏包含一组独立于当前显示的功能区上选项卡的命令，用户可以通过自定义的方式将经常使用的命令放置于该工具栏中。具体操作步骤如下：

①单击自定义快速访问工具栏右侧的按钮 [图标]。

②在出现的下拉式菜单中单击希望加到自定义快速访问工具栏中的命令。

③如果需要添加其他命令，则单击该下拉式菜单中的"其他命令"菜单项，系统会弹出"Access 选项"对话框，如图6—10所示。

④在"从下列位置选择命令"的下拉式列表框中，根据需要选择"用于所有文档（默认）"或某个特定文档。

⑤单击要添加的命令，然后单击"添加"按钮。这项操作可以不断重复进行，直至用户将需要的命令全部添加完毕。

⑥可以根据用户的喜好通过单击"上移"和"下移"按钮调整命令在快速访问工具栏中出现的顺序。

⑦单击"确定"按钮完成添加操作，此时新添加的命令会出现在快速访问工具栏中。

如果用户想删除快速访问工具栏中的某个命令，可以用鼠标指向该命令右键单击，在弹出式菜单中选择"从快速访问工具栏删除"菜单项；也可以通过下面的方法进行删除，具体操作步骤如下：

①右键单击快速访问工具栏的空白区，在弹出的菜单中选择"自定义快速访问工具栏"菜单项，打开"Access 选项"对话框。

②在该对话框左侧的列表中选择"自定义"，鼠标单击对话框右侧的"自定义快速访问工具栏"下拉式列表框中要删除的命令，然后单击"删除"按钮。可以不断重复这样的操作，直到用户满意为止。

③单击"确定"按钮完成删除操作。

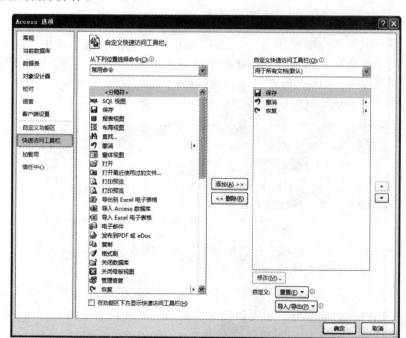

图6—9　自定义快速访问
　　　工具栏下拉式菜单

图6—10　"Access 选项"对话框

3. 导航窗口

导航窗口位于 Access 2010 工作界面的左侧，与数据库对象窗口并列排在功能区的下端，主要实现对当前数据库的所有对象的管理和对相关对象的组织，如图6—11所示。导航窗口有两种状态：折叠状态和展开状态，默认状态为展开状态。在展开状态下，单击导航窗口上部的"百叶窗开/关"按钮 « 可以折叠导航窗口。

单击导航窗口上方"所有 Access 对象"右侧的下拉箭头 ⊙ ，可以打开一个下拉式菜单，如

图 6—12 所示。通过该菜单可以选择按某种方式对数据库对象进行分组。鼠标右键单击导航窗口中的任何对象，打开一个弹出式菜单，从中选择某个任务以执行某个操作，如图 6—13 所示。

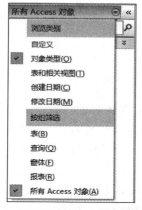

图 6—11　导航窗口　　**图 6—12　导航窗口中对象分组下拉式菜单**　　**图 6—13　导航窗口中的弹出式菜单**

4．数据库对象窗口

数据库对象窗口位于功能区的右下侧，与导航窗口并列，是用于设计、编辑、修改、显示以及运行数据表、查询、窗体、报表和宏等对象的区域，是 Access 2010 对所有对象进行的所有操作的工作区，操作的结果也在该窗口中显示。

5．状态栏

与所有的 Office 应用程序一样，Access 2010 的状态栏位于工作界面的最下端，用于显示系统所处的当前状态，主要有状态信息、属性提示、进度指示、操作提示等。状态栏的右侧有显示对象相应视图的一系列按钮，单击其中的某个按钮可以切换到对应的视图。

6.1.4　Access 2010 的视图

Access 2010 功能区中的"开始"选项卡的第一个命令组就是"视图"组，视图是 Access 2010 中对象的显示方式，数据表、查询、窗体和报表都有自已不同的视图，在不同的视图中，可以对对象进行不同的操作。例如，表对象有数据工作表视图、数据透视表视图、数据透视图视图和设计视图等四种视图，在数据工作表视图中可以浏览记录，在设计视图中可以完成数据表的设计工作，等等。当切换到每个对象的设计状态时，在"设计""选项卡中也包括"视图"组。除单击状态栏中的视图切换按钮外，单击"视图"组中的视图图标会弹出一个下拉式菜单，在该菜单中也可以选择对象的不同视图。

6.2　Access 2010 系统结构

Access 2010 是一个面向对象的可视化数据库管理工具，对象是 Access 2010 数据库管理的核心。Access 2010 提供了一个完整的对象类集合，在 Access 2010 环境中的所有操作与编程都是面向这些对象进行的。用一套对象来反映数据库的构成，极大地简化了数据库管理的逻辑视图，其中主要包括表对象、查询对象、窗体对象、报表对象、宏对象和模块对象。在 Access 2010 环境中，导航窗口是对这些对象进行组织和管理的工具，它以多种方式组织数据库对象，这些组织方式包括对象类型、表和相关视图、创建日期、修改日期、按组筛选、按对象类别以及自定义等。单击导航窗口中"所有 Access 对象"右侧的下拉箭头，可以打开组织方式列表，用户可以根据自己的喜欢选择对象的组织方式。

本节介绍 Access 2010 基本对象的概貌及其相关概念，后续章节详细说明各 Access 2010 对象的具体内容。

6.2.1　表对象

在 Access 数据库中，数据表是最基本的对象。查询、窗体、报表、宏等都是基于表为数据源创建的对象。表对象用于存储在特定领域内的有关特定实体的数据集合。例如，在商品进销存管理系统中，商品的库存数据集合就可以设置成为"商品库存"这样一个特定实体的数据集合，而商品的销售数据集合则可以设置成为"商品销售"这样一个特定实体的数据集合。对每个实体分别创建各自的表对象，意味着每种数据只需存储一次，这将提高数据库的效率，并且减少数据输入错误。表对象以行、列格式组织数据，表中一行称为一条记录、一列称为一个字段。

6.2.2　查询对象

查询对象是基于表对象实现对数据访问的一种对象，查询对象的功能是提供数据库操作人员与数据表中数据的交互界面，利用查询可以通过不同的方法来查看、更改以及分析数据。最常见的查询对象类型是选择查询，选择查询将按照指定的准则，从一个或多个表对象中获取数据，并按照所需的排列次序显示。查询对象的运行形式与表对象的运行形式几乎完全相同，但它只是表对象中数据的某种抽取与显示，本身并不包含任何数据。需要强调的是，查询对象必须基于表对象建立。也可以将查询作为窗体和报表的记录源。

6.2.3　窗体对象

窗体对象也称为窗体控件，主要用于提供数据库的操作界面。窗体对象的构成包括五个节，它们分别是：窗体页眉节、页面页眉节、主体节、页面页脚节和窗体页脚节。一般情况下，只是使用其中的部分窗体节使得用户能更有效地使用窗体。大部分的窗体都只使用主体节、页面页眉节和页面页脚节，便可以满足一般性的应用需求。

窗体的功能较多，大致可以分为三类：

（1）提示型窗体。显示一些文字及图片等信息，没有实际性数据，主要用于信息系统的主界面。

（2）控制型窗体。设置相应菜单和一些命令按钮，用来完成各种控制功能。

（3）数据型窗体。实现用户对数据库中相关数据的操作界面，是信息系统中使用最多的窗体。

6.2.4　报表对象

报表是以打印的格式表现用户数据的一种有效方式。Access 2010 提供报表对象，使得用户可以控制报表上每个对象（也称为报表控件）的大小和外观，并可以按照所需的方式选择所需显示的信息以便查看或打印输出。报表中的大部分信息来自基本数据表、查询或SQL语句，是报表对象的数据源。作为信息系统的设计者，应该为最终用户设计完善的报表对象实例，使其能够通过信息系统的功能选择得到所需报表。

6.2.5 宏对象

宏对象是 Access 2010 中基于表对象的对象，宏是指一个或多个操作的集合，其中每个操作实现特定的功能。宏可以使某些普通的、需要多个指令连续执行的任务通过一条指令自动完成，通常将这条指令称为宏。例如，可设置某个宏，在用户单击某个命令按钮时运行该宏，以打印某个报表。

宏可以只包含一个操作序列，也可以是若干个宏的集合所组成的宏组，一个宏或宏组的执行与否还可以使用一个条件表达式来进行控制，即可以通过给定的条件来决定在哪些情况下运行宏。

6.2.6 模块对象

Access 2010 的模块对象是 Access 2010 数据库对象中的一个基本对象，模块是将 Visual Basic for Applications（VBA）的声明和过程作为一个单元进行保存的集合，即程序的集合。设置模块对象的过程也就是使用 VBA 编写程序的过程。在 Access 2010 中，模块有两个基本类型：类模块和标准模块，在后续章节将详细介绍。

6.3 建立 Access 2010

6.3.1 Access 2010 数据库文件

数据库对象是 Access 2010 最基本的对象，表对象、查询对象、窗体对象、报表对象、宏对象以及模块对象都被封装在数据库对象中，以一个单一的数据库文件形式存储在磁盘中，具有管理本数据库中所有信息的功能。在这个文件中，用户可以将自己的数据分别保存在各自独立的存储空间中，这些空间称作表；可以使用窗体对象来查看、添加及更新表中的数据，也可以使用报表对象以特定的方式分析和打印数据，还可以创建 Web 页来实现与 Web 的数据交换。Access 2010 支持的数据库文件的扩展名为 accdb，在 Access 2010 环境中创建的数据库可以在其他版本的 Access 数据库管理工具中使用，也可以在创建数据库的过程中选择其他存储格式。总之，创建一个数据库对象是应用 Access 2010 信息系统的第一步工作。

6.3.2 创建 Access 2010 数据库方法

Access 2010 提供了两种创建数据库的方法：使用模板创建数据库和创建空数据库。采用第一种方法创建数据库时，可以选择的创建方式包括从"样本模板"创建、从"我的模板"创建、使用"最近打开的模板"创建以及从"Office.com 模板"创建等。无论采用哪种创建数据库的方法都可以创建传统数据库和 Web 数据库，这两种类型的数据库是 Access 2010 支持的数据库类型。

1. 创建空数据库

如果没有满足需要的模板，或在另一个程序中有要导入 Access 的数据，那么最好的方法是创建空数据库。空数据库就是建立数据库的外壳，但是没有对象和数据的数据库。

创建空数据库后，根据实际需要，添加所需要的表、窗体、查询、报表、宏和模块对象。创建空数据库的方法适合于创建比较复杂的数据库但又没有合适的数据库模板的情形。

下面以传统数据库的创建为例介绍具体的创建方法。

（1）在 Access 2010 启动窗口中，单击"空数据库"。通常情况下，系统的默认设置就是选中"空数据库"，如图 6—14 所示。

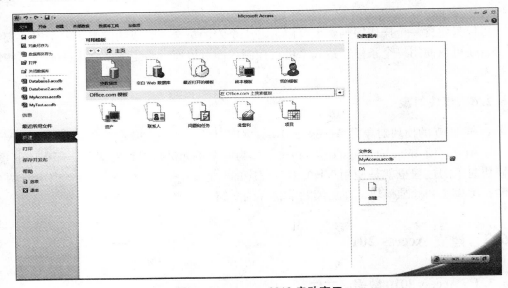

图 6—14　Access 2010 启动窗口

（2）在 Access 2010 启动窗口的右侧窗格中，系统在文件名文本框中会给出一个默认的数据库文件名"Database1.accdb"，此时可以根据用户的需要进行修改，如修改为"MyAccess"。

（3）单击右侧窗格中文件名文本框右面的按钮 📁，打开"文件新建数据库"对话框，如图 6—15 所示。在该对话框中，选择数据库的保存位置，这里选择的是"D：\Office book"文件夹。

（4）在"文件新建数据库"对话框中，选择该数据库文件的保存类型，通常选择的类型为"Microsoft Access 2007 数据库"，此时数据库文件以 Access 2010 文件格式（accdb 格式）进行存储。用户也可以选择其他类型，包括"Microsoft Access 数据库（2000 格式）"、"Microsoft Access 数据库（2002/2003 格式）"，此时数据库文件以原来的 Access 文件格式（mdb 格式）进行存储。

（5）单击"确定"按钮，关闭"文件新建数据库"对话框，返回 Access 2010 启动窗口。

（6）单击启动窗口右侧窗格中的"创建"按钮，此时系统开始创建名为 MyAccess.accdb 的空数据库，创建完成后进行 Access 2010 工作窗口，自动创建一个名为"表 1"的数据表，并以数据工作表视图方式打开这个数据表，完成空数据库的创建工作。

2. 使用模板创建数据库

如果创建用户数据库时能找到与要求相近的模板，那么使用模板是创建数据库的最佳方

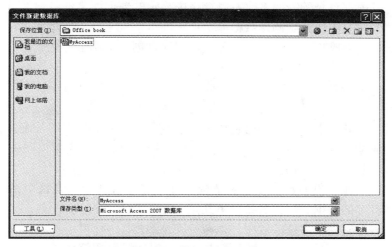

图 6—15　"文件新建数据库"对话框

式。除了可以使用 Access 2010 提供的模板，还可以利用 Internet 上的资源，如果在 Office. com 网站上搜索到所需的模板，可以把模板下载到本地计算机中。

下面以从"样本模板"创建 Web 数据库为例介绍具体的创建方法。

（1）在图 6—14 所示的 Access 2010 启动窗口中，单击样本模板，系统会打开"可用模板"窗格，用户可以在启动窗口中看到 Access 2010 提供的 12 个示例模板，如图 6—16 所示。

（2）用户可以根据自身的需要，通过单击可用模板中的 Web 数据库模板进行选择，例如，在图 6—16 中选择的"慈善捐款 Web 数据库"，此时系统自动生成一个文件名"慈善捐款 Web 数据库. accdb"并显示在启动窗口右侧的文件名文本框中。

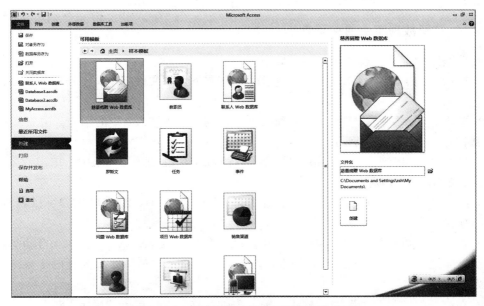

图 6—16　启动窗口中的"可用模板"窗格

（3）用户可以根据自身的需要更改右侧窗格中显示的数据库文件名和保存位置。

（4）单击"创建"按钮开始创建数据库。

（5）数据库创建完成后，系统自动打开该数据库，创建工作全部完成。

6.4　创建表

表是整个数据库的基本单位，同时它也是所有查询、窗体和报表的基础。表是有关特定主题（如课程和成绩）的信息所组成的集合，它将具有相同性质或相关联的数据存储在一起，以行和列的形式来记录数据。

作为数据库中其他对象的数据源，表结构设计的好坏直接影响到整个系统设计的复杂度。因此，关系良好的数据表应该具备以下几点：

（1）将信息划分到基于主题的表中，以减少冗余数据。

（2）向 Access 2010 提供根据需要连接表中信息时所需要的信息。

（3）可帮助支持和确保信息的准确性和完整性。

（4）可满足数据处理和报表需求。

创建表的工作包括表中的字段、字段命名、定义字段的数据类型和设置字段属性的内容。Access 2010 创建表分为创建新的数据库和现有的数据库，在创建新数据库时，自动创建一个新表。在现有的数据库中可以通过以下四种方法创建表：

方法一：直接插入一个空表。

方法二：使用设计视图创建表。

方法三：从其他数据源（如 Excel 工作簿、Word 文档、文本文件或其他数据库等多种类型的文件）导入或链接到表。

方法四：根据 SharePoint 列表创建表。

6.4.1　在新数据库中创建新表

在新数据库中创建新表的操作步骤如下：

（1）启动 Access 2010，单击"空数据库"，在右下角"文件名"文本框中为新数据库输入文件名，如图 6—17 所示。

（2）单击"创建"图标按钮，打开新数据库，创建名为"表1"的新表，并在数据表视图中将其打开，如图 6—18 所示。

（3）选中 ID 字段列。在"表格工具/字段"选项卡中的"属性"组中，单击"名称和标题"按钮，如图 6—19 所示。

（4）打开"输入字段属性"对话框，在"名称"文本框中，输入名称"字段名称"，如图 6—20 所示。

（5）在"单击以添加"下面的单元格中，输入新的字段名，Access 2010 自动为新的字段命名为"字段1"。重复步骤（4）的操作，把"字段1"的名称修改为新的字段名称，如图 6—21 所示。

（6）在打开的"另存为"对话框中，输入表的名称，然后单击"确定"按钮，完成表的保存。

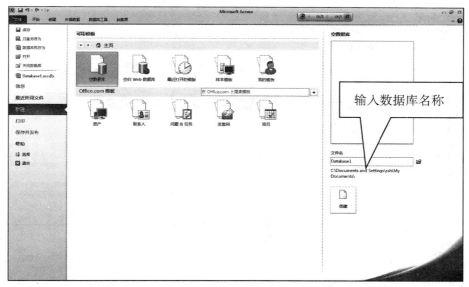

图 6—17　Access 2010 新建数据库窗口

图 6—18　设计表窗口

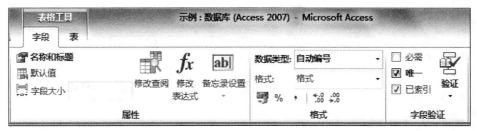

图 6—19　表格工具组

图 6—20　"输入字段属性"对话框

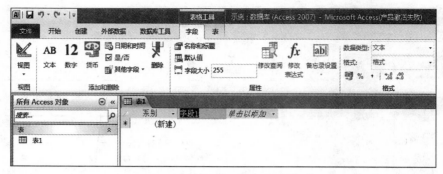

图6—21 单击以添加修改字段名称

提示：ID字段默认数据类型为"自动编号"，单击以添加的数据类型为"文本"。如果用户所添加的字段是其他数据类型，则在"表格工具/字段"选项卡的"添加和删除"组中，单击相应的一种数据类型的按钮。

6.4.2 使用表模板创建数据表

对于一些常用的应用，如联系人、资产等信息，运用表模板会比手动方式更加方便和快捷。

运用表模板创建一个"联系人"表操作步骤如下：

（1）启动 Access 2010，新建一个空数据库，命名为"表示例"。

（2）切换到"创建"选项卡，单击"表模板"按钮，在弹出的列表中选择"联系人"选项，如图 6—22 所示。

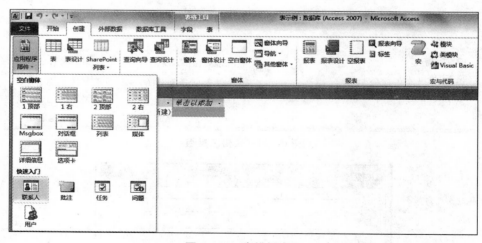

图6—22 表模板窗口

（3）单击左侧导航栏的"联系人"表，即建立一个数据表，如图 6—23 所示。在表的"数据表视图"中完成数据记录的创建、删除等操作。

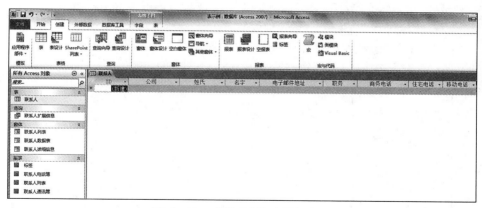

图 6—23　"联系人"表编辑窗口

6.4.3　使用表设计器设计表

在表模板中提供的模板类型是非常有限的，而且运用模板创建的数据表也不一定完全符合要求，必须进行适当的修改，因此在更多的情况下，必须自己创建一个新表，这就用到了"设计器"。使用设计器视图创建表是一种十分灵活的方法。下面以创建一个"成绩表"为例，来说明使用表的"设计视图"创建数据表的操作步骤。

（1）启动 Access 2010，打开数据库"表示例"。

（2）切换到"创建"选项卡，单击"表格"组中的"表设计"按钮，进入表的"设计视图"，如图 6—24 所示。

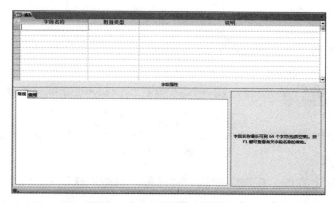

图 6—24　"表设计视图"窗口

（3）在"字段名称"栏中输入字段的名称，如"成绩 ID"；在"数据类型"下拉式列表框中选择该字段的数据类型，这里选择"自动编号"选项；在"说明"栏中的输入为选择性的，也可以不输入，如图 6—25 所示。

（4）用同样的方法，输入其他字段名称，并设置相应的数据类型，如图 6—26 所示。

（5）单击"保存"按钮，弹出"另存为"对话框，在"表名称"文本框中输入"成绩表"，单击"确定"按钮，完成保存操作。

（6）弹出如图 6—27 所示的对话框，提示尚未定义主键，单击"否"按钮，暂时不设主键。

233

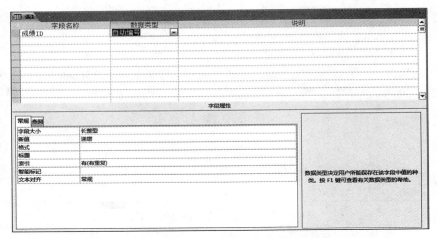

图 6—25 设计"成绩表"中成绩 ID 字段

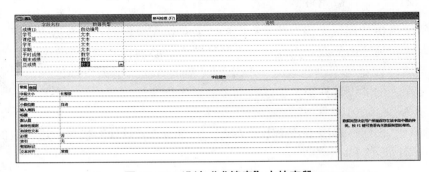

图 6—26 设计"成绩表"中的字段

图 6—27 "提示设置主键"对话框

（7）单击屏幕左上方的"视图"按钮，切换到"数据表视图"，如图 6—28 所示。

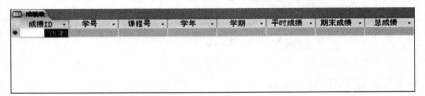

图 6—28 数据表视图

6.4.4 使用 SharePoint 列表创建表

可以在数据库中创建从 SharePoint 列表导入或链接到 SharePoint 列表的表。还可以使

234

用预定义模板创建新的 SharePoint 列表。Access 2010 中的预定义模板包括"联系人"、"任务"、"问题"和"事件"，下面以创建一个"任务"表为例进行介绍。操作步骤如下：

（1）启动 Access 2010，打开建立的"表示例"数据库。

（2）在"创建"选项卡下的"表格"组中，单击"SharePoint 列表"，从弹出的下拉式列表框中选择"任务"选项，如图 6—29 所示。

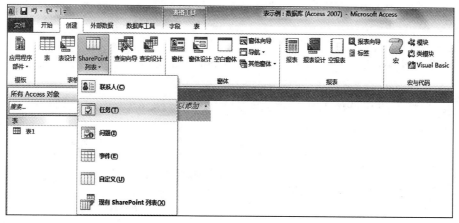

图 6—29 SharePoint 列表创建表窗口

（3）弹出"创建新列表"对话框，输入要在其中创建列表的 SharePoint 网站的 URL，并在"指定新列表的名称"和"说明"文本框中分别输入新列表的名称和说明，如图 6—30 所示，单击"确定"按钮，即可打开创建的表。

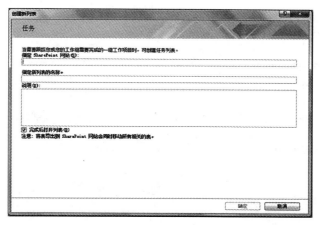

图 6—30 "创建新列表"对话框

6.4.5 用导入方法创建表

数据共享是加快信息流通，提高工作效率的要求。Access 2010 提供的导入和导出功能就是用来实现数据共享的工具。

在 Access 2010 中，可以通过导入用存储在其他位置的信息来创建表。例如，可以导入 Excel 工作表、ODBC 数据库、其他 Access 数据库、文本文件、XML 文件以及其他类型文件。

下面将"员工信息表.xls"导入到"表示例"数据库中,操作步骤如下:

(1) 启动 Access 2010,打开"表示例"数据库,在功能区,选中"外部数据"选项卡,在"导入并链接"组中单击"Excel"命令按钮,如图 6—31 所示。

(2) 在打开"获取外部数据"对话框中,如图 6—32 所示,单击"浏览"按钮。

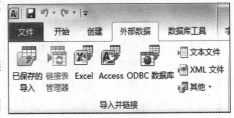

图 6—31 导入并链接组

(3) 在打开的"打开"的对话框中,在"查找范围"定位于外部文件所在的文件夹,选中导入的数据源文件"员工信息表.xls",如图 6—33 所示,单击"打开"按钮。

(4) 返回到"获取外部数据"对话框中,单击"确定"按钮,在打开的"导入数据表向导"对话框中,单击"下一步"按钮,如图 6—34 所示。

(5) 选中"第一行包含列表题"复选框,单击"下一步"按钮,如图 6—35 所示。

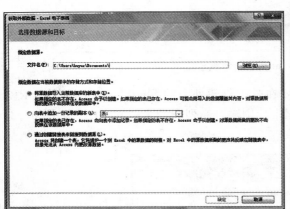

图 6—32 "获取外部数据"对话框

图 6—33 "打开"对话框

图 6—34 "导入数据表向导"对话框(1)

图 6—35 "导入数据表向导"对话框(2)

(6) 指定"手机号"的数据类型为"长整型",索引项为"有(无重复)",如图 6—36 所示,然后依次选择其他字段,分别进行设置,单击"下一步"按钮。

（7）选中"我自己选择主键"，Access 2010 自动选定"手机号"，单击"下一步"按钮，如图6—37所示。

（8）在"导入到表"文本框中输入"员工信息表"，单击"完成"按钮，如图6—38所示。

（9）在打开的"保存导入步骤"对话框中，不勾选"保存导入步骤"选项，单击"关闭"按钮，如图6—39所示。

图6—36　"导入数据表向导"对话框（3）　　图6—37　"导入数据向导"对话框（4）

提示：对于经常进行同样数据导入操作的用户，可以把导入步骤保存下来，以后可以快速完成同样的导入。

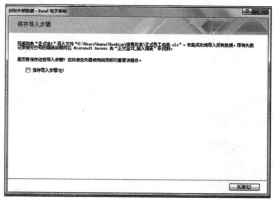

图6—38　"导入数据向导"对话框（5）　　图6—39　"保存导入步骤"对话框

6.4.6　数据表字段的添加和删除

在Access 2010中在表中增加和删除字段十分方便，可以在"设计视图"和"数据表"视图中添加和删除字段。

1．"设计视图"中字段的添加和删除

操作步骤如下：

（1）在"表示例"数据库中，打开"成绩表"并切换到设计视图。添加一个"平均成绩"字段，选中该字段行。

（2）自动打开"设计"选项卡，在"工具"组中，选择"插入行"命令。

（3）出现一个空字段后，在该字段中，输入字段名称"平均成绩"，字段的数据类型"数字"，在说明列中输入该字段的有关说明。

（4）若要删除一个和多个字段，首先需要选定删除的这些字段，在"工具"组中，选择"删除行"命令。

2."数据表"视图中字段的添加和删除

在"数据表"视图中添加和删除字段的操作，在 Access 2010 中是十分方便的，通过使用"插入"菜单和"编辑"菜单即可完成。操作步骤如下：

（1）在"数据表"视图中打开表。

（2）选中"添加新字段"，直接输入字段信息，就添加了新字段列。

（3）如果要删除某个列字段，右键单击要删除的列字段，在打开的快捷菜单中，单击"删除列"菜单命令即可。

6.5 Access 2010 表的使用

6.5.1 主键的设置、更改与删除

主键是表中的一个字段或字段集，它为 Access 2010 中的每一条记录提供了一个唯一的标识符。他是为提高 Access 2010 在查询、窗体和报表中的快速查找能力而设计的。

下面以"课程"表为例介绍如何在 Access 2010 中定义主键，操作步骤如下：

（1）启动 Access 2010，打开建立的"表示例"数据库。

（2）在导航窗格中双击已经建立的"课程"表，然后单击"视图"按钮，或者单击"视图"按钮下的小箭头，在弹出的菜单中选择"设计视图"命令，进入表的"设计视图"，如图 6—40 所示。

（3）在"设计视图"中选择要作为主键的一个字段，或者多个字段。若选择一个字段，则单击该字段的行选择器。若选择多个字段，则按住 Shift 键，然后选择每个字段的行选择器。本例中选择"学号"字段，如图 6—41 所示。

图 6—40　视图选项卡

图 6—41　"课程表"设计视图窗口

（4）在"设计"选项卡的"工具"组中，单击"主键"按钮，或者单击鼠标右键，在弹

238

出的快捷菜单中选择"主键"命令，为数据表定义主键，如图6—42所示。

图6—42　"定义主键"窗口

如果要更改设置的主键，则删除现有的主键，再重新指定新的主键。删除主键的操作步骤与创建主键的步骤相同，在"设计视图"中选择作为主键的字段，然后单击"主键"按钮，即可删除主键。删除的主键必须没有参与任何"表关系"，如果删除的主键和某个表建立表关系，Access 2010就会警告必须先删除该关系。

6.5.2　数据表关系的定义

通常，一个数据库应用系统包含多个表。为了把不同表的数据组合在一起，必须建立表之间的关系。建立表之间的关系，不仅建立了表之间的关联，还保证了数据库的参照完整性。（参照完整性是一个规则，Access 2010使用这个规则来确保相关表中的记录之间关系的有效性，并且不会意外地删除或更改相关数据）。

表之间的关系有三种：一对一的关系；一对多的关系和多对多的关系。下面以一对多的关系为例讲解表之间的关系的建立。

不同表之间的关联是通过主表字段和子表的外键字段来确定的（两个表建立一对多的关系后，"一"方的表称为主表，"多"方的表称为子表）。

下面以建立"表示例"数据库中的学生信息表、选课表和课程表之间的关系为例介绍表关系建立的步骤。

（1）打开"表示例"数据库，在"数据库工具"或"表设计"选项卡下面的"关系"组中，单击"关系"按钮，打开"关系"窗口。

（2）在"关系"组中，单击"显示表"按钮，打开"显示表"对话框，如图6—43所示。

（3）在"显示表"对话框中，列出当前数据库中所有表，按住Shift，单击"学生信息表"，选中所有的表，单击"添加"按钮，则将选中的表添加到关系窗口，如图6—44所示。

图6—43　"显示表"对话框

图6—44　"关系"窗口

（4）在"学生信息表"中选中"学号"字段，按住左键不放，拖到"选课"表中的"学号"字段上，放开左键，这时打开"编辑关系"对话框，选中"实施参照完整性"和"级联更新相关字段"复选框，如图6—45所示。

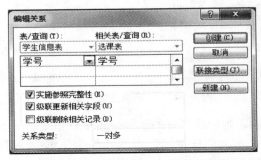

图6—45 "编辑关系"对话框

（5）单击"创建"按钮，关闭"编辑关系"对话框，返回到"关系"窗口，如图6—46所示。选课表和学生信息表的相同字段之间出现了一条关系线，并且在学生表的一方显示"1"，在"选课"表的一方显示"∞"（表示一对多的关系）。

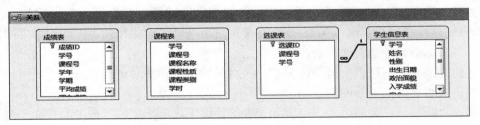

图6—46 "一对多关系"窗口

提示：在建立关系的两个表之前，最好在子表中不要输入数据，这是因为在相互关联的表所输入的数据如果违反了参照完整性，就不能正常建立关系。建立关系后，为了使表的布局美观，可以用鼠标拖动表的标题栏，移动表在"关系"窗口的位置。

Access 2010数据库中表的关系建立后，可以编辑现有的关系，还可以删除不再需要的关系。编辑关系操作步骤如下：

（1）在"数据库工具"选项卡的"关系"组中，单击"关系"按钮，打开"关系"窗口。

（2）对需要编辑的关系线，进行下列一种操作来打开"编辑关系"对话框：

● 双击该关系线。

● 右键单击该关系线，在打开的快捷菜单中，单击"编辑关系"命令。

● 单击该关系线，在"高级工具"选项卡的"工具"组中，单击"编辑关系"命令。

（3）在"编辑关系"对话框中修改关系，然后单击"确定"。

（4）修改后保存。若要删除一个关系，则单击关系线，按"DEL"键，即可删除。

提示：在建立两个表的关系时，相关联的字段不一定要有相同的名称，但必须是相同的数据类型，这样才能实施参照完整性，如果它们的数据类型不同，虽然能建立起关系，但不能实施参照完整性，因此不能建立一对一或一对多的关系。

6.5.3 数据表的编辑

编辑数据表的操作包括：添加与修改记录、选定与删除记录、更改数据表的显示方式、数据的查找与替换、数据的排序与筛选等操作。

1. 记录的添加与修改

下面以向"学生"表中添加和修改记录为例进行介绍，操作步骤如下：

（1）打开"表示例"数据库，然后从导航窗格中打开"成绩"表，在右侧的"成绩"窗格中单击空白单元格，输入要添加的记录，如图6—47所示。

成绩ID	学号	课程号	学年	学期	平均成绩	期末成绩	单击以添加
1	1 1		2000	1	10	99	
2	2 2		2001	1	9	89	
3	3 3		2001	2	6	79	
4	5 4		2000	2	9	90	
5	7 4		2009	1	7	80	
6	4 5		2009	2	6	70	
7	9 1		2008	1	5	60	
8	10 1		2008	2	8	67	
9	14 2		2010	1	9	78	
10	18 2		2010	2	10	97	
11	20 3		2011	1	9	94	
12	17 4		2011	2	10	92	
13	16 5		2012	1	8	87	
14	15 1		2007	1	7	88	
15	11 4		2007	2	10	85	
16	12 5		2006	1	7	83	
17	13 3		2006	2	8	74	
18	19 2		2003	1	9	63	
（新建）							

图6—47 "输入记录"窗口

（2）如果要修改已添加的记录，则单击要修改的单元格，在单元格中修改记录。

2. 记录的选定与删除

下面介绍如何选定与删除记录，操作步骤如下：

（1）打开"表示例"数据库，从导航窗格中打开"成绩"表。

（2）单击表的最左侧的灰色区域，即可选定该记录，此时光标变成向右的黑色箭头。

（3）如果要删除该记录，单击右键，在弹出的快捷菜单中选择"删除记录"命令。

（4）在弹出的"您正准备删除1条记录"对话框中单击"是"按钮，即可删除该记录，如图6—48所示。

图6—48 "确认删除"对话框

3．数据表显示方式的更改

Access 2010 提供了查看数据表的多种视图方式，主要有"数据表视图"、"设计视图"、"数据透视表视图"和"数据透视图视图"。每一个视图显示不同的数据表内容，这里总结对比如下：

"数据表视图"：打开数据表时的默认视图，在此视图中可以查看所有的数据记录，也可以在电子表格中输入数据，如图 6—49 所示。

"设计视图"：单击屏幕左上方的"设计视图"按钮，进入表的"设计视图"。在此视图中，可以设置数据字段的名称和数据类型，也可以输入描述性的说明，还可以设置各个字段的属性。字段的属性包括数据大小、格式、默认值、有效性规则和有效性文本等，如图 6—50 所示。

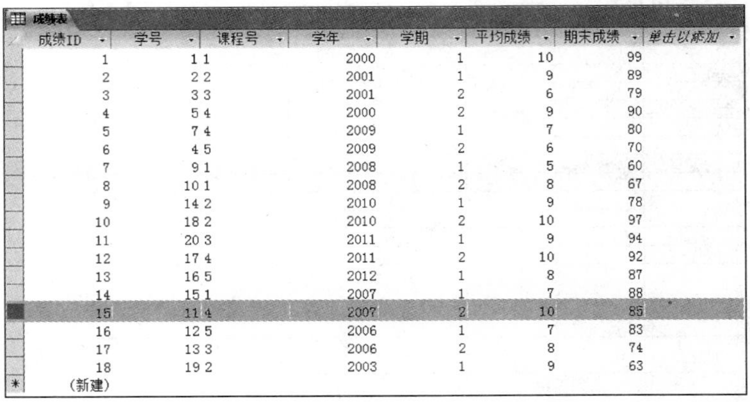

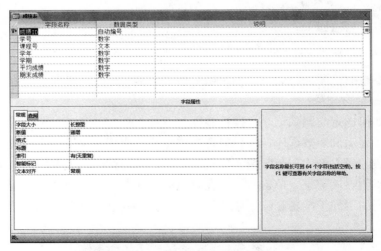

图 6—49　数据表视图窗口

图 6—50　设计视图窗口

"数据透视表视图"和"数据透视图视图"：这两个视图是为了对数据进行统计计算而设立的。

4．数据的查找与替换

与其他的 Office 软件一样，Access 2010 提供了灵活的"查找和替换"功能，用以对指定的数据进行查看和修改。虽然也可以手工方式逐一搜索和修改记录，但是当数据量非常庞大时，使用这种方法几乎令人绝望。为了查找海量数据中的特定数据，就必须使用"查找"和"替换"功能。

数据查找和替换是利用"查找和替换"对话框进行的，如图 6—51 所示。在 Access 2010 中，可以通过两种方法打开"查找和替换"对话框。

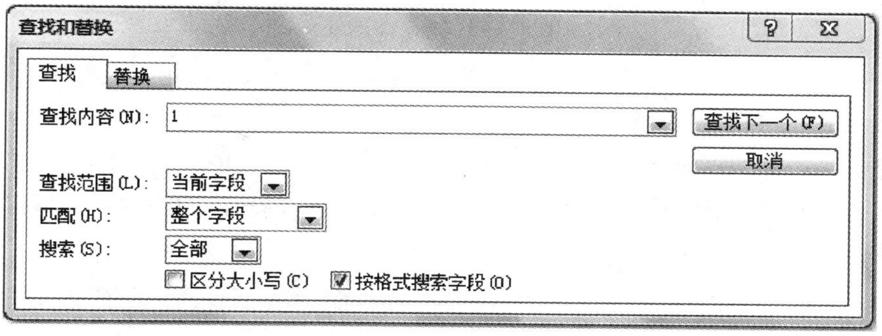

图 6—51   "查找"选项卡

（1）单击"开始"选项卡下的"查找"按钮。

（2）按下 Ctrl＋F 组合键。

启动"查找和替换"对话框后，即可设定查找和替换的"查找范围"、"匹配"字段和"搜索"方向等条件。在输入查找内容以后，单击"查找下一个"按钮将对数据表进行搜索，查找"查找内容"下拉式列表框中的内容。

切换到"替换"选项卡，"替换"界面和"查找"界面有一些区别，如图 6—52 所示。

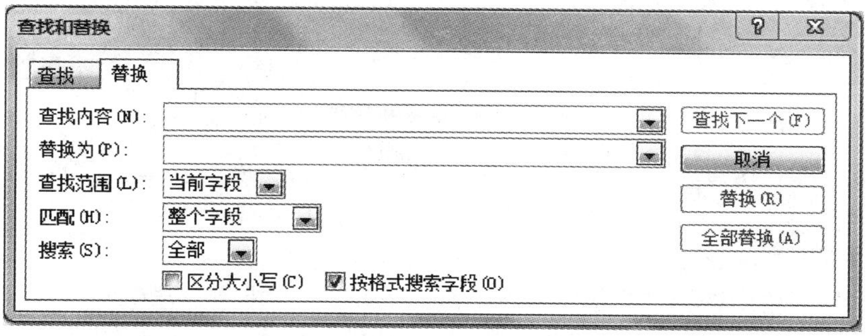

图 6—52   "替换"选项卡

"查找内容"下拉式列表框与"替换"选项卡中的一样，具有相同的作用。可以看到，在"替换"选项卡中多了"替换为"下拉式列表框和"替换"、"全部替换"按钮。

当对数据信息进行替换时，首先在"查找内容"下拉式列表框中输入要查找的内容，然后在"替换为"下拉式列表框中输入想要的内容。与查找不同的是，可以手动替换数据操作，也可以单击"全部替换"按钮，自动完成所有匹配数据的替换。如果没有匹配的字符，Access 2010 则会弹出如图 6—53 所示的提示框。

5. 数据的排序

排序是一种组织数据的方式。排序是根据当前表中的一个和多个字段的值来对整个表中的所有记录进行重新排序。排序分为简单排序和高级排序两种。

图6—53 提示对话框

(1) 简单排序：就是根据表中的一个字段的值按行排序。操作步骤如下：

①启动 Access 2010，打开"表示例"数据库，打开"成绩"表。

②将光标定位到"平时成绩"列中，单击"开始"选项卡下的"排序和筛选"组中"降序"按钮或者是在"平时成绩"列中右键单击，从弹出的快捷菜单中选择"降序"命令，如图6—54所示。

图6—54 简单排序窗口

(2) 高级排序：可以将多列数据按指定的优先级进行排序。操作步骤如下：

①启动 Access 2010 ，打开"表示例"数据库，打开"成绩"表。

②单击"排序和筛选"组中的"高级"按钮，如图6—55所示。

③在弹出的菜单中选择"高级筛选/排序"命令，进入排序筛选窗口，如图6—56所示。

图6—55 "高级排序"窗口

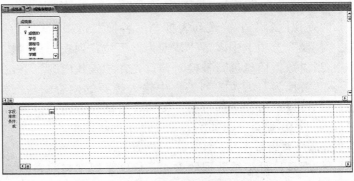

图6—56 "排序筛选"窗口

④在查询设计网格的"字段"行中，选择"平均成绩"字段，"排序"行中选择"降序"；在另一列中选择"期末成绩"字段和"降序"方式，如图6—57所示。

图6—57 "降序排序"设计网格

⑤保存该排序查询为"成绩排序"，关闭查询的"设计视图"。双击打开左边导航窗格中的"成绩查询"，即可实现对数据表的排序，如图6—58所示。

成绩ID	学号	课程号	学年	学期	平均成绩	期末成绩
1	1	1	2000	1	10	99
10	18	2	2010	2	10	97
12	17	4	2011	2	10	92
15	11	4	2007	2	10	85
11	20	3	2011	1	9	94
4	5	4	2000	2	9	90
2	2	2	2001	1	9	89
9	14	2	2010	1	9	78
18	19	2	2003	1	9	63
13	16	5	2012	1	8	87
17	13	3	2006	1	8	74
8	10	1	2008	2	8	67
14	15	1	2007	1	7	88
16	12	5	2006	1	7	83
5	7	4	2009	1	7	80
3	3	3	2001	2	6	79
6	4	5	2009	2	6	70
7	9	1	2008	1	5	60
*（新建）						

图6—58 查询结果

提示：这里使用的"高级筛选/排序"操作，其实就是一个典型的选择查询。"高级筛选/排序"就是利用创建的查询来实现排序的。

6. 数据筛选

数据筛选是在众多的记录中只显示那些满足某种条件的数据记录而把其他记录隐藏起来，从而提高用户的工作效率。

在"开始"选项卡的"排序和筛选"组中提供了三个筛选按钮和四种筛选方式。三个筛选按钮是"筛选器"、"选择"和"高级"。四种筛选方式是"筛选器"、"选择筛选"、"按窗体筛选"和"高级筛选"。下面介绍两种常用的筛选方法。

（1）使用筛选器筛选。

筛选器提供了一种灵活的方式，它把所有选定的字段中所有不重复以列表显示出来，可以逐个选择需要的筛选内容。筛选操作步骤如下：

①打开"表示例"数据库中的"成绩"表，选中表中的"平均成绩"列后，单击"开始"选项卡下的"排序和筛选"组中的"筛选器"按钮。

②在打开的下拉菜单中选择"数字筛选器"，在弹出右侧菜单中选择"等于"命令，如

图 6—59 所示。

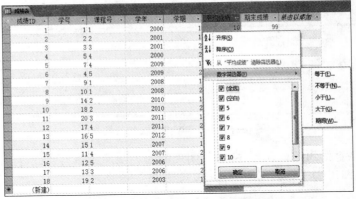

图 6—59　"筛选器"下拉菜单

③弹出自定义筛选对话框,在"平时成绩等于"文本框中输入"10",如图 6—60 所示。
单击"确定"按钮。

图 6—60　自定义筛选对话框

④在数据库视图中显示了筛选结果,如图 6—61 所示。

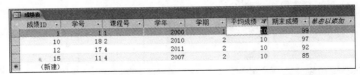

图 6—61　筛选结果

(2) 使用选择法筛选。

选择筛选是一种简单的筛选方法,使用它可以十分容易地筛选出所需要的信息。操作步
骤如下:

①打开"表示例"中的"成绩"表。

②把光标定位到所要筛选的内容"学年"字段下的"2009"的某个单元格。在"开始"
选项卡下的"排序和筛选"组中选择"选择"按钮,再打开"下拉菜单",单击"等于
2009"命令,如图 6—62 所示。筛选完成显示筛选结果,如图 6—63 所示。

图 6—62　筛选条件

图 6—63　筛选条件

6.6 查询设计

查询是数据库处理和分析数据的工具，查询时在指定的（一个或多个）表中，根据给定的条件从中筛选所需要的信息，供使用者查看、更改和分析使用。可以使用查询回答简单问题，执行计算、合并不同表中的数据，也可以添加、更改或删除表中的数据。

在 Access 2010 中，根据对数据源操作方式和操作结果的不同，可以把查询分为 5 种，它们是选择查询、参数查询、交叉表查询、操作查询和 SQL 查询。

（1）选择查询是最常用的，也是最基本的查询。它是根据指定的查询条件，从一个或多个表中获取数据并显示结果。使用选择查询还可以对记录进行分组，并且对记录作总计、记数、平均值以及其他类型的总和计算。

（2）参数查询是一种交互查询，它利用对话框来提示用户输入查询条件，然后根据所输入的条件检索记录。将参数查询作为窗体和报表的数据源，可以方便地显示和打印所需要的信息。

（3）交叉表查询可以计算并重新组织数据的结构，这样可以更加方便地分析语句。交叉表查询可以计算数据的总计、平均值、计数或其他类型的总和。

（4）操作查询用于添加、更改或删除数据。操作查询共有四种类型：删除、更新、追加和生成表。

（5）SQL 查询是使用 SQL 语句创建的查询。有一些特定 SQL 查询无法使用查询设计视图进行创建，而必须使用 SQL 语句创建，这类查询主要有三种类型：传递查询、数据定义查询、联合查询。

下面主要介绍选择查询、参数查询、交叉表查询。

6.6.1 选择查询

在使用数据库时，有时可能希望查看表中的所有数据，但有时可能只希望查看某些字段列中的数据，或者只希望在某些字段列满足某些条件时查看数据，为此可使用选择查询。创建选择查询有两种方法：使用向导和在设计视图中创建查询。使用查询向导是一种最简单的创建查询的方法。

1. 使用查询向导实现选择查询

使用简单查询向导不仅可以依据单个表创建查询，也可以依据多个表创建查询。下面主要介绍依据多个表创建查询的步骤，基于单表的查询请用户自己练习。操作步骤如下：

（1）打开"表示例"数据库。在"创建"选项卡的"查询"组中单击"查询向导"图标按钮，如图 6—64 所示。

图 6—64 "创建"选项卡

（2）弹出"新建查询"对话框，选择"简单查询向导"选项，单击"确定"按钮，如图6—65所示。

（3）弹出"简单查询向导"对话框，如图6—66所示。在"表/查询"下拉式列表框中选择建立查询的数据源，在本例中选择"系别表"表和"学生信息表"两个表。然后在"可用字段"列表框中分别选择"系别"表中的"系别ID"、"系别名称"和"学生"表中的"学号"、"姓名"、"性别"、"出生日期"、"政治面貌"字段，单击"添加"按钮，将选中的字段添加到右边的"选定字段"列表框中。

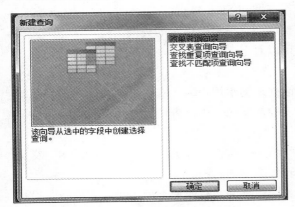

图6—65 "新建查询"对话框　　　　图6—66 "简单查询向导"对话框（1）

（4）单击"下一步"按钮，弹出如图6—67所示的对话框。在对话框中选择是采用"明细"查询还是建立"汇总"查询。本例采用的是"明细"查询。

提示："明细"查询可以查看所选字段的详细信息，"汇总"查询则可以是对数值型字段进行各种统计，对文本等类型的字段进行记数等。

（5）单击"下一步"按钮，弹出为查询命名的对话框，输入查询的名称为"系别学生查询"。选中"打开查询查看信息"单选按钮，最后单击"完成"按钮，如图6—68所示。

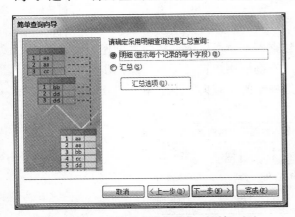
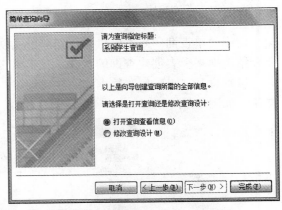

图6—67 "简单查询向导"对话框（2）　　　　图6—68 "简单查询向导"对话框（3）

（6）这样，系统就建立了查询，并将查询结果以数据表的形式显示，如图6—69所示。

系别ID	系别名称	姓名	学号	性别	出生日期	政治面貌
1	计算机	王二	1	男	1984/4/20	团员
1	计算机	李彤	2	女	1984/5/26	团员
1	计算机	华明	5	男	1984/9/12	团员
1	计算机	华华	6	男	1985/12/1	团员
1	计算机	莉莉	7	女	1985/5/30	群众
1	计算机	王维	10	男	1984/10/3	群众
1	计算机	李钰	12	女	1984/12/1	群众
1	计算机	古玉	13	男	1984/6/25	群众
1	计算机	乾明	14	男	1984/9/10	党员
2	外语	李燕	3	女	1985/5/6	党员
2	外语	秦青	4	女	1985/3/24	党员
2	外语	弯弯	8	女	1984/12/23	群众
2	外语	王伟	9	男	1985/6/7	党员
2	外语	李明	11	男	1985/8/5	党员
2	外语	赵丽	15	女	1985/12/18	党员
2	外语	周丽	18	女	1984/11/12	群众
3	数学	孙晓	16	女	1985/4/14	团员
3	数学	周建	17	男	1984/12/5	党员
3	数学	武威	19	男	1984/3/13	党员
3	数学	吴丽	20	女	1984/12/19	团员
3	数学	郑成	21	男	1985/12/23	团员
*	（新建）			（新建）		

图6—69　查询结果

2. 使用"设计视图"创建选择查询

利用查询向导可以建立比较简单的查询，但是对于有条件的查询，是无法直接利用查询向导建立连接的。这时就需要在"设计视图"中自行创建查询了。利用查询的"设计视图"，可以自己定义查询条件和查询表达式，从而创建灵活的满足自己需要的查询，也可以利用"设计视图"来修改已经创建的查询。

下面以"表示例"数据库为例，由"系别"表和"学生信息"表建立"系别学生信息"查询，说明利用查询"设计视图"建立查询的具体步骤：

（1）打开"表示例"数据库，单击"创建"选项卡"查询"组中的"查询设计"按钮，弹出"设计视图"和"显示表"对话框，如图6—70所示。

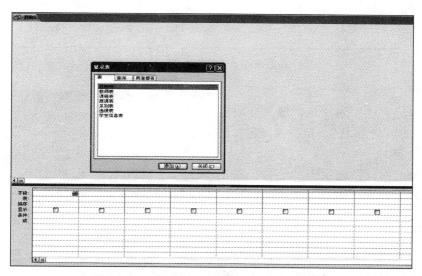

图6—70　"设计视图"和"显示表"对话框

（2）选择要作为查询数据源的表。选中"学生信息表"和"系别表"作为数据源，单击"添加"按钮，将选定的表添加在查询"设计视图"的上半部分，如图6—71所示。

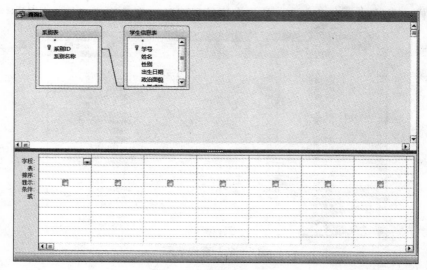

图 6—71　查询窗口（1）

（3）双击"学生信息表"表中的"学号"字段，或者直接将该字段拖动到"字段"行中，这样就在"表"行中显示了该表的名称"学生"，"字段"行中显示了该字段的名称"学号"。然后按照上述操作把"学生"表中的"姓名"、"性别"、"出生日期"和"系别表"表中的"系别ID"、"系别名称"字段加入到"字段"行中，如图 6—72 所示。

图 6—72　查询窗口（2）

（4）单击工具栏上的"保存"按钮，这时弹出一个"另存为"对话框，输入要取得查询名称"系别学生信息"，单击"确定"按钮保存了该查询。

（5）单击"设计"选项卡"结果"组中的"视图"按钮或者"运行"按钮，则可以看到查询结果，如图 6—73 所示。

6.6.2　参数查询

前面介绍的查询所包含的条件都是固定的常数，然而条件固定的常数并不能满足实际工作的需要。在实际使用中，很多情况下要求灵活地输入查询的条件。在这种情况下

学号	姓名	性别	出生日期	系别ID
1	王二	男	1984/4/20	1
2	李彤	女	1984/5/26	1
5	华明	男	1984/9/12	1
6	华华	男	1985/12/1	1
7	莉莉	女	1985/5/30	1
10	王维	男	1984/10/3	1
12	李钰	女	1984/12/1	1
13	古玉	男	1984/6/25	1
14	乾明	男	1984/9/10	1
3	李燕	女	1985/5/6	2
4	秦青	女	1985/3/24	2
8	弯弯	女	1984/12/23	2
9	王伟	男	1985/6/7	2
11	李明	男	1985/8/5	2
15	赵丽	女	1985/12/18	2
18	周丽	女	1984/11/12	2
16	孙晓	女	1985/4/14	3
17	周建	男	1984/12/5	3
19	武威	男	1984/3/13	3
20	吴丽	女	1984/12/19	3
21	郑成	男	1985/12/23	3
*	（新建）			

图 6—73　查询结果

就需要使用参数查询。参数查询就是利用对话框提示输入参数，输入参数之后检索符合所输入参数的记录。参数查询使用中，可以建立单参数的查询，也可以建立多参数的查询。下面以建立单参数查询为例介绍一下参数查询的具体步骤。操作步骤如下：

（1）打开"表示例"数据库，单击"创建"选项卡下"查询"组中的"查询设计"按钮，弹出"设计视图"和"显示表"对话框，如图6—70所示。

（2）选择"学生信息表"表，单击"添加"按钮，将选定的表添加在查询"设计视图"的上半部分，如图6—74所示。

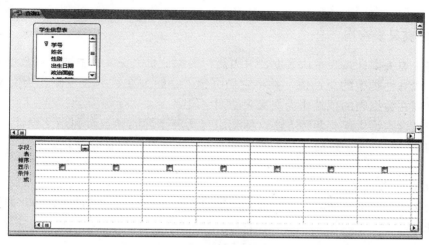

图6—74 查询窗口（1）

（3）双击"学生信息表"表中的"学号"字段，或者直接将该字段拖动到"字段"行中，这样就在"表"行中显示了该表的名称"学生"，"字段"行中显示了该字段的名称"学号"。然后按照上述操作把"学生"表中的"姓名"、"性别"、"出生日期"、"政治面貌"、"入学成绩"、"系别"字段添加到"字段"行中。

（4）在"姓名"字段的"条件"行中，输入一个带方括号的文本"［请输入学生姓名］作为参数查询的提示信息，如图6—75所示。

字段:	学号	姓名	性别	出生日期	政治面貌	入学成绩	系别ID
表:	学生信息表	学生信息表	学生信息表	学生信息表	学生信息表	学生信息表	学生信息表
排序:							
显示:	☑	☑	☑	☑	☑	☑	☑
条件:		[请输入学生姓名:]					
或:							

图6—75 查询窗口（2）

（5）保存该查询。单击"设计"选项卡下"结果"组中的"视图"按钮或者"运行"按钮，弹出"参数值"对话框，如图6—76所示。

（6）输入要查询的学生姓名"李彤"，并单击"确定"按钮，得到的查询结果如图6—77所示。

图6—76 "输入参数值"对话框

251

图6—77 查询结果

如果要设置两个或者多个查询参数，则在两个或多个字段对应的"条件"行中，输入带方括号的文本作为提示信息。

6.6.3 交叉表查询

使用交叉表查询计算和重构数据，可以简化数据分析。交叉表查询计算数据的总和、平均值、计数或其他类型的总计值，并将它们分组。一组列在数据表左侧作为交叉表的行字段，另一组列在数据表的顶端作为交叉表的列字段。

建立交叉表查询主要有两种方法，即利用交叉表查询向导或者利用"设计视图"。由于交叉表查询是一种应用很广泛、相当实用的查询，因此在这里将分别介绍上述两种建立交叉表查询的方法。

1. 利用查询向导建立交叉表的查询

使用交叉表查询建立查询时，所选择的字段必须在同一张表或者查询中，如果所需的字段不在同一张表中，则应该先建立一个查询，把它们放在一起。

下面以在"查询示例"数据库建立交叉表查询为例，要求可以统计每一个员工的销售情况，交叉表的左侧显示员工的姓名，上面显示各个月份，行列交叉处显示员工在各个月份的销售情况。操作步骤如下：

（1）打开"查询示例"数据库，单击"创建"选项卡下"查询"组中的"查询向导"按钮，在弹出的"新建查询"对话框中选择"交叉表查询向导"选项，如图6—78所示。

（2）单击"确定"按钮，弹出"交叉表查询向导"对话框。在该对话框中选择一个表或者一个查询作为交叉表查询的数据源。这里选择"销售分析"查询作为数据源，如图6—79所示。

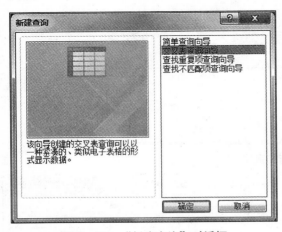

图6—78 "新建查询"对话框

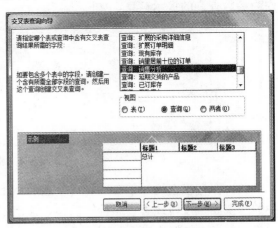

图6—79 交叉表查询向导（1）

（3）单击"下一步"按钮，弹出提示选择行标题对话框。在该对话框中选择作为"行标题"的字段，行标题最多可以选择 3 个。这里选择"员工"字段，并将其添加到"选定字段"列表框中，作为行标题，如图 6—80 所示。

（4）单击"下一步"按钮，在弹出的对话框中选择作为"列标题"的字段，字段将显示在查询的上部，字段只能选择一个，这里选择"月份名"作为列标题，如图 6—81 所示。

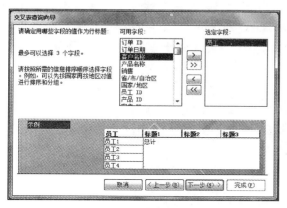

图 6—80　交叉表查询向导（2）　　　　　　图 6—81　交叉表查询向导（3）

（5）单击"下一步"按钮，弹出选择对话框，在此对话框中选择要在交叉点显示的字段，以及该字段的显示函数。这里选择"销售"字段，并选择显示"函数"为"Sum"，如图 6—82 所示。

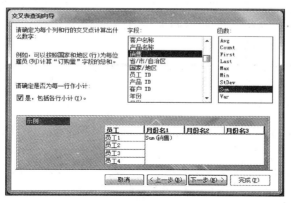

图 6—82　交叉表查询向导（4）

（6）单击"下一步"按钮，在弹出的对话框中输入该查询的名称，单击"完成"按钮，完成该查询的创建。完成后的交叉表查询如图 6—83 所示。

员工	总计 销售	April	February	January	June	March	May
金 士鹏	¥3,786.50	¥3,690.00			¥96.50		
李 芳	¥5,787.50	¥3,520.00	¥127.50	¥865.00		¥1,275.00	
刘 英玫	¥680.00					¥680.00	
孙 林	¥6,378.00	¥5,592.00		¥276.00	¥510.00		
王 伟	¥2,617.50	¥127.50			¥2,490.00		
张 雪眉	¥19,974.25	¥1,575.25	¥184.00	¥1,505.00	¥2,910.00	¥13,800.00	
张 颖	¥6,561.00	¥2,620.50			¥1,790.00	¥562.00	¥1,588.50
郑 建杰	¥6,278.00	¥1,850.00	¥1,930.00	¥1,190.00	¥510.00	¥598.00	¥200.00

图 6—83　查询结果

253

由建立的交叉表中用户可以看见每个员工的销售业绩,同时也能得到销售额最多的员工姓名。这样就很方便地知道了每个员工的工作业绩。

2. 利用设计视图建立交叉表查询

除了可以用向导建立交叉表查询以外,也可以利用设计视图建立交叉表查询。下面就以"查询示例"数据库中的"学生信息表"为例,说明用"设计视图"建立交叉表查询的操作。

要求:在交叉表中可以统计该学院学生在各省的学生数。交叉表的左侧显示各个省份,上面显示各个系,行列交叉处显示了各专业在全国招生的人数统计情况。操作步骤如下:

(1) 打开"表示例"数据库,单击"创建"选项卡下"查询"组中的"查询设计"按钮,弹出"设计视图"和"显示表"对话框。

(2) 选择"学生信息表",单击"添加"按钮,将该表添加到"设计视图"的上半部分,关闭"显示表"对话框。此时进入查询的"设计视图",但是默认的"设计视图"是选择查询,单击"查询类型"组中的"交叉表"图标按钮,进入交叉表"设计视图",如图 6—84 所示。

图 6—84　查询类型组

此处可以看到交叉表"设计视图"和选择查询"设计视图"的不同。交叉表"设计视图"中多了"交叉表"行,单击后可以看到下拉式列表框中有"行标题"、"列标题"和"值" 3 个选项,如图 6—85 所示。

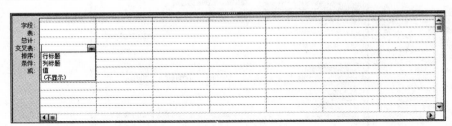

图 6—85　交叉表查询设计网格

(3) 直接拖动"省份"字段到"设计视图"的下半部分的设计网格中的"字段"行中,并选择"交叉表"行中为"行标题"选项,这样就选定了交叉表的行标题。

(4) 按照同样的方法,将"所在院系"和"姓名"字段添加到设计网格中,并分别设定为"列标题"和"值"。为了统计各省的总人数,添加一项"人数总计"列,并选定为"行标题",最终的设计效果如图 6—86 所示。

> 提示:在"人数总计"列中,字符是手动输入的。这个格式是固定的,即按照"行名:[统计字段名]"的格式进行输入。

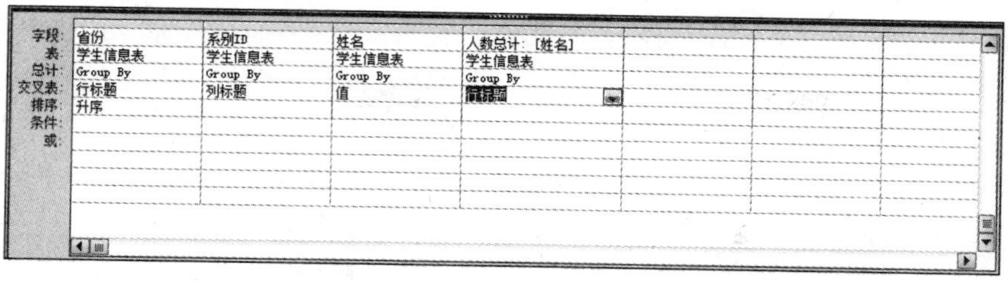

图 6—86 设计后的网格

（5）保存该查询，单击"设计"选项卡下的"运行"按钮，弹出交叉表查询的运行结果，如图 6—87 所示。

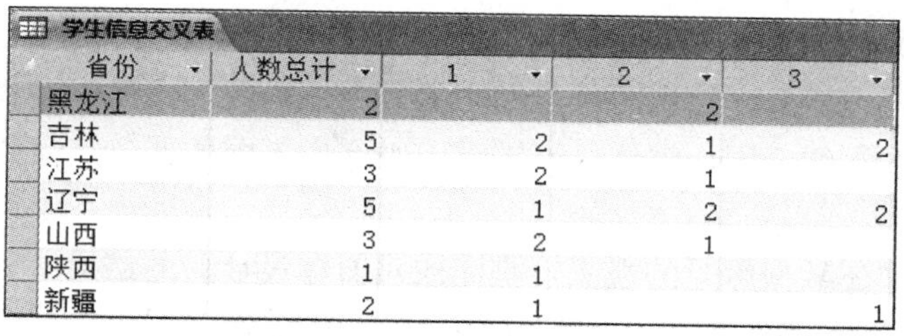

省份	人数总计	1	2	3
黑龙江	2		2	
吉林	5	2	1	2
江苏	3	2	1	
辽宁	5	1	2	2
山西	3	2	1	
陕西	1	1		
新疆	2	1		1

图 6—87 查询结果

运用交叉表向导建立交叉表查询的时候，选择的字段必须是在同一个表或同一个查询中的。但是当运用"设计视图"创建查询时，就可以对分布于不同表中的字段创建查询了。只要从"显示表"对话框中选择多个数据表作为查询的数据源，再进行与上面相似的操作即可。

6.7 窗体设计

窗体又称为表单，是 Access 2010 数据库的重要对象之一。窗体既是管理数据库的窗口，又是用户和数据库之间的桥梁。通过窗体可以方便地输入数据，编辑数据，查询、排序、筛选和显示数据。Access 2010 利用窗体将整个数据库组织起来，从而构成完整的应用系统。

一个数据库系统开发完成后，对数据库的所有操作都是在窗体界面中进行的。

6.7.1 窗体的概述

一个好的数据库系统不但要设计合理，满足用户需求，而且还必须具有一个功能完善、操作方便、外观美观的操作界面。窗体作为输入界面时，可以接收数据的输入并检查输入的数据是否有效；窗体作为输出界面时，可以根据需要输出各类形式的信息（包括多媒体信息），还可以把记录组织成方便浏览的各种形式。

Access 2010 窗体有多种分类方法，通常是按功能、数据的显示方式和显示关系分类。

1. 窗体按功能的分类

Access 2010 窗体有如下四种类型：数据操作、控制窗体、信息显示窗体和交互信息窗体。不同类型的窗体完成不同的任务。

255

控制窗体：主要是用来操作和控制程序的运行。控制窗体通过"命令按钮"来执行用户的请求。此外，还可以通过选项按钮、切换按钮、列表框和组合框等其他控件接收并执行用户的请求。

数据操作：用来对表和查询、浏览、输入、修改等多种操作。在 Access 2010 中，为了简化数据库设计，提倡把数据操作窗体与控制窗体结合起来的设计方法。

信息显示窗体：主要用来显示信息。它以数值或者图表的形式显示信息。

交互信息窗体：主要用于自定义的各种信息窗口，包括警告、提示信息，或要求用户回答等。

2. 窗体视图

在 Access 2010 中，窗体有窗体视图、数据表视图、数据透视图视图、数据透视表视图、布局视图和设计视图等 6 种视图。最常用的是窗体视图、布局视图和设计视图。不同类型的窗体具有的视图类型不同，窗体在不同视图中完成不同的任务，窗体的不同视图之间可以方便地进行切换。

窗体视图：是操作数据库时的视图，是完成对窗体设计后的结果。

数据表视图：是显示数据的视图，是完成窗体设计后的结果。

数据透视图视图：在数据透视视图中，把表中的数据信息及数据汇总信息，以图形化的方式直观显示出来。

数据透视表视图：在窗体的数据透视表视图中，可以动态地更改窗体的版面布置，重构数据的组织方式，从而方便地以各种不同方法分析数据。

布局视图：是 Access 2010 新增加的一种视图。在布局视图中可以调整和修改窗体设计。

设计视图：是 Access 2010 数据库对象（表、查询、窗体和宏）都具有的一种视图。在设计视图中不仅可以创建窗体，更重要的是编辑修改窗体。

6.7.2 窗体的创建

在 Access 2010 的"创建"选项卡"窗体"组中用户可以看到创建窗体的多种方法，如图 6—88 所示。

（1）"窗体"利用当前打开（或选定）的数据表或查询信自动创建一个窗体。

图 6—88 窗体组

（2）"空白窗体"建立一个空白窗体，通过将选定的数据表字段添加进该空白窗体中建立窗体。

（3）"窗体设计"进入窗体的"设计视图"，通过各种窗体控件设计完成一个窗体。

（4）"窗体向导"运用"窗体向导"帮助用户创建一个窗体。

（5）单击"窗体"组的"其他窗体"按钮，弹出一个选择菜单，在该菜单里，Access 2010 提供了多种创建窗体的方式，如图 6—89 所示。

多个项目：利用当前打开（或选定）的数据表或查询自动创建一个包含多个项目的窗体。

数据表：利用当前打开（或选定）的数据表或查询自动创建一个数据表窗体。

分割窗体：利用当前打开（或选定）的数据表或查询自动创建一个分割窗体。

模式对话框：创建一个带有命令按钮的浮动对话框窗体。

数据透视图：一种高级窗体，以图形的方式显示统计数据，增强数据的可读性。

数据透视表：一种高级窗体，通过表示的行、列、交叉点来表现数据的统计信息。

（6）单击"窗体"组中的"导航"按钮，弹出一个选择菜单，在该菜单里提供了创建特定窗体的方式，如图6—90所示。导航主要用于创建具有导航按钮即网页形式的窗体，在网络世界它称为表单。它又细分为六种不同的布局格式。虽然布局格式不同，但是创建的方式是相同的。导航工具更适合于创建 Web 形式的数据库窗体。

图6—89　"其他窗体"下拉菜单

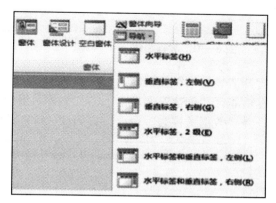

图6—90　"导航"下拉菜单

从以上可以看出，Access 2010 提供了多种不同的创建窗体的方法，以帮助建立功能强大的窗体。可以根据实际应用时灵活选用。下面介绍几种创建窗体的方法。

1. 使用"窗体"创建窗体

操作步骤如下：

（1）打开"表示例"数据库，在导航窗格中，选择作为窗体的数据源"教师"表。

（2）在功能区"创建"选项卡"窗体"组中单击"窗体"按钮，窗体立即创建完成，并且以布局视图显示，如图6—91所示。

（3）在快捷工具栏，单击"保存"按钮，在弹出的对话框中，输入窗体的名称，然后单击"确定"按钮。

2. 使用"分割窗体"工具创建分割窗体

操作步骤如下：

（1）打开"表示例"数据库，在导航窗格中，选择作为窗体的数据源"学生"表。

（2）在功能区"创建"选项卡下的"窗体"组中单击"其他窗体"按钮，在打开的下拉式列表中选择"分割窗体"命令，如图6—92所示。

分割窗体的上半部分是"窗体视图"，显示一条记录的详细信息，下半部分是原来的"数据表视图"，显示数据表中的记录。因此，使用分割窗体可以在一个窗体中同时利用两种窗体类型的优势。

3. 创建数据透视表窗体

操作步骤如下：

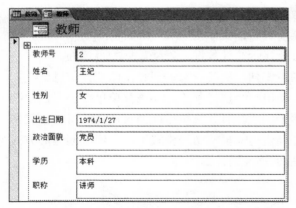

图 6—91　教师窗体

图 6—92　学生窗体

（1）打开"表示例"数据库，在导航窗格中打开"成绩"表。

（2）在功能区"创建"选项卡下的"窗体"组中单击"其他窗体"按钮，在打开的下拉式列表中选择"数据透视表"命令，如图 6—93 所示。

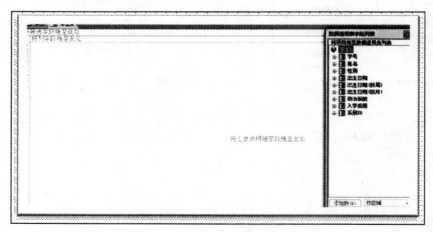

图 6—93　"数据透视表"字段列表

（3）弹出"数据透视表字段列表"对话框，选择要作为透视表行、列字段。本例中要在透视表的左边列中选择显示"政治面貌"上面的行中显示"系别"，中间显示学生的"学号"、"姓名"。

相应的操作过程为：选择"政治面貌"字段，再选择下拉式列表框中的"行区域"，然后单击"添加到"按钮，将"政治面貌"添加到数据透视表中；或者直接将"政治面貌"字段拖到行区域；用同样的方法"系别"字段添加到"列区域"；把"学号"、"姓名"添加到"明细数据中"。由于"学生"表中"学号"字段是唯一的，因此统计学生的汇总信息时要用到"学号"字段，将"学号"字段添加到"数据区域"，如图 6—94 所示。

（4）Access 2010 提供"显示/隐藏"组来控制各种信息的显示。例如，在该组中单击"隐藏详细信息"按钮，可以隐藏字段的明细数据，单击"显示详细信息"按钮可显示明细数据；或者单击字段旁的"－"号，也可隐藏该透视表的明细数据，单击"＋"号可显示明细数据，如图 6—95 所示。

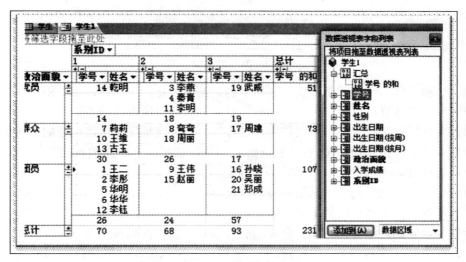

图 6—94　数据透视表结果

将筛选字段拖至此处							
	系列ID ▼						
	1		2		3		总计
	+/-		+/-		+/-		+/-
政治面貌 ▼	学号 的和		学号 的和		学号 的和		学号 的和
党员 ±	14		18		19		51
群众 ±	30		26		17		73
团员 ±	26		24		57		107
总计 ±	70		68		93		231

图 6—95　隐藏信息后的透视表结果

从上面的例子可以看出，运用数据透视表窗体显示数据的明细记录，不但功能更强大，操作更加简便；而且还可以将生成的数据透视表窗体导入到 Excel 数据，增强数据的共享性。

6.7.3　窗体的控件及使用

在 Access 2010 中控件是放置在窗体对象上的对象，用户可操作控件来执行某种操作。通过控件用户进行数据输入或操作数据的对象。控件是窗体中的子对象，它在窗体中起着显示数据、执行操作和修饰窗体的作用。灵活的运用窗体控件可以创建出功能强大、界面美观的窗体，能过创建和设置窗体控件，可以说是使用"设计视图"创建窗体的主要优势所在。

1. 控件的类型及功能

通常，可以将控件分为绑定型、非绑定型和计算型三类。这些控件绝大多数放置在控件组中，如图 6—96 所示。除此之外，在页眉/页脚组中，还有 3 个控件：徽标、标题和日期时间。

下面介绍常用的控件的功能。

文本框：文本框既可以用于显示指定的数据，也可以用来输入和编辑字段数据。

标签：当需要在窗体上显示一些说明性文字时，通常使用标签控件（称为独立标签）。标签不显示字段的数值，它没有数据源。

图 6—96 控件组

标题：标题控件实质上就是标签。它用于创建窗体标题，在设计视图中创建窗体时，如果以某个名称对窗体进行保存，再次添加标题时，则自动以该窗体的名称作为标题，另外还可以自动设置标题的字号大小，所以使用标题控件可以快速地完成窗体标题的创建。

复选框、切换按钮和选项按钮："复选框"、"切换按钮"和"选项按钮"作为单独的控件用来显示表或查询中的"是/否"值。

选项组控件：选项组是一个框架和一组"复选框"、"切换按钮"和"选项按钮"组成，使用选项组可以在一组确定的值中选择值。

组合框与列表框：组合框与列表框在功能上十分相似。在很多场合下，在窗体上输入的数据往往是取自某一个表或查询中的数据，这种情况应该使用"组合框"与"列表框"控件。"组合框"不仅可以从列表中选择数据，而且还可以输入数据，而"列表框"只能在列表中选择数据。

命令按钮：在窗体中通常使用命令按钮来执行某项功能的操作，如"确定"和"退出"等。

选项卡与附件控件：当窗体中的内容较多无法在窗体中一页显示，或者为了在窗体上分类显示不同的信息时，可以使用"选项卡"进行分页，这时只需要单击"选项卡"上的标签，就可以在不同的页面进行切换。"附件"控件是为了保存 Office 文档。

图像控件：在窗体上设置"图像"控件是为了美化窗体。

子窗体/子报表：子窗体/子报表控件用于在主窗体和主报表上，显示来自一对多表中的数据。

2. 在窗体中添加控件

使用控件向导向窗体上添加控件是一种基本方法。在窗体上添加控件后，往往还需要在设计视图中，对所添加的控件属性进行某些设置。

（1）使用标签控件。

下面以在"窗体示例"数据库中为 AutoWin1 窗体修改标题，并添加标签为例进行介绍，操作步骤如下：

①打开"窗体示例"数据库，打开 AutoWin1 窗体，并进入窗体的"设计视图"。

②在"窗体页眉"中，修改标题"采购订单"为"我的采购订单"，并设置标题的格式。

③单击"控件"组中的"标签"按钮，在"窗体页眉"区域中按下鼠标左键，拖动鼠标绘制一个方框，放开鼠标，在方框中输入"罗斯文贸易公司"文本，设置文本格式，如图 6—97 所示。

图 6—97 窗体页眉

④设置窗体其余各个字段的字号、字体和颜色，最终设置效果如图 6—98 所示。

AutoWin1

我 的 采 购 订 单

罗斯文贸易公司

采购订单 ID	90		税款	¥0.00
供应商 ID	佳佳乐		付款日期	
创建者	王 伟		付款额	¥0.00
提交日期	2006/1/14		付款方式	
创建日期	2006/1/22		备注	
状态 ID	已批准		批准者	王 伟
预计日期			批准日期	2006/1/22
运费	¥0.00		提交者	王 伟

ID ▾	产品 ▾	数量	单位成本	接收日期	转入库存	库存 ID
238	苹果汁	40	¥14.00	2006/1/22	☑	
250	啤酒	60	¥10.00	2006/1/22	☑	
253	柳橙汁	100	¥34.00	2006/1/22	☑	
265	绿茶	125	¥2.00	2006/1/22	☑	

图 6—98　效果图

（2）添加文本框。

文本框用于显示数据，也可以输入或者编辑信息，它是最常用的控件。下面以在"窗体示例"数据库中为 AutoWin1 窗体添加用于显示供应商联系人信息的绑定型文本框为例进行介绍，操作步骤如下：

> 提示：绑定型文本框显示表或查询中的字段内的数据。在 Access 中创建绑定型文本框的最快速方法是将字段从"字段列表"窗格拖到窗体或报表上。

①打开"窗体示例"数据库，并打开 AutoWin1 窗体，进入窗体的"设计视图"。

②在页面的下部添加标签控件，标签文字为"联系人信息"。

③单击"工具"组中的"添加现有字段"按钮，弹出"字段列表"窗格，如图 6—99 所示。

④单击"字段列表"窗格中"供应商"表前的"＋"号，拖动"姓氏"、"名字"、"业务电话"和"电子地址"字段到该窗体中，如图 6—100 所示。

联系人信息				
姓氏	姓氏		名字	名字
电子邮件地址	电子邮件地址		业务电话	业务电话

图 6—99　字段列表窗格　　　　　　　　**图 6—100　添加字段后的窗体**

⑤最终效果如图 6—101 所示。

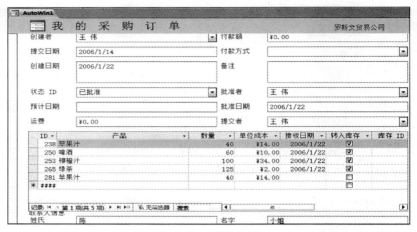

图 6—101　效果图

（3）使用选项组。

选项组可以包含多个"切换按钮"、"单选按钮"或"复选框"。当这些控件位于同一个选项组中时，它们一起工作，而不是独立工作，但是在同一时刻，只能选中选项组中的一个。这非常类似于平时所说的"单项选择题"。

通常的情况下，只有在选项的数目小于 4 个时，才使用选项组，大于或等于 4 个时，使用组合框控件，因为当选项大于或等于 4 个时，使用选项组控件会占用太多的屏幕面积。

 小妙招

一般而言，使用复选框表示："是/否"，使用单选按钮或切换按钮表示选项组，这是最标准的做法。

下面以在"窗体示例"数据库中建立"选项组控件示例"窗体为例，要求在其中添加各种选项控件，操作步骤如下：

①打开"窗体示例"数据库，单击"创建"选项卡下的"空白窗体"按钮，新建一个空白窗体。

②右键单击，在弹出的快捷菜单中选择"设计视图"命令，进入该窗体的"设计视图"。

③单击"控件"组中"选项组"按钮，在窗体空白处单击，将弹出"选项组向导"对话框，如图 6—102 所示。

④在该对话框的"标签名称"下面输入各个选项的名称，在本例中输入各种职业，如图 6—103 所示。

⑤单击"下一步"按钮，选择某一项为该选项组的默认选项，如图 6—104 所示。

⑥单击"下一步"按钮，设置各个选项对应的数值，将选项对应的数值，将选项组的值设置成选定的选项值，如图 6—105 所示。

⑦单击"下一步"按钮，在选项组中选择使用的选项控件，并设定所使用的样式，如图 6—106 所示。

⑧单击"下一步"按钮，输入该选项组的名称为"您的职业"，如图6—107所示。单击"完成"按钮。

图6—102　"选项组向导"对话框（1）

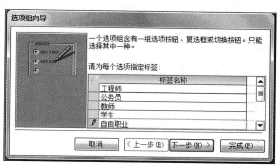

图6—103　"选项组向导"对话框（2）

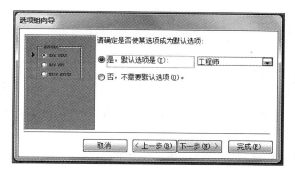

图6—104　"选项组向导"对话框（3）

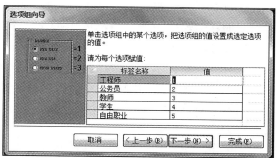

图6—105　"选项组向导"对话框（4）

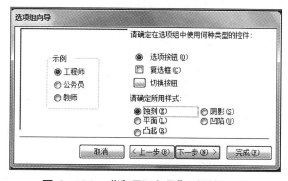

图6—106　"选项组向导"对话框（5）

图6—107　"选项组向导"对话框（6）

如果还想在创建好的选项组中添加选项，只需要先单击该选项按钮控件，然后再在选项组区域单击即可添加一个选项。

下面再为此窗体添加上"你的兴趣"调查。由于选项组控件返回只能是一个值，而一个人的兴趣肯定有多项，因此在这里使用复选框控件来实现此调查，操作步骤如下：

①打开"窗体示例"数据库，打开上例建立的"选项组控件示例"窗体，并进入该窗体的"设计窗体"。

②单击"控件"组中的"复选框"按钮，在窗体空白处单击，建立一个复选框控件。

③用同样的方法建立两个复选框控件，并依次将各个控件的名称改为"体育活动"、"艺术欣赏"和"其他兴趣"。

④给这组复选框控件添加标签"您的职业"和标签"您的兴趣"。另外设置该窗体的标题、背景颜色等信息，最终界面如图6—108所示。

（4）使用列表框和组合框。

列表框控件像下拉式菜单一样在屏幕上显示一列数据。相信大多数用户以前都接触过，列表框几乎可以显示任意数目的字段，调整列表框的大小即可显示更多或者更少的记录。

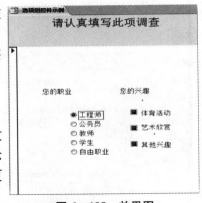

图6—108　效果图

组合框最初显示成一个带有箭头的单独行，也是平常所说的下拉式列表框。组合框提供的选项有很多，但是它占的空间却很少，这也是组合框的最大优点。另外，组合框允许输入非列表中的值，这也是与列表框最大的区别之一。

下面在"窗体示例"数据库中创建一个"组合框和列表框控件示例"窗体为例进行介绍，操作步骤如下：

①打开"窗体示例"数据库，新建一个空白窗体，并进入窗体的"设计窗体"。

②单击"控件"组中的"组合框控件"按钮，并在窗体"主体"区域中单击，弹出"组合框向导"对话框，如图6—109所示，选中"使用组合框获取其他表或查询中值"单选按钮，将表中的记录作为选项。

③单击"下一步"按钮，弹出选择表来源的对话框，选择"表：供应商"选项作为提供数据的表，如图6—110所示。

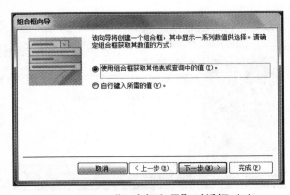

图6—109　"组合框向导"对话框（1）

图6—110　"组合框向导"对话框（2）

④单击"下一步"按钮，弹出选择字段列表的对话框，选择"公司"字段中的值，作为组合框中选项的数据来源。如图6—111所示。

⑤单击"下一步"按钮，选择数据的排序方式，如图6—112所示。

⑥单击"下一步"按钮，在弹出的对话框中调整列的宽度，如图6—113所示。

⑦单击"下一步"按钮，输入该组合框的标签为"请您选择供应商"，如图6—114所示。

⑧单击"完成"按钮，完成该组合框的创建，创建的最终结果如图6—115所示。

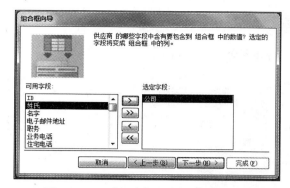

图 6—111 "组合框向导"对话框（3）

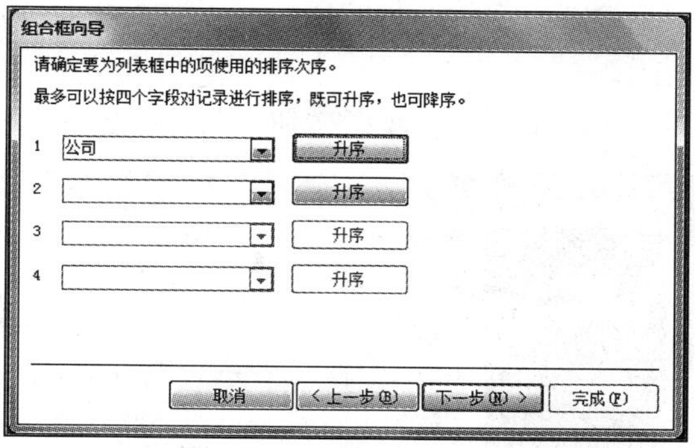

图 6—112 "组合框向导"对话框（4）

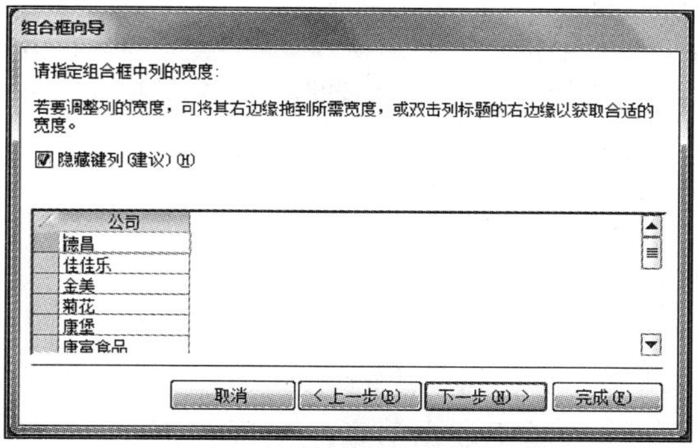

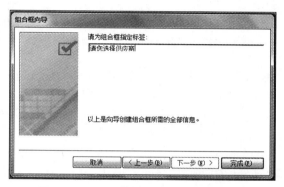

图 6—113 "组合框向导"对话框（5）

图 6—114 "组合框向导"对话框（6）

（5）使用命令按钮。

命令按钮主要用来控制应用程序的流程或者执行某个操作，平常所用的"确定"、"取消"等按钮都是命令按钮。下面就为建立的"组合框和列表框控件示例"窗体加上命令按钮，操作步骤如下：

①打开"窗体示例"数据库。打开前面建立的"组合框和列表框控件示例"窗体，并进入窗体的"设计视图"。

②单击"控件"组中的"按钮控件"按钮，并在窗体"主体"区域中单击，弹出"命令按钮向导"对话框，然后在类别列表框中选择"记录操作"选项，接着在右边的"操作"列表框中选择"保存记录"选项，如图 6—116 所示。

图 6—115 设计效果图

图 6—116 "命令按钮向导"对话框（1）

③单击"下一步"按钮，在弹出的对话框中设置命令按钮的文本或图片，如图 6—117 所示。

④单击"下一步"按钮，将该按钮命名为"OK"如图 6—118 所示。

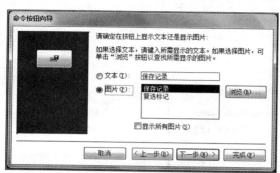

图 6—117　"命令按钮向导"对话框（2）

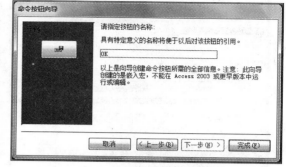

图 6—118　"命令按钮向导"对话框（3）

⑤单击"完成"按钮，完成该命令按钮创建。

6.8　报表设计

在很多情况下，一个数据库系统操作的最终结果是要打印输出的。报表是数据库中的数据通过打印机输出的特有形式。精美且设计合理的报表能使数据清晰地呈现在纸质介质上，把所要传达的汇总数据、统计与摘要信息让人看来一目了然。

6.8.1　认识报表

1. 报表的概述

在 Access 2010 中有多种制作报表的方式。使用这些方式能够快速完成基于设计并打印报表，当然这与所需要报表的复杂程度有关。熟悉 Excel 的用户可能会想到把数据表视图中的数据记录或查询结果直接打印输出，但是这样的报表格式既不美观，又往往不符合实际的要求。

制作满足要求的专业报表的最好方式是使用报表设计视图。实际上报表设计视图的操作方式与窗体设计视图非常相似，创建窗体的各项操作技巧可完全套用在报表上，因此本节将不再重复介绍相关的技巧，而将重点放在报表自身特有的设计操作上。

2. 报表的功能

报表的主要功能就是将数据库中的数据按照选定的结果，以一定的格式打印输出报表具体功能：

（1）在大量的数据中进行比较、小计、分组和汇总，并且可以通过对记录的统计来分析数据等。

（2）报表设计成美观的目录、表格、使用的发票、购物订单和标签等形式。

（3）生成带有数据透视图或透视表的报表，增强数据的可读性。

3. 报表视图

在 Access 2010 中，报表共有 4 种视图：报表视图、打印预览视图、布局视图和设计视图。

报表视图：报表设计完成后，最终被打印的视图。在里面可以执行各种数据筛选和查看方式。

打印预览视图：该视图中提前观察报表的打印效果，如果打印效果不理想，可以随时更改设置。

布局视图：界面与报表视图几乎一样，但是该视图中各个控件的位置可以移动，可以重新布局各种控件，删除不需要的控件，设置各个控件的属性等，但是不能像设计视图一样添加各种控件。

设计视图：用来设计和修改报表的结构，添加控件和表达式，设置控件的各种属性，美化报表等。

4. 报表的类型

按照报表的结构可以把报表分为如下几种类型：

（1）表格式报表：分组/汇总报表，它十分类似于用行和列显示数据的表格。

（2）纵栏式报表：窗体式报表，以垂直方式在每页上显示一条或多条记录。

（3）标签报表：类似火车托运行李标签的形式，在每页以 2 或 3 列的形式显示多条记录。

（4）数据视图、数据透视图报表：一种用图表的形式或透视表的形式的报表。

6.8.2 创建报表

Access 2010 创建报表的许多方法与创建窗体基本相同，可以使用"报表"、"报表设计"、"空报表"、"报表向导"和"标签"等方法来创建报表。在"创建"选项卡中"报表"组提供了这些创建报表的按钮，如图 6—119 所示。

1. 使用"报表"按钮创建报表

"报表"按钮创建报表是最快速的方法。需要做的就是选定一个要作为数据源的数据表或查询。下面就以"报表示例"数据库为例，并以任意表作为数据源，介绍自动创建报表的方法。操作步骤如下：

（1）打开"报表示例"数据库，在"导航"窗格中，选择"学生"表。

（2）在"创建"选项卡的"报表"组中，单击"报表"按钮。"学生"报表立即创建完成了，如图 6—120 所示。

2. 使用"报表向导"创建报表

使用"报表"按钮创建报表，虽然快捷，但是存在不足之处，尤其是不能选择出现在报表中的数据源字段。使用"报表向导"提供了创建报表时选择字段的自由，除此之外，还可以指定数据的分组和排序方式以及报表的布局样式。

下面以"报表示例"数据库中"教师"表作为数据源，创建"按系别统计教师信息"的报表。操作步骤如下：

（1）打开"报表示例"数据库，在"导航"窗格中选择"教师"表。

（2）在"创建"选项卡的"报表"组中，单击"报表向导"按钮。打开"请确定报表上使用那些字段"对话框，这时数据源已经选定为"表：教师"（在"表/查询"下拉式列表中也可以选择其他数据源）。在"可用字段"窗格中，依次双击"姓名"、"性别"、"学历"、"职称"和"系别"等字段，将它们发送到"选定字段"窗格，然后单击"下一步"按钮，如图 6—121 所示。

图 6—119　"报表"组

图 6—120　"学生"报表

（3）在"是否添加分组级别"栏中，自动给出分组级别，并给出分组后报表布局预览。这里是按"系别"字段分组（这是由于教师表与系别表之间建立的一对多关系所决定的，否则就不会出现自动分组，而需要手工分组），单击"下一步"按钮，如图 6—122 所示。

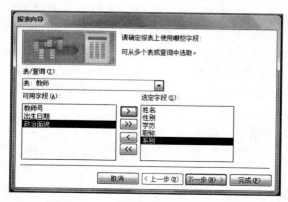

图 6—121　"报表向导"对话框（1）

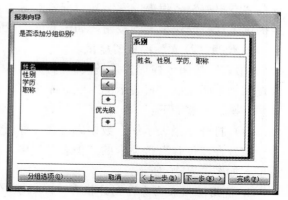

图 6—122　"报表向导"对话框（2）

（4）确定报表记录的排序次序，这里选择按"职称"排序，单击"下一步"按钮，如图 6—123 所示。

（5）确定报表所采用的布局方式，这里选择"块"式布局，方向选择"纵向"，单击"下一步"按钮，如图 6—124 所示。

（6）指定报表的标题，输入"各系教师信息"。选择"预览报表"单选项，然后单击"完成"按钮，如图 6—125 所示。创建的报表如图 6—126 所示。

3. 使用报表设计使用报表

报表按照指定的方式将数据表中的数据进行排序或汇总。在这里运用报表的设计视图给报表增加查询条件，使报表具有交互功能。

268

图 6—123　"报表向导"对话框（3）

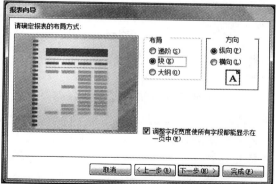

图 6—124　"报表向导"对话框（4）

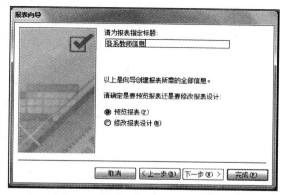

图 6—125　"报表向导"对话框（5）

系别	职称	姓名	性别	学历
各系教师信息				
1	副教授	郑归	女	博士
	副教授	高秀英	女	博士
	讲师	王妃	女	本科
	教授	吴刚	男	硕士
	教授	周丽	女	博士
2	副教授	吴艳	女	硕士
	副教授	李尚	男	硕士
	讲师	王江		硕士
	教授	巫小明	男	博士
3	副教授	钱敏	女	硕士
	讲师	乾明	男	硕士
	教授	所小	男	博士
5	讲师	孙旺	男	硕士
	讲师	高明	男	硕士

图 6—126　各系教师报表

下面以"学生信息简表"数据库中的"学生信息表"和"学生就业表"为数据源，建立带有班级查询功能的报表。操作步骤如下：

（1）启动 Access 2010，打开"学生信息简表"数据库。

（2）在"创建"选项卡的"报表"组中，单击"报表设计"按钮，进入报表的设计视图，如图 6—127 所示。

可以看到，在当前的视图中只有3个区域，即"页面页眉"区、"主体"区和"页面页脚"区。

（3）在报表右边的蓝色空白区域右键单击，在弹出的快捷菜单中选择"属性"命令，弹出报表的"属性表"窗格，如图6—128所示。

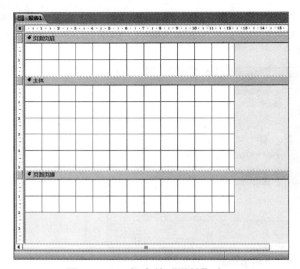

图6—127　报表的"属性"窗口

图6—128　　"属性表"窗格

（4）在"属性表"窗格中切换"数据"选项卡，单击"记录源"行旁的省略号按钮，打开"查询生成器"。在"查询生成器"中将"学生就业表"和"学生信息表"添加进查询设计网格中，并将"学生就业表"中的"班级"、"学号"、"姓名"、"性别"、"就业单位"字段添加到查询设计网格中；将"学生"表中的"宿舍"、"宿舍电话"、"系别"字段添加到查询设计网格中。由于是要建立以"班级"字段的"条件"行中输入查询条件：［请输入学生所在班级：］，如图6—129所示。

（5）单击"关闭"组中的"另存为"按钮，弹出"另存为"对话框，将该查询保存为"报表参数查询"，单击"确定"按钮关闭"查询生成器"，如图6—130所示。

（6）完成对报表的数据源设置以后，关闭"属性表"窗口，返回报表的设计视图。单击"工具"组中的"添加现有字段"按钮，弹出"字段列表"窗格，如图6—131所示。

（7）拖动"班级"字段到报表的"页眉页脚"中，将"学号"、"姓名"、"性别"、"宿舍"、"就业单位"字段添加到报表"主体"中，并排列各个字段，如图6—132所示。

（8）将建立的报表切换到报表视图，弹出"输入参数值"对话框，如图6—133所示。

（9）输入查询学生班级为"01"，单击"确定"按钮，返回参数报表结果，如图6—134所示。

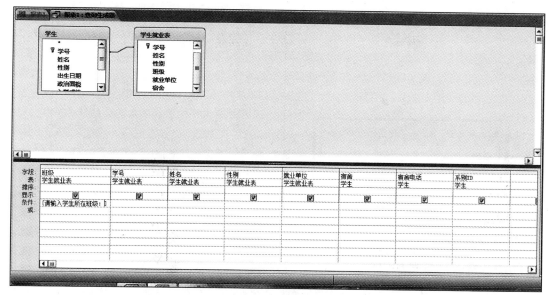

图 6—129　"查询生成器"窗口

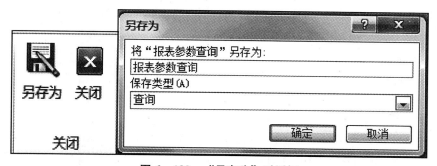

图 6—130　"另存为"对话框

图 6—131　"字段列表"窗格

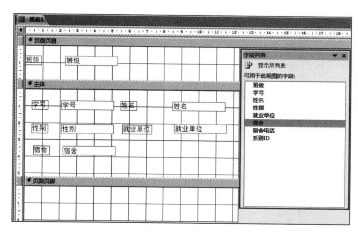

图 6—132　"报表"对话框

图6—133 "输入参数值"对话框

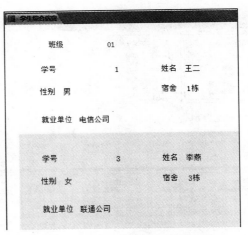

图6—134 "学生综合信息"报表

6.8.3 报表的预览和打印

可以说，报表就是为了数据的显示和打印而存在的，报表对数据表的各种数据进行了分组、汇总等，创建后除了用于数据的查看以外，还要用于数据的打印输出。

对报表进行打印，一般要做3项准备，具体如下：

（1）进入报表的打印预览视图，预览报表。

（2）设置报表的"页面设置"选项。

（3）设置打印时的各种选项。

下面就将着重介绍报表打印的一些知识。

1. 报表的页面设置

前面已经介绍过报表的各种视图，知道打印预览视图是为了提前观察打印效果而设置的，其实打印预览视图的功能还远不止这些。

单击"视图"按钮下的小箭头，在弹出的下拉菜单中选择"打印预览"命令，进入打印预览视图，如图6—135所示。

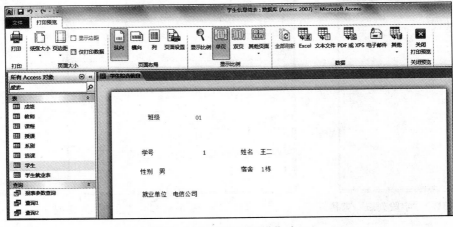

图6—135 "打印预览"窗口

Access 2010 的上方专门提供了"打印预览"选项卡对报表页面进行各种设置，主要的工具如图 6—136 所示。

图 6—136 "打印预览"选项卡

可以看到，在"打印预览"选项卡的"页面大小"组、"页面布局"组和"显示比例"组中可以对报表进行各种设置。

2. 报表的打印

设置好页面布局以后，就可以单击"打印"按钮，在弹出的"打印"对话框中设置打印机和打印范围、打印份数，单击"确定"按钮，进行打印。如图 6—137 所示。

图 6—137 "打印"窗口

习　题

设计教学管理数据库，参考表 6—1。

表 6—1　　　　　　　　　　　　　　　**教学管理系统表（参考）**

学生表		教师表		系别表		选课表		课程表		授课表	
学号	10	教师编号	4	系别 ID	4	选课 ID		课程号	4	授课 ID	
姓名	8	姓名	8	系别名称	8	学号	10	课程名称	10	课程号	4
性别	1	性别	1			课程号	4	课程类别	4	教师号	4
政治面貌	8	职称	3	成绩表				课程性质	4	班级	10
系别	8	学历	2	成绩 ID				考试类别	2	学年	10
班级	8	政治面貌	3	学号	10			学时		学期	1
入学成绩		系别 ID	8	课程号	8			学分		授课时间	
毕业学校	20	家庭电话	8	学年	9					授课教室	8
照片		手机	11	学期	1						
出生日期		个人信息		平时成绩							
				期末成绩							
				总成绩							

273

（1）创建各个表的主键：建立学生表-学号、教师表-教师编号、系别表-系别 ID、选课表-选课 ID、课程表-课程号和授课表-授课 ID 。

　　（2）建立教学管理数据库各个表间的一对多的关系，在"学生"表和"选课"表中选"实施参照完整性"和"级联删除相关记录"。其他的各个表的关系只选中"实施参照完整性"。

　　（3）使用简单查询向导，从"教师"表，创建一个由"姓名"、"职称"、"系别"和"学历"字段构成的查询。使用查询设计视图，创建一个不及格的学生名单。

　　（4）使用简单窗体向导，以教师表为数据源创建窗体。

　　（5）使用"报表"按钮创建"学生"报表，学生表为数据源。

参考文献

［1］周秀，张颖．PowerPoint 2010 应用从入门到精通．北京：人民邮电出版社，2011.

［2］神龙工作室．新手学 PowerPoint 2010 精美演示文稿制作．北京：人民邮电出版社，2011.

［3］王曼珠．PowerPoint 2010 入门与实例教程．北京：电子工业出版社，2011.

［4］陈秀峰，黄平山．PowerPoint 2010 中文版从入门到精通．北京：电子工业出版社，2010.

［5］谢华，冉洪艳．PowerPoint 2010 标准教程．北京：清华大学出版社，2012.

［6］导向工作室．24 小时学会 PowerPoint 2010．北京：人民邮电出版社，2011.

［7］宋翔．办公专家 PowerPoint2010 从入门到精通．北京：石油工业出版社，2011.

［8］华诚科技．Office 2010 办公专家从入门到精通．北京：机械工业出版社，2010.

［9］微软公司．Microsoft Access 2010 产品指南．http：//ishare.iask.sina.com.cn/f/18934056.html? from＝like.

［10］科技工作室．Access 2010 数据库应用．北京：清华大学出版社，2011.

［11］张强，杨玉明．Access 2010 入门与实例教程．北京：电子工业出版社，2011.

［12］杰诚文化．最新 Office2010 高效办公三合一．北京：中国青年出版社，2010.

教师信息反馈表

为了更好地为您服务，提高教学质量，中国人民大学出版社愿意为您提供全面的教学支持，期望与您建立更广泛的合作关系。请您填好下表后以电子邮件或信件的形式反馈给我们。

您使用过或正在使用的我社教材名称		版次	
您希望获得哪些相关教学资料			
您对本书的建议（可附页）			
您的姓名			
您所在的学校、院系			
您所讲授课程名称			
学生人数			
您的联系地址			
邮政编码		联系电话	
电子邮件（必填）			
您是否为人大社教研网会员	□ 是　会员卡号：＿＿＿＿＿＿＿＿ □ 不是，现在申请		
您在相关专业是否有主编或参编教材意向	□ 是　　　　　□ 否 □ 不一定		
您所希望参编或主编的教材的基本情况（包括内容、框架结构、特色等，可附页）			

我们的联系方式： 北京市海淀区中关村大街 31 号

中国人民大学出版社教育分社

邮政编码：100080

电话：010-62515923

网址：http://www.crup.com.cn/jiaoyu

E-mail：jyfs_2007@126.com